21世纪高等教育计算机规划教材

计算机编程导论
——Python 程序设计

Introduction to Computer Programming in Python

赵家刚 狄光智 吕丹桔　主编

李俊萩 孙永科 熊飞 林宏　副主编

U0313151

人民邮电出版社

北　京

图书在版编目（CIP）数据

计算机编程导论：Python程序设计 / 赵家刚，狄光智，吕丹桔主编. -- 北京：人民邮电出版社，2013.10（2018.6重印）
21世纪高等教育计算机规划教材
ISBN 978-7-115-32914-1

Ⅰ. ①计… Ⅱ. ①赵… ②狄… ③吕… Ⅲ. ①软件工具－程序设计－高等学校－教材 Ⅳ. ①TP311.56

中国版本图书馆CIP数据核字（2013）第220717号

内 容 提 要

本书共分为16章：第1章～第11章侧重于 Python 基础知识的讲解，内容包括顺序程序设计、使用序列、选择结构程序设计、循环结构程序设计、字符串、函数的设计和使用、文件的使用、面向对象程序设计、图形用户界面程序设计、网络程序设计和异常处理；第12章～第16章侧重于 Python 的高级应用和软件开发，内容包括数据库应用程序开发、游戏开发、语音识别软件开发、屏幕广播程序开发和 web2py 编程，每章都包含创作软件实例，适合 Python 爱好者和开发人员阅读、学习或参考。

本书既可作为高等院校程序设计课程的教材，也可作为高职高专程序设计课的教材，还可作为软件开发人员的参考书。

- ◆ 主　编　赵家刚　狄光智　吕丹桔
　　副主编　李俊萩　孙永科　熊　飞　林　宏
　　责任编辑　王　威
　　执行编辑　范博涛
　　责任印制　沈　蓉　焦志炜
- ◆ 人民邮电出版社出版发行　　北京市丰台区成寿寺路11号
　　邮编　100164　　电子邮件　315@ptpress.com.cn
　　网址　http://www.ptpress.com.cn
　　固安县铭成印刷有限公司印刷
- ◆ 开本：787×1092　1/16
　　印张：17.5　　　　　　　　2013 年 10 月第 1 版
　　字数：459 千字　　　　　　2018 年 6 月河北第 7 次印刷

定价：49.80 元

读者服务热线：(010)81055256　印装质量热线：(010)81055316
反盗版热线：(010)81055315

前　言

　　Python 是一种功能强大的通用型语言，自 1989 年推出至今已有二十多年的历史，成熟且稳定，它支持命令式编程、面向对象程序设计、函数式编程，包含了完善且容易理解的标准库，还有非常丰富的扩展库，能够轻松完成开发任务。与其他计算机程序设计语言不同的是，Python 采用缩进来定义语句块，使得语法非常简洁和清晰，它的编程效率非常高，使用 py2exe 工具还可以将 Python 源代码转换成可以脱离 Python 解释器执行的程序。Python 是一门简单易学的语言，非常适合初学者使用，其在世界范围内的影响力正在逐步上升。作者多年的教学实践表明：与 C 语言等语言相比，使用 Python 作入门语言能使学生更快地掌握编程思想和编程方法，能更快地提高学生的编程能力。

　　本书以实际问题为核心进行组织和编写，以框图为工具来描述问题的解决步骤，最终用 Python 语言写出程序，旨在培养学生从整体上思考问题和把握问题，并以直观的方式描述问题的解决步骤，训练学生用简洁而快速的方式编写程序。本书以培养学生的编程思想和编程能力为目标，精心设计了各章节的内容以及习题和思考题。书中介绍了程序设计领域的许多基本问题，示范性地用框图表达了解决问题的算法，并用 Python 语言进行实现，旨在逐步培养学生的编程思想和编程能力。

　　本书由经验丰富、长期从事软件开发和程序设计教学的教师编写，在例题和习题中包含了许多实用的编程方法和编程技巧，将由易到难、由浅入深的启发式教学方法贯穿于每一章，有利于读者阅读和理解。

　　本书每章都附有一定数量的习题，可以帮助学生进一步巩固基础知识，也可为学生提供更多思考和锻炼机会。此外还配套了 PPT 课件、源代码、教学大纲等丰富的教学资源，读者可登录人民邮电出版社教学服务与资源网（www.ptpress.com.cn）下载。

　　本书的参考学时为 64 学时，其中实验 32 学时，各章的参考学时见下面的分配表。

章　节	课程内容	学时分配	
		讲授	实验
第 1 章	顺序程序设计	4	4
第 2 章	使用序列	4	4
第 3 章	选择结构程序设计	2	2
第 4 章	循环结构程序设计	4	4
第 5 章	字符串	1	1
第 6 章	函数的设计和使用	3	3
第 7 章	文件的使用	2	2

续表

章　节	课程内容	学时分配	
		讲授	实验
第 8 章	面向对象程序设计	2	2
第 9 章	图形用户界面程序设计	2	2
第 10 章	网络程序设计	2	2
第 11 章	异常处理	2-自学	2-自学
第 12 章	数据库应用程序开发	4-自学	4-自学
第 13 章	游戏开发	2	2
第 14 章	语音识别软件开发	4	4
第 15 章	屏幕广播程序开发	2-自学	2-自学
第 16 章	web2py 编程	4-自学	4-自学
课时总计		32	32

教师可根据专业需要和学生实际情况调整教学内容。

第 1 章、第 5 章、第 8 章、第 12 章、第 13 章以及第 7 章的 7.1 节至 7.3 节由赵家刚编写，第 2 章和第 9 章由狄光智编写，第 3 章、第 14 章以及第 7 章的 7.4 节和 7.5 节由吕丹桔编写，第 4 章、第 11 章和由李俊萩编写，第 6 章由林宏编写，第 10 章由孙永科和熊飞编写，第 15 章由孙永科编写，第 16 章由熊飞编写。

书中难免有不当之处，敬请读者提出宝贵意见，以便再版时修改。

编　者
2013 年 6 月

目　录

第 1 章
顺序程序设计

程序设计的目的是让计算机解决实际问题，其方法就是把人解决问题的思想和方法转化为计算机可以执行的程序。本章研究如何用计算机来解决实际问题，并介绍程序设计的一般方法、顺序程序设计的语言基础和解决实际问题的方法。

1.1　用计算机解决问题的方法

对于一些较为简单的问题，运用数学知识进行简单计算就能解决；对于一些复杂的问题，则可能还需要用到分支、循环等知识。在生活、娱乐、经济、工程、科研等领域中，人们不仅需要用计算机解决简单问题，而且需要解决较为复杂的问题。

用计算机解决问题的一般方法如下

（1）用框图或自然语言描绘出解决问题的步骤。本书用框图描绘。描绘出解决问题的步骤也称为算法。

（2）用程序设计语言来实现解决问题的步骤。即用程序设计语言把框图表示的算法翻译成机器能够理解并执行的程序。

由于计算机不能直接执行高级程序设计语言编写的程序，这里的执行是指由翻译或编译程序进行解释执行或编译成机器代码再执行。本书所用的高级程序设计语言是 Python，关于 Python 的安装请参阅 1.8 节和 1.9 节 "Python 的使用"。

用高级程序设计语言编写的程序称为源程序。

1.2　程序设计方法

用计算机解决实际问题的过程称为程序设计。

程序设计的一般方法为：首先用框图描绘出实际问题的解决方案，然后用程序设计语言表达出来，最后在计算机上执行求得计算结果。

学习程序设计要做如下 6 件事。

（1）学会用框图来描绘解决实际问题的步骤。

（2）学习至少一门高级程序设计语言，并熟练使用该语言把自己设计的框图转换为程序。

（3）观看现成的框图，体会解决问题的思想。

（4）掌握一些常用的基本计算方法，作为搭建自己的框图和程序的基础。

（5）通过一些完整的问题实例，掌握从分析问题、绘制框图到程序实现的全过程。

（6）多做练习并善于总结经验，包括独立分析问题、设计框图、根据框图写出代码、阅读大量代码、模仿例题解决类似问题。

1.2.1 学会用框图来描绘解决实际问题的步骤

框图又称流程图，是表达程序设计思想和程序设计步骤的一种直观的工具。学习程序设计应该首先学会使用框图。下面是框图常用的部件及说明（见图 1-1）。

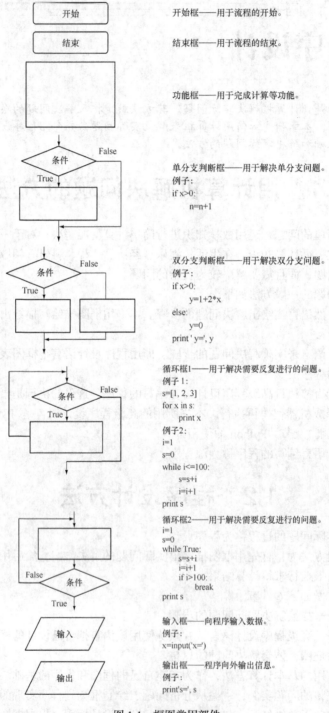

开始框——用于流程的开始。

结束框——用于流程的结束。

功能框——用于完成计算等功能。

单分支判断框——用于解决单分支问题。
例子：
if x>0:
　　n=n+1

双分支判断框——用于解决双分支问题。
例子：
if x>0:
　　y=1+2*x
else:
　　y=0
print ' y=', y

循环框1——用于解决需要反复进行的问题。
例子1：
s=[1, 2, 3]
for x in s:
　　print x
例子2：
i=1
s=0
while i<=100:
　　s=s+i
　　i=i+1
print s

循环框2——用于解决需要反复进行的问题。
i=1
s=0
while True:
　　s=s+i
　　i=i+1
　　if i>100:
　　　　break
print s

输入框——向程序输入数据。
例子：
x=input('x=')

输出框——程序向外输出信息。
例子：
print's=', s

图 1-1 框图常用部件

框图直观且易于修改，有利于人们表达解决问题的思想和方法。对于十分复杂难解的问题，框图起初可以画得粗放一些、抽象一些，首先表达出解决问题的轮廓，然后再细化，或不细化而直接用高级程序设计语言实现框图；对于较为简单的问题，框图可以画得粗放一些也可以画得细致一些。

1.2.2　把框图转换为程序

框图表达了解决问题的思想、方法和步骤，但计算机还不能执行，因而不能得到结果。只有把框图转换为程序，计算机才能执行，从而得到结果。把框图转换为程序需要一种计算机程序设计语言。本书采用简单易学的 Python 语言。下面举例说明。

【问题 1-1】 用户输入一个三位自然数，让计算机输出百位、十位和个位。

分析：该问题需要把三位数的百位、十位、个位分离出来。三位数除以 100，其整数商就是百位数；用去掉百位数的剩余部分除以 10，其整数商就是十位数；依次类推，可得到个位数。按此思路可画出如下框图（见图 1-2）。

程序：

根据框图写出

```
#Ques1_1.py
x=input('请输入一个三位数：')
a=x//100
b=(x-100*a)//10
c=x-100*a-10*b
print a, b, c
```

框图：

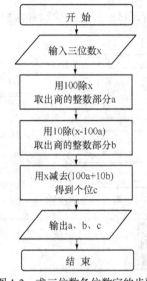

图 1-2　求三位数各位数字的步骤

正确性检验：

执行程序，从键盘输入 123，得到输出结果 1　2　3

说明程序是正确的。

1.2.3　理解程序运行过程

编写的程序由一条一条的语句组成。一般情况下语句按顺序逐条在机器中执行，虽然分支语句、循环语句和函数调用语句等可以改变语句运行的顺序，但是改变后语句仍是逐条顺序执行的。编程者需要充分理解计算机程序在内存中的运行原理和过程，能够在程序运行过程中的任意时刻都清楚语句运行到哪里了，当前的变量连接到了哪个对象。只有清楚这些才能在程序调试过程中及时找到出错位置并修改错误，最终让程序按照设计者的意图执行。

1.2.4　掌握一些基本算法

学习程序设计可以从模仿开始。开始阶段可以学习一些常用的基本算法，这样在解决复杂问题之前，有一些基本方法可用。例如，数据的累加算法、累乘算法、求最大值（最小值）算法、求平均值的算法，如何判断某个数是否是素数，如何利用列表解决一维数据问题、二维数据问题，如何利用字符串解决实际问题，如何判断某一年是否为闰年等。本书将通过例子逐步给出这些算法。

1.2.5　学习完整的解决问题的过程

学习程序设计是为了帮助我们利用计算机解决一些实际问题，而不是单纯为了学会一种编程语言。因此应该掌握整个程序设计的过程，围绕一些具体的问题实例，通过分析问题，描绘出解决问题的框图，最终实现代码并调试成功。只有通过这样一个完整的程序设计过程，才能充分理解程序设计需要完成哪些工作，并且学会判断什么样的问题适合用计算机来解决。

1.3　程序设计的一般过程

程序设计的本质是以数据对象为中心的处理过程再加上输入输出。编写程序解决实际问题的阶段包括分析问题找出解决问题的关键所在、用框图描绘出对实际问题的解决步骤、编写代码、运行调试、正确性检验和观察运行结果。下面通过一个实际问题说明程序设计的一般过程。

框图：

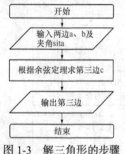

图 1-3　解三角形的步骤

【问题 1-2】 已知三角形的两边及夹角，求第三边。

分析： 这是解三角形的问题，已知两边及夹角，根据余弦定理可求出第三边。因而可画出如下框图（见图 1-3）。

程序： 根据框图写出

```
#Ques1_2.py
import math    #导入数学模块，从而可以使用模块中的数学函数和数学常量
x=input('输入两边及夹角（度）（以逗号分隔）：')
a, b, sita=x
c=math.sqrt(a**2+b**2-2*a*b*math.cos(sita*math.pi/180))
print 'c='+str(c)
```

说明
（1）使用了数学模块中的算术平方根函数 sqrt( ) 和余弦函数 cos( ) 及圆周率 pi；
（2）函数 str( ) 的功能是把数字转换为字符串，"＋"可用于合并字符串。

正确性检验：

执行程序，从键盘输入 3, 4, 90

得到输出结果 c=5.0

满足勾股定理，说明程序是正确的。

1.4　顺序程序设计问题

【问题 1-3】 输入两只电阻的阻抗，把它们并联，求并联后的阻抗。

分析： 这是电路的并联问题，根据并联公式 1/R=1/r1+1/r2 可算出并联后的阻抗。

程序： 根据框图（见图 1-4）写出

```
#Ques1_3.py
r1, r2=input('请输入两只电阻的阻抗（以逗号分隔）：')
R=1.0/(1.0/r1+1.0/r2)
print('R='+'%6.2f' % R)
```

框图：

图 1-4　并联电阻阻抗的计算步骤

'%6.2f' % R 是格式化字符串，把浮点数 R 转换成字符串，保留两位小数（对第 3 位四舍五入），占 6 个字符，不足时，左边补空格。

输入及程序运行结果：
请输入两只电阻的阻抗（以逗号分隔）：100, 200
R=66.67

1.5　顺序程序设计基础知识

用 Python 进行程序设计，涉及许多知识。本节介绍进行顺序程序设计所需的基础知识。分支程序设计和循环程序设计也需要这些基础知识。

1.5.1　Python 的对象模型

对象是内存中的一个单元，包括数值和相关操作的集合。

对象是 Python 语言中最基本的概念，在 Python 中处理的每样东西都是对象。Python 中还有一些基本概念，它们的关系如下：

（1）程序由模块构成；

（2）模块包含语句；

（3）语句包含表达式；

（4）表达式建立并处理对象。

Python 中有许多内置对象可供编程者使用。有些内置对象可直接使用，如数字、字符串、列表、del 等，如表 1-1 所示；有些内置对象需要导入模块才能使用，如正弦函数 sin(x)、随机数产生函数 random( )等。

表 1-1　　　　　　　　　　　　　　常用内置对象

对 象 类 型	例 子
数字	1234, 3.14, 3+4j
字符串	'swfu', "I'm student"
日期	2012-08-25
列表	[1, 2, 3]
字典	{1:'food' ,2:'taste', 3:'import'}
元组	(2, -5, 6)
文件	f=open('data.dat', 'r')
集合	set('abc'), {'a', 'b', 'c'}
布尔型	True, False
空类型	None
编程单元类型	函数、模块、类

下面的代码建立了一个整数对象：

```
>>>110
```

下面的代码建立了一个字符串对象：

```
>>>'Python'
```

下面的代码建立了一个复数对象：

```
>>>3-2j
```

下面的代码建立了一个列表对象：

```
>>>[1,2,3]
```

下面的代码建立了一个元组对象：

```
>>>(1,2,3)
```

下面的代码也建立了一个元组对象：

```
>>>1,2,3
```

1.5.2　Python 的变量和引用

变量是由赋值语句创建的，如 x=3 创建了变量 x。

1.　变量的创建

一个变量（也就是变量名），如 x，当代码第 1 次给它赋值时就创建了它。

2.　引用

在 Python 中从变量到对象的连接称为引用。下面的语句创建了整数型对象 3、变量 x，并使变量 x 连接到对象 3，也称变量 x 引用了对象 3。如图 1-5 所示。

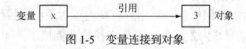

图 1-5　变量连接到对象

```
>>>x=3          #创建了变量 x，并使变量 x 引用整型对象 3
```

事实上，变量拥有自己的存储空间，变量连接到对象是该变量存储了对象单元的内存地址，并没有存储对象的值。

内置对象是可以直接使用的，而变量需要通过赋值语句创建。

第 1 次给变量赋值则创建了变量，再次给该变量赋值则改变了该变量的引用，如：

```
>>>a=3          #创建了变量 a，并使变量 a 引用整型对象 3
>>>a=9.5        #改变了变量 a 的引用，使变量 a 引用浮点型对象 9.5
>>>a=(1, 2, 3)  #改变了变量 a 的引用，使变量 a 引用元组对象(1, 2, 3)
```

变量在进行运算和输出时，自动使用它所引用的对象的值。

3.　共享引用

共享引用是指多个变量引用同一个对象。下面的语句使两个变量都引用同一个对象 3：

```
>>>a= 3
>>>b=a
>>>a='swfu'
>>>a
'swfu'
>>>b
3
```

改变了 a 的引用，但 b 仍然引用对象 3（见图 1-6）。

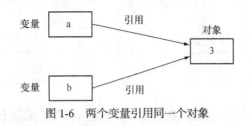

图 1-6　两个变量引用同一个对象

下面的代码展示了 a、b 引用同一个列表对象，通过变量 b 修改对象后的输出情况：

```
>>>a=[1, 2, 3]
>>>b=a
>>>b[0]=9
>>>b
[9, 2, 3]
>>>a
[9, 2, 3]
```

在程序设计中要注意共享引用带来的影响。

1.5.3　数字

数字是 Python 中最常用的对象。

1．整数

十进制整数：如 0、-1、9、123 等。

十六进制整数：需要 16 个数字 0、1、2、3、4、5、6、7、8、9、a、b、c、d、e、f 来表示整数。为了告诉计算机这是一个十六进制数，必须以 0x 开头，如 0x10、0xfa、0xabcdef。

八进制整数：只需要 8 个数字 0、1、2、3、4、5、6、7 来表示整数。为了告诉计算机这是一个八进制数，必须以 0o 开头，如 0o35、0o11。

二进制整数：只需要 2 个数字 0、1 来表示整数。为了告诉计算机这是一个二进制数，必须以 0b 开头，如 0b101、0b100。

2．浮点数

浮点数又称小数，如 15.0、0.37、-11.2、9.3e2、314.15qe-2。

3．复数

复数是由实部和虚部构成的数，如 3+4j、0.1-0.5j。

下面是复数的例子：

```
>>>a=3+4j
>>>b=5+6j
>>>c=a+b
>>>c
8+10j
>>> c.real    #复数的实部
8.0
>>> c.imag    #复数的虚部
10.0
```

1.5.4　字符串

用单引号或双引号引起来的符号系列称为字符串，如'abc'、'123'、'中国'、"Python"。

空串表示为''或 ""，注意是一对单引号或一对双引号。

1．字符串合并

字符串合并运算符是"＋"，用法如下：

```
>>>'abc'+'123'
'abc123'
```

2．转义字符

计算机中存在可见字符与不可见字符。可见字符是指可以在屏幕上显示的字符；不可见字符是指换行、制表符等，通常起一定的控制功能，在屏幕上没有直接的显示。不可见字符只能用转义字符来表示，可见字符也可用转义字符表示。转义字符以"\"开头，后接字符或数字，如表1- 2所示。

表1- 2 转义字符

转义字符	说　明
\'	单引号
\"	双引号
\\	表示\
\a	发出系统铃声
\n	换行符
\t	纵向制表符
\v	横向制表符
\r	回车符
\f	换页符
\y	八进制数 y 代表的字符
\xy	十六进制数 y 代表的字符

3．三引号的用法

三引号表示的字符串可以换行，因此可用来表示超长字符串或为程序添加较长的注释。

三引号的用法演示如下：

```
>>> s='''insert into addressList
(name , sex , phon , QQ , address)
values('王小明' , '男' , '13888997011' , '66735' , '北京市' )'''
>>>print s
insert into addressList
(name , sex , phon , QQ , address)
values('王小明' , '男' , '13888997011' , '66735' , '北京市' )
```

1.5.5　操作符和表达式

常用操作符如表 1-3 所示。

表 1-3 常用操作符

操 作 符	描　　述
x+y , x-y	加法／字符串合并，减法／集合差集

操 作 符	描　　述
x*y ，　x/y ，　x//y ，　x%y	乘法／重复，除法，求整商，余数／格式化
x**y	幂运算
x<y ，　x<=y ，　x>y ，　x>=y	大小比较，对集合则是包含关系检测
x==y ，　x!=y	相等比较，不等比较
x or y	逻辑或 （只有 x 为假才会计算 y）
x and y	逻辑与（只有 x 为真才会计算 y）
not x	逻辑非
x if y else z	三元选择表达式，y 为真返回 x，否则返回 z
x in y ，　x not in y	成员与集合的关系
x is y ，　x is not y	对象实体测试
x | y	位或，集合并集
x & y	位与，集合交集
x ^ y	位异或，集合对称差
x<<y ，　x>>y	左移或右移 y 位
~x	按位求补（取反）
x[i]	索引（序列、映射及其他）
x[i:j:k]	切片
x(...)	调用（函数、方法、类及其他可调用的）
x.attr	属性引用
(...)	元组，表达式，生成器表达式
[...]	列表
{...}	字典、集合

使用操作符的运算式称为表达式。如 1+2 、x>y and x>z 、(x+y)*z、x+(y*z)等。

在用表达式进行运算时，要善于用小括号指定运算的顺序。

单独的对象也称为表达式，如 True 、x 等。

1.5.6　常用内置函数

python 中的常用内置函数如表 1-4 所示。

表 1-4 常用内置函数

函　数	功　　能
abs(x)	返回数字 x 的绝对值
bin(x)	把数字 x 转换为二进制串
bool([x])	返回 bool 类型，对象 x 为 0、None 时返回 False，不指定对象 x 时也返回 False，其余情况返回 True
chr(x)	返回编码为 x 的字符
eval(s[, dict1[, dict2]])	计算字符串中表达式的值并返回
float(x)	把数字或字符串 x 转换为浮点数并返回
help(obj)	返回对象 obj 的帮助信息
hex(x)	把数字 x 转换为十六进制串
id(obj)	返回对象 obj 的标识
input([提示串])	接受键盘输入，返回输入对象
int(x[, d])	返回数字 x 的整数部分，或把 d 进制的字符串 x 转换为十进制并返回，缺省 d 则表示十进制串
len(obj)	返回对象 obj 包含的元素个数
list(x)	把元组 x 转换为列表并返回
max(s)	返回序列 s 的最大值
min(s)	返回序列 s 的最小值
oct(x)	把数字 x 转换为八进制串
ord(s)	返回 1 个字符 s 的编码
pow(x, y)	返回 x 的 y 次方
print( )	输出对象
range([start,] end [, step])	返回 1 个等差数列，不包括终
round(x [, 小数位数])	对 x 进行四舍五入，若不指定小数位数，则返回整数
set([obj])	把对象 obj 转换为集合并返回
sorted(列表[, cmp[, key[reverse]]])	返回排序后的列表
sum(s)	返回序列 s 的和
str(obj)	把对象 obj 转换为字符串
tuple(x)	把列表 x 转换为元组并返回
type(obj)	返回对象 obj 的类型

下面对部分函数进行演示。

1．eval( )

eval( )函数的功能十分强大，既能进行简单转换又能进行复杂计算。

```
>>>eval('5')        #仅指定 1 个参数，返回表达式的值
5
>>>x, y=eval('3, 4')   #返回字符串的元组
>>>x, y
(3, 4)
>>>w=5
>>>r=2
>>>print eval('2*w+r')    #使用已定义的变量
12
>>> dict1={'x':1, 'y':2}
>>> dict2={'z': 3}
>>> a=eval('3*x+2*y+1*z', dict1, dict2)    #3 个参数都指定，返回表达式的值
>>> a
15
```

2．range( )

range( )函数得到的数列包含初值，不包含终值。初值为 0 时可以省略。

```
>>> range(5)
[0, 1, 2, 3, 4]
>>> range(2,10,3)
[2, 5, 8]
```

3．ord( )和 chr( )

ord( )函数用于返回字符的编码，chr( )函数用于返回指定编码的字符。

```
>>> ord('A')
65
>>>chr(97)
'a'
```

4．set( )

set( )函数把对象转换为集合。

```
>>> basket=['apple', 'orange', 'pear', 'apple']
>>> fruit=set(basket)
>>> fruit
set(['orange', 'pear', 'apple'])
>>> 'apple' in fruit
True
>>> 'peach' in fruit
False
```

5．int(x [, d])

int( )函数返回数字 x 的整数部分，或把 d 进制的字符串转换为十进制数。

```
>>> int(12.8)
12
>>> int('11', 2)
3
>>> int('10', 8)
8
>>> int('f', 16)
15
```

1.5.7　对象的删除

Python 中，del 语句用来删除一个对象，并释放对象所占资源。del 的用法演示如下：

```
>>>a=[1, 2, 3]
>>>del a[1]
>>>a
[1, 3]
>>>x=5
>>>x
5
>>>del x    #此后 x 就不存在了
>>> x

Traceback (most recent call last):
  File "<pyshell#3>", line 1, in <module>
     x
NameError: name 'x' is not defined
```

1.5.8　输入/输出

在 Python 中进行程序设计，输入是通过 input( )函数或 raw_input( )函数来实现的。input( )的一般格式为：

```
x=input('提示：')
```

该函数返回输入的对象。演示如下：

```
>>> x=input('x=')
x=5.2
>>> x
5.2
>>> x=input('x=')
x=12 , 4
>>> x
(12, 4)
>>> x,y=input('x, y=')
x, y=2, 3
>>> x
2
>>> y
3
>>> s=input('s=')
s='China'
>>> s
'China'
>>> x=input('x=')
x=(3,4)
>>> x
(3, 4)
>>> x=input('x=')
x=[2,-2]
>>> x
[2, -2]
```

input( )函数可输入数字、字符串和其他对象。

raw_input( )函数会把用户输入的对象加上一对单引号或一对双引号，然后返回给用户。因此用户得到的是字符串。演示如下：

```
x=raw_input('x=')
x=5.2
>>> x
'5.2'
>>> x=raw_input('x=')
x=China
>>> x
'China'
>>> x=raw_input('x=')
x='China'
>>> x
" 'China' "
>>>
>>> x=raw_input('x=')
x=(3, 4)
>>> x
'(3, 4)'
```

在 Python 中进行程序设计，输出是通过 print 语句来完成的。print 语句的一般格式为：

print 对象 1，对象 2……对象 n

输出的结果中，多个对象之间有一个空格作为分隔，末尾输出一个换行符，产生换行。

如：

```
>>>print 1+2
3
>>>print 1, 2, 3
1 2 3
```

1.5.9　模块的导入

导入 1 个模块之后，就能使用模块中的函数和类。导入模块使用 import 语句，有 3 种用法。

1. 导入整个模块

一般格式为：

import 模块名 1[，模块名 2 [，...]]

模块名就是程序文件的前缀，不含 ".py"，可一次导入多个模块。导入模块之后，调用模块中的函数或类时，需要以模块名为前缀，程序的可读性好。如：

```
>>> import math
>>> math.sin(0.5)
0.479425538604203
```

2. 与 from 联用导入整个模块

一般格式为：

from 模块名　import *

这种方式导入模块之后，调用模块中的函数或类时，仅使用函数名或类名，简洁但程序的可读性稍差。如：

```
>>> from math import *
>>> cos(0.5)
0.8775825618903728
```

3. 与 from 联用导入 1 个或多个对象

一般格式为：

　　　　　from 模块名 import　对象名 1[, 对象名 2 [, ...]]

　　这种方式只导入模块中的 1 个或多个对象，调用模块中的对象时，仅使用对象名。如：

```
>>> from math import  exp , sin, cos
>>> exp(1)
2.718281828459045
>>> sin(0.5)
0.479425538604203
>>> cos(0.5)
0.8775825618903728
```

Python 中的常用模块如表 1-5 所示

表 1-5　　　　　　　　　　　　　　　　　常用模块

模　块	说　明
os	os 模块包装了不同操作系统的通用接口，使用户在不同操作系统下，可以使用相同的函数接口，调用操作系统的功能
sys	sys 是系统信息和方法模块，提供了很多实用的变量和方法
math	math 模块定义了标准的数学方法，例如 cos(x)、sin(x)等
random	random 模块提供了各种方法来产生随机数
struct	struct 模块可把数字和 bool 值与字节串进行相互转换
pickle	pcikle 模块可把对象变为字节串并写入文件中，也可从文件中读出对象
datetime	datetime 模块中有日期时间处理的方法
time	time 模块中有时间、时钟、计时相关的方法
tkinter	tkinter 模块提供了图形界面开发的方法
mySQLdb	mySQLdb 模块中有操纵 mySQL 数据库的方法。该模块需要下载
urllib	urllib 包提供了高级的接口来实现与 http server、ftp server 和本地文件交互的 client。该模块需要下载

1.6　顺序程序设计基础知识的应用

【例 1-1】　输入平面上的两个点，计算两点间的距离。

分析：根据解析几何知识，两点间的距离可以由两点间的距离公式求得（见图 1-7）。

程序：

```
#Exp1_1.py
import math
x1, y1=input('x1, y1=')
x2, y2=input('x2, y2=')
d=math.sqrt((x2-x1)**2+(y2-y1)**2)
print 'd=', d
```

框图：

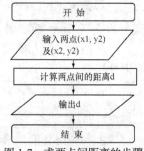

图 1-7　求两点间距离的步骤

输入及程序运行结果：

```
x1,y1=1, 2
x2,y2=5, 3.4
d= 4.237924020083418
```

【例 1-2】　计算昨天和明天的日期。

分析：该例题需要获得日期型数据今天的日期，可通过 datatime 模块中的 date.today( )方法获得。通过 datetime 模块中的 timedelta( )方法获得 1 天的日期类型，与今天的日期进行运算（见图 1-8）。

程序：

```
#Exp1_2.py
import datetime
today=datetime.date.today( )
one=datetime.timedelta(days=1)
yestoday=today-one
tomorrow=today+one
print yestoday,today,tomorrow
```

框图：

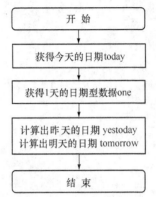

图 1-8　计算昨天和明天日期的步骤

程序运行结果：

```
(2012-08-25  2012-08-26  2012-08-27)
```

【例 1-3】　任意输入三个英文单词，按字典顺序输出。

分析：三个单词输入后，需要比较两个字符串的大小，需要时交换两个字符串（见图 1-9）。

程序：

```
#Exp1_3.py
s=input('x,y,z=')
x, y, z=s.split(',')    #把字符串用逗号进行分离，返回子串构成的列表
if x>y:
    x, y=y, x    #交换 x, y 的值
if x>z:
    x, z=z, x
if y>z:
    y, z=z, y
print x, y, z
```

输入及程序运行结果：

```
x, y, z='bin,oct,hex'
bin hex oct
```

【例 1-4】　输入一个二元一次方程组，解方程组。

分析：根据代数知识，二元一次方程组的解是由方程组的 4 个系数和 2 个常数决定的。用加减消元法，把方程组等号左端区域变成对角形，从而得到解（见图 1-10）。

从 $\begin{cases} a_{00}x + a_{01}y = a_{02} \\ a_{10}x + a_{11}y = a_{12} \end{cases}$

变为 $\begin{cases} a_{00}x \qquad\quad = a_{02} \\ \qquad a_{11}y = a_{12} \end{cases}$

框图：

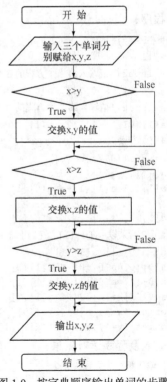

图 1-9　按字典顺序输出单词的步骤

即把 a_{10} 和 a_{01} 变为 0。用 2 行 3 列的列表[[a_{00}, a_{01}, a_{02}], [a_{10}, a_{11}, a_{12}]]来存储这 6 个数，只要把列表的一行乘以一个数加到另一行就达到目的。

框图（见图 1-10）：

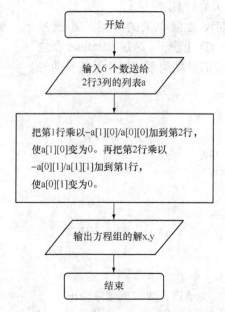

图 1-10　加减消元法解二元一次方程组

程序：

```
#Exp1_4.py
a=[[0, 0, 0], [0, 0, 0]]    #定义一个列表
s=input('请输入第1个方程的3个数:')
a[0][0], a[0][1], a[0][2]=s
s=input('请输入第2个方程的3个数:')
a[1][0], a[1][1], a[1][2]=s
#第1行乘以-a[1][0]/a[0][0]加到第2行
d=-a[1][0]/a[0][0]
a[1][0]=a[1][0]+d*a[0][0]
a[1][1]=a[1][1]+d*a[0][1]

a[1][2]=a[1][2]+d*a[0][2]
#第2行乘以-a[0][1]/a[1][1]加到第1行
d=-a[0][1]/a[1][1]
a[0][0]=a[0][0]+d*a[1][0]
a[0][1]=a[0][1]+d*a[1][1]
a[0][2]=a[0][2]+d*a[1][2]
print 'x=', a[0][2]/a[0][0]
print 'y=', a[1][2]/a[1][1]
```

输入及程序运行结果：

```
请输入第1个方程的3个数:1,2,3
请输入第2个方程的3个数:4,9,7
x= 13.0
y= -5.0
```

1.7　代码块的缩进

Python 程序是依靠代码块的缩进来体现代码之间的逻辑关系的，缩进结束就表示一个代码块结束了。Python 解释程序也是依靠这种缩进对代码进行解释和执行的。同时，代码块的合理缩进也能帮助程序员理解代码，并养成良好的编程习惯。下面给出一个合理缩进的例子。其中列表的使用、循环的使用将在后面章节中进行讲解，这里先认识一下。

【例 1-5】 解决行列式的输出问题。

```python
#Exp1_5.py
a=[[111, 2, 30], [4, 50, 6], [7, 8, 9]]
s1=''
print '_____1_____'
for x in a:
    s=''
    for y in x:
        s1='%6d' % y
        s=s+s1
    print s
print '_____2_____'
i=j=0
while i<3:
    j=0
    s=''
    while j<3:
        s1=str(a[i][j])
        s1=s+(s1+' '*(6-len(s1)))
        j=j+1
    print s
    i=i+1
print '\n用了两种方法\n'
```

程序运行结果：

```
_____1_____
  111     2    30
    4    50     6
    7     8     9
_____2_____
111   2    30
4    50   6
7     8    9
用了两种方法。
```

1.8　在 Ubuntu 操作系统中使用 Python

在 Ubuntu 操作系统中，Python 作为系统的组成部分已经被安装好，并且 Ubuntu 的一些功能是使用 Python 编写的，因此可直接使用 Python。如果需要安装某版本的 Python，可到 http://www.Python.org 下载。

1.8.1　交互编程窗口

在终端（命令窗口）中输入 Python 会启动 Python2.7，输入 Python3 会启动 Python 3.2。本书使用的是 Python 2.7.3，启动方法如下。

（1）打开终端。

（2）输入 Python，就会启动 Python2.7.3，且自动打开交互编程窗口，进入友好的交互编程状态，如图 1-11 所示。

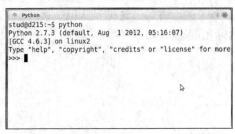

图 1-11　启动 Python

在交互编程状态，可输入一些简短的语句直接执行。在交互状态下，输入变量名或表达式，会直接显示其值，因而可以当计算器使用。还可用 help 方法显示对象的帮助信息。在交互状态下开展 Python 语言的学习、验证、理解性试验十分方便，许多其他语言都无法与之相比。下面给出几个代码的例子。

```
>>>1+1/2+1/3
1.8333333333333333
>>>  (2+3j)*(3-4j)
(18+1j)
>>>2**3
8
>>>import math
>>>math.sin(30*math.pi/180)
0.49999999999999994
>>>import random
>>>random.random()
0.55232296831935
>>>random.random()
0.10076076140837642
>>>random.randrange(1, 100 )
7
>>>x='abc123'
>>>x[0]
'a'
>>>s=[1, 3, 5, 7]
>>>s[1]
3
>>>sum(s)
16
>>>min(s)
1
>>>k=s[:]
>>>k
[1, 3, 5, 7]
>>>del(s[0])
```

```
>>>s
[3, 5, 7]
>>>k
[1, 3, 5, 7]
```

1.8.2　在交互式窗口中执行 Python 源程序

执行 Python 源程序的方法如下。

（1）用文本编辑器录入 Python 程序，存盘，一般以 py 作为文件名后缀。

（2）在交互式窗口中用 execfile（程序文件名），执行 Python 源程序。

```
>>>execfile(程序文件名)
```

1.8.3　在操作系统的控制台上执行 Python 源程序

执行 Python 源程序的方法如下。

（1）用文本编辑器录入 Python 程序，存盘，一般以 py 作为文件名后缀。

（2）在命令窗口中输入 "Python 文件名" 就能执行 Python 源程序，如图 1-12 所示。

图 1-12　编写程序、执行程序

如果程序有错误或需要修改程序，在修改后按 Ctrl+S 组合键保存，然后转到命令窗口中再次执行。

1.8.4　在集成编程环境 IDLE 中编写和执行程序

在命令窗口中输入 IDLE 则启动了集成编程窗口 IDLE。IDLE 的窗口称为 Python Shell，同样可输入一些简短的语句直接执行程序，可用 help 方法显示对象的帮助信息，还可自动显示对象的属性和方法。这是一个更加友好的交互编程界面。

1. 编写程序文件

在 idle 中编写程序的步骤如下。

（1）按 Ctrl+N 组合键或用 File 菜单如图 1-13 所示打开新窗口，就新增了一个窗口，可用来输入代码，如图 1-14 所示。

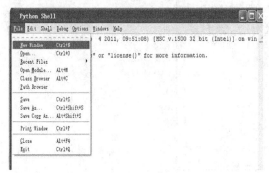

图 1-13　打开新窗口的方法

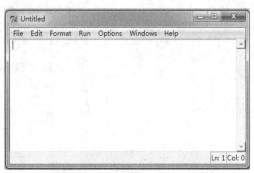

图 1-14　新增加的编程窗口

（2）输入代码并存盘。

在新增的窗口中输入代码，并按 Ctrl+S 组合键或用菜单保存。以"py"作为文件名后缀。存盘后的窗口，如图 1-15 所示。

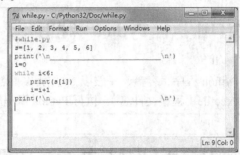

图 1-15 文件存盘后的窗口

2. 执行程序

文件保存后，按 F5 或用 Run 菜单，就能执行程序。程序的执行结果显示在 IDLE 窗口 Python Shell 中，如图 1-16 所示。

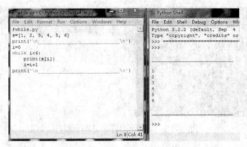

图 1-16 执行程序

3. 执行程序后检查变量的值

执行程序后，仍可在 Python Shell 中检查程序中变量的值。

```
>>>i
6
```

1.8.5 集成编程环境 IDLE 中的对象成员提示

在 IDLE 环境中编程时，对象名后输入"·"将出现成员的提示，按空格键则输入提示的成员。如图 1-17 所示。

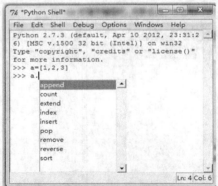

图 1-17 对象的成员提示

1.9　在 Windows 操作系统中使用 Python

在 Windows 中使用 Python，需要下载并安装 Python，可参照下面的步骤。

（1）打开浏览器，访问 http://www.Python.org。

（2）单击 Download 链接。

（3）下载 Python 2.7.x Windows installer。

（4）下载后，双击下载的文件进行安装。

安装后在 Windows 的开始菜单中能找到 Python（command line）及 IDLE（Python GUI）的启动条，如图 1-18 所示。两者的用法与 Ubuntu 中一样，在 1.8 节中已经介绍过。

图 1-18　Windows 中 Python 的启动

1.10　使用帮助

使用 Python 的帮助对学习和开发都是很重要的。在 Python 中可以使用 help() 方法来获取帮助信息。使用格式如下。

help(对象)

下面分 3 种情况进行说明。

1. 查看内置对象的帮助信息

```
>>>help(open)
```

如图 1-19 所示。

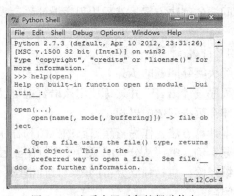

图 1-19　查看内置对象的帮助信息

如果在 Ubuntu 的命令行下查看帮助信息，需要先退出，可按 Q 键。

2. 查看模块中对象的帮助信息

查看模块中对象的帮助信息，首先要导入模块。

```
>>>import os
>>>help(os.getcwd)
>>import 图 1-19　查看内置对象的帮助信息
```

```
sys
>>>help(sys.path.append)
>>>help(sys.path)
```

查看模块中对象的帮助信息，如图 1-20 所示。

图 1-20　查看模块中对象的帮助信息

3. 查看整个模块的帮助信息

使用 help（模块）就能查看整个模块的帮助信息。显示出的帮助信息通常都很多，读者要善于找到自己需要的内容。

本章小结

本章介绍了程序设计的一般方法、顺序程序设计的语言基础和解决实际问题的方法。

1. 程序设计的一般方法

首先用框图描绘出实际问题的解决方案，然后用程序设计语言表达出来，最后在计算机上执行求得计算结果。

2. 学习程序设计要做的 6 件事

（1）学会用框图来描绘解决实际问题的步骤。

（2）学习至少一门高级程序设计语言，并熟练使用该语言把自己设计的框图转换为程序。

（3）观看现成的框图，体会解决问题的思想。

（4）掌握一些常用的基本计算方法，作为搭建自己的框图和程序的基础。

（5）通过一些完整的问题实例，掌握从分析问题、绘制框图到程序实现的全过程。

（6）多做练习并善于总结经验，包括独立分析问题、设计框图、根据框图写出代码、阅读大量代码、模仿例题解决类似问题。

3. Python 的对象

对象是内存中的一个单元，包括数值和相关操作的集合。

对象是 Python 语言中最基本的概念，在 Python 中处理的每样东西都是对象。

4. 变量是由赋值语句创建的，如 a=3 创建了变量 a。

5. 在 Python 中从变量到对象的连接称为引用。

6. 数字有整数、浮点数和复数。

7. 用单引号或双引号引起来的符号系列称为字符串，如'abc'、"123"、'中国'。

8. 字符串是很重要的一种数据类型，操作方式有很多，如合并、格式化、截取、比较、分离、子串查找。

9. Python 的运算符很丰富，需要经常练习。

10. Python 的内置函数很多，需要经常使用。

11. 输入是通过 input( )函数来实现的，该函数返回输入的对象。

12. 输出是通过 print 语句来实现的。

13. 进行 Python 程序设计，经常需要用到模块中的函数等对象。导入模块用 import 语句来完成。用法主要有 3 种：

（1）import 模块名 1[, 模块名 2 [, ...]]

以这种方式导入后，调用模块中的函数或类时，需要以模块名为前缀，程序的可读性好。

（2）from 模块名 import *

以这种方式导入后，调用模块中的函数或类时，仅使用函数名或类名。

（3）from 模块名 import 对象名 1[, 对象名 2 [, ...]]

以这种方式导入后，调用模块中的对象时，仅使用对象名。

14. 代码块要有合理的缩进。

15. Ubuntu 及 Windows 的交互编程窗口用法一样。可以输入 Python 语句立即执行，因而可以当计算器使用。

16. 在 Ubuntu 的命令窗口中用 Python 文件名来执行 Python 源程序。

17. 在 Windows 的命令窗口中用 Python 文件名来执行 Python 源程序。

18. 在 Ubuntu 及 Windows 中 idle 的用法一样。在 IDLE 中编写程序、执行程序较为方便。

19. 要善于使用 Phthon 的帮助，使用帮助可用 help（对象）

习　题

1. 输入表示年月日的 8 位数，如"20100722"，输出年、月、日，即"2010 年 07 月 22 日"。

2. 输入平面上第 1 象限中的 1 个点的坐标，第 3 象限中的 1 个点的坐标，计算两点间的距离。

3. 输入两个点，建立起直线方程 y=kx+b。输入第 3 个点，求点到直线的距离。

4. 输入一个整数，输出以该整数为编码的字符。

5. 输入一个十进制数，输出该数的二进制数、八进制数和十六进制数。

6. 输入一个小数，对第三位小数进行四舍五入，保留两位小数。

　　注：不能用 round( )函数，事实上本题目的就是想探索 round( )函数是如何设计的。

7. 启动在交互编程窗口，对 1.8.1 中的代码进行试验。

8. 启动在交互编程窗口，进行文件的读/写试验。

9. 启动在交互编程窗口，进行编码试验。

10. 查看模块 random、struct、tkinter 的帮助信息。

第2章
使用序列

"序列"是程序设计中经常用到的数据存储方式。在其他程序设计语言中,"序列"通常被称为"数组",用于存储相关数据项的数据结构。几乎每一种程序设计语言都提供了"序列"数据结构,如C和Basic中的一维、多维数组等。

Python提供的序列类型在所有程序设计语言中是最丰富,最灵活,也是功能最强大的。Python支持3种基本序列数据类型:字符串(string)、列表(list)和元组(tuple),还支持1种映射数据类型:字典(dictionary)。

本章将通过一些例子来讨论Python中常用的序列类型(列表、元组、字典),关于字符串的内容将在第5章进行详细讲解。

2.1 序列问题

【问题2-1】 数据排序问题(不使用列表)。

问题描述: 由用户从键盘输入5个数据,按升序排序后输出。

分析: 将用户输入的5个数据存放到5个变量中,用两两比较的方法对数据进行排序后输出(见图2-1)。

框图:

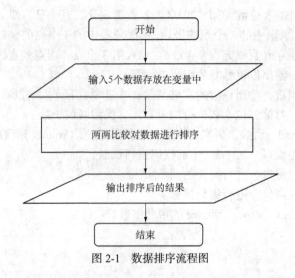

图 2-1　数据排序流程图

程序:

```
#data sort Ques2_1.py
```

```
x1 = input('请输入第 1 个元素:')
x2 = input('请输入第 2 个元素:')
x3 = input('请输入第 3 个元素:')
x4 = input('请输入第 4 个元素:')
x5 = input('请输入第 5 个元素:')


#将前 2 个元素按升序排列
if x1>x2:
    x1,x2=x2,x1


#将前 3 个元素按升序排列
if x1>x3:
    x1,x2,x3=x3,x1,x2
elif x2>x3:
    x2,x3=x3,x2


#将前 4 个元素按升序排列
if x1>x4:
    x1,x2,x3,x4=x4,x1,x2,x3
elif x2>x4:
    x2,x3,x4=x4,x2,x3
elif x3>x4:
    x3,x4=x4,x3


#将前 5 个元素按升序排列
if x1>x5:
    x1,x2,x3,x4,x5=x5,x1,x2,x3,x4
elif x2>x5:
    x2,x3,x4,x5=x5,x2,x3,x4
elif x3>x5:
    x3,x4,x5=x5,x3,x4
elif x4>x5:
    x4,x5=x5,x4

#输出排序结果
print "按升序排序结果为: ",x1,x2,x3,x4,x5
```

程序输入及运行结果:

```
请输入第 1 个元素:5
请输入第 2 个元素:3
请输入第 3 个元素:7
请输入第 4 个元素:2
请输入第 5 个元素:9
按升序排序结果为:  2 3 5 7 9
```

以上程序存在的问题:

（1）需要定义多个变量来对数据进行存储，有几个待排序数据就要定义几个变量；

（2）程序虽不复杂，但很繁琐，容易出错；

（3）当待排序数据达到一定量时，无法用这种方法来编程解决。

【问题 2-2】 数据排序问题（使用列表）。

问题描述： 由用户从键盘输入多个数据，按升序排序后输出。

分析： 将用户输入的多个数据存放到一个列表中，用 python 的 sort( )方法对列表中的数据进行排序后输出（见图 2-2）。

框图：

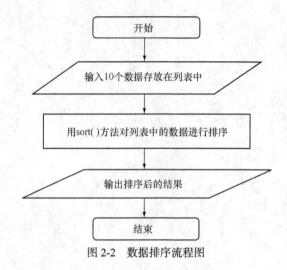

图 2-2 数据排序流程图

程序：

```
#data sort:Ques2_2.py

data_list = [ ]        #初始化一个空列表

#循环10次，输入10个数字放到列表中
for integer in range(10):
    x = input('请输入第' + str(integer+1) + '个元素:')
    data_list = data_list+[x]

print '排序前数据: ',data_list

#用 sort 方法对列表中的数据进行排序
data_list.sort()

print '排序后数据: ',data_list
```

输入及程序运行结果：

```
请输入第 1 个元素: 54
请输入第 2 个元素: 23
请输入第 3 个元素: 67
请输入第 4 个元素: 84
```

请输入第 5 个元素：41
请输入第 6 个元素：68
请输入第 7 个元素：34
请输入第 8 个元素：56
请输入第 9 个元素：98
请输入第 10 个元素：61
排序前数据：['54', '23', '67', '84', '41', '68', '34', '56', '98', '61']
排序后数据：['23', '34', '41', '54', '56', '61', '67', '68', '84', '98']

使用列表来存储待排序数据的优点：

（1）不管数据量有多大，只需要定义一个列表变量；

（2）排序程序简单，程序代码量不随数据量变大而增加；

（3）可以调用 Python 内置函数来实现排序，不需要自己编写排序算法。

【问题 2-3】 查字典问题（使用字典）。

问题描述：根据用户输入的关键字的简写查询相应的名称解释。

分析：将一些程序设计中常用名词存放在字典中，其英文的第一个字母作为"键"，该名词的解释作为"值"。由用户输入要查询关键字的英文名词的第一个字母，若在合法的范围内则进行查询、输出，若不在范围内则结束程序（见图 2-3）。

框图：

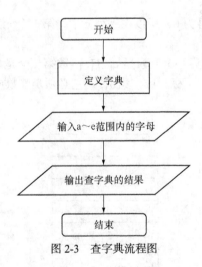

图 2-3 查字典流程图

程序：

```
#Dictionary Search:Ques2_3.py

#定义字典
dic={"a":"algorithm, 算法，解决一种问题的大致步骤","b":"bug, 臭虫，程序里的错误","c": "compile,
编译，把用高级程序语言写的程序转换成低级语言", "d": "debugging, 除虫，找到及移除程序设计错误的过程",
"e":"exception, 异常，执行错误的另一个名称"}

#输入要查询的关键字以便进行字典查询
keyword=raw_input('请输入要查询的名词关键字（a~e）：')

#输入 a~e 之间的关键字则进行查询，否则结束程序
```

```
while keyword >= 'a' and keyword <= 'e':
    print '查询结果: ', dic[keyword]
    keyword = raw_input('请输入要查询的名词关键字（a~e）: ')
```

输入及程序运行结果：

请输入要查询的名词关键字（a~e）: b
查询结果: bug，臭虫，程序里的错误
请输入要查询的名词关键字（a~e）: d
查询结果: debugging，除虫，找到及移除程序设计错误的过程
请输入要查询的名词关键字（a~e）: x
>>>

2.2 序列基础知识

序列是一系列连续值，它们通常是相关的，并且按一定顺序排列。

图 2-4 展示了一个序列 c，它包含 12 个整数元素。引用元素时，可先写出序列名，再在方括号中写出元素的位置编号。其中，序列名称的定义应符合 Python 的变量命名规则。

序列第一个元素的位置编号为 0，所以在序列 c 中，第 1 个元素是 $c[0]$，第 2 个元素是 $c[1]$，第 i 个元素是 $c[i-1]$。

序列也可以从尾部访问。最后一个元素是 $c[-1]$，倒数第二个是 $c[-2]$，倒数第 i 个元素是 $c[-i]$。

位置编号更正式的名称是"下标"或"索引"，它必须是整数或整数表达式。

正向位置编号	序列元素值	反向位置编号
c[0]	34	c[−12]
c[1]	56	c[−11]
c[2]	2	c[−10]
c[3]	−124	c[−9]
c[4]	89	c[−8]
c[5]	43	c[−7]
c[6]	2395	c[−6]
c[7]	70	c[−5]
c[8]	−22	c[−4]
c[9]	0	c[−3]
c[10]	1	c[−2]
c[11]	9540	c[−1]

图 2-4 序列名称为 c 的数据元素值与位置编号对应关系

2.3　列　　表

2.3.1　列表定义

列表是 Python 中重要的内置数据类型，是一个元素的有序集合，一个列表中的数据类型可以各不相同。列表中的每一个数据称为元素。列表的所有元素需用逗号分割并放在一对中括号 "[" 和 "]" 中，下面列举了一些列表的例子：

```
[10, 20, 30, 40]                                 #所有元素都是整型数据的列表
['crunchy frog', 'ram bladder', 'lark vomit']    #所有元素都是字符串的列表
['spam', 2.0, 5, [10, 20]]                       #该列表中包含了一个字符串元素、一个浮点类
                                                  型元素、一个整型元素和一个列表类型元素
```

2.3.2　列表的常用操作

1. 创建列表

使用 "="（等号或称赋值号）将一个列表赋值给变量。

例如：

```
>>> a_list = ['a', 'b', 'mpilgrim', 'z', 'example']
```

2. 读取元素

用变量名加元素序号（放在中括号中）即可访问列表中某个元素。注意列表的第一个元素序号为 0。

例如：

```
>>> print(a_list[2])
mpilgrim
```

　　　　若一个列表有 n 个元素，则访问元素的合法序号范围是 -n～n-1，当序号 x 为负时，表示从序列的末尾开始计数，实际访问的是序号为 n+x 的元素。

例如：

```
>>> print(a_list[-1])
example
>>> print(a_list[-5])
a
>>> print(a_list[-7])
Traceback (most recent call last):
  File "<pyshell#7>", line 1, in <module>
    print(a_list[-7])
IndexError: list index out of range
>>> print(a_list[5])
Traceback (most recent call last):
  File "<pyshell#8>", line 1, in <module>
    print(a_list[5])
IndexError: list index out of range
```

3. 列表切片

可以使用"列表序号对"来截取列表中的任何部分，从而得到一个新列表。"序号对"中第一个序号（左索引）表示切片开始位置，第二个序号（右索引）表示切片截止（但不包含）位置。

例如：

```
>>> print(a_list[1:3])
['b', 'mpilgrim']
>>> print(a_list[1:-1])
['b', 'mpilgrim', 'z']
```

注意　　　当切片的左索引为 0 时可缺省，当右索引为列表长度时也可缺省。

例如：

```
>>> print(a_list[:3])
['a', 'b', 'mpilgrim']
>>> print(a_list[3:])
['z', 'example']
>>> print(a_list[:])
['a', 'b', 'mpilgrim', 'z', 'example']
```

4. 增加元素

方法一：使用"+"将一个新列表附加在原列表的尾部。

例如：假定有 a_list = [1]，执行 a_list = a_list + ['a',2.0]后，a_list 的元素变为[1, 'a', 2.0]。

```
>>> a_list=[1]
>>> a_list=a_list + ['a', 2.0]
>>> a_list
[1, 'a', 2.0]
```

方法二：使用 append( )方法向列表的尾部添加一个新元素。

例如：执行 a_list.append(True)后，a_list 的元素为 [1, 'a', 2.0, True]。

```
>>> a_list.append(True)
>>> a_list
[1, 'a', 2.0, True]
```

方法三：使用 extend( )方法将一个列表添加在原列表的尾部。

例如：执行 a_list.extend(['x', 4])后，a_list 的元素为 [1, 'a', 2.0, True, 'x', 4]。

```
>>> a_list.extend(['x', 4])
>>> a_list
[1, 'a', 2.0, True, 'x', 4]
```

方法四：使用 insert( )方法将一个元素插入到列表的任意位置。该方法有两个参数，第一个参数为插入位置，第二个参数为插入元素。

例如：执行 a_list.insert(0, 'x')后，a_list 的元素为 ['x', 1, 'a', 2.0, True, 'x', 4]。

```
>>> a_list.insert(0, 'x')
>>> a_list
['x', 1, 'a', 2.0, True, 'x', 4]
```

5. 检索元素

使用 count( )方法计算列表中某个元素出现的次数。

例如：a_list.count('x')将返回 2。

```
>>> a_list.count('x')
```

2

使用 in 运算符检查某个元素是否在该列表中。

例如：3 in a_list 将返回 False，2.0 in a_list 将返回 True。

```
>>> 3 in a_list
False
>>> 2.0 in a_list
True
```

使用 index( )方法返回某个元素在列表中的准确位置，若该元素不在列表中将会出错。

例如：a_list.index('x')将返回 0，a_list.index(5)将提示出错。

```
>>> a_list.index('x')
0
>>> a_list.index(5)
Traceback (most recent call last):
  File "<pyshell#33>", line 1, in <module>
      a_list.index(5)
ValueError: 5 is not in list
```

6. 删除元素

当向列表中添加或删除元素时，列表将自动扩展或收缩，列表中永远不会有空隙。

方法一： 使用 del 语句删除某个特定位置的元素。

例如：执行 del a_list[1]后，该元素后面的元素自动前移一个位置，a_list 的内容变为['x', 'a', 2.0, True, 'x', 4]。

```
>>> del a_list[1]
>>> a_list
['x', 'a', 2.0, True, 'x', 4]
```

方法二： 使用 remove( )方法删除某个特定值的元素。

例如：执行 a_list.remove('x')后，a_list 的内容变为['a', 2.0, True, 'x', 4]；再次执行 a_list.remove('x')后，a_list 的内容变为['a', 2.0, True, 4]；再次执行 a_list.remove('x')时，系统提示出错。

```
>>> a_list.remove('x')
>>> a_list
['a', 2.0, True, 'x', 4]
>>> a_list.remove('x')
>>> a_list
['a', 2.0, True, 4]
>>> a_list.remove('x')
Traceback (most recent call last):
  File "<pyshell#51>", line 1, in <module>
      a_list.remove('x')
ValueError: list.remove(x): x not in list
```

方法三： 使用 pop( )方法来弹出（删除）指定位置的元素，缺省参数时弹出最后一个元素。

例如：执行 a_list.pop( )后，a_list 的内容变为['a', 2.0, True]；执行 a_list.pop(1)后，a_list 的内容变为['a', True]；再次执行 a_list.pop(1)后，a_list 的内容变为['a']；执行 a_list.pop( )后，a_list 的内容变为[ ]；再次执行 a_list.pop( )时，系统提示出错。

```
>>> a_list.pop( )
4
>>> a_list
['a', 2.0, True]
>>> a_list.pop(1)
2.0
>>> a_list
```

```
['a', True]
>>> a_list.pop(1)
True
>>> a_list
['a']
>>> a_list.pop( )
'a'
>>> a_list
[ ]
>>> a_list.pop( )
Traceback (most recent call last):
  File "<pyshell#61>", line 1, in <module>
    a_list.pop( )
IndexError: pop from empty list
```

2.3.3　列表常用函数

1. cmp( )

格式：cmp(列表 1,列表 2)

功能：对两个列表进行逐项比较，先比较两个列表的第一个元素，若相同则两列表分别取下一个元素接着进行比较，若不同则终止比较。若第一个列表最后比较的元素大于第二个列表，则结果为 1，相反则为-1，若两个列表元素完全相同则结果为 0。

例：

```
>>> list1=[123,'xyz']
>>> list2=[123,'abc']
>>> cmp(list1,list2)
1
>>> list2=[123,'z']
>>> cmp(list1,list2)
-1
>>> list2=list1
>>> cmp(list1,list2)
0
```

2. len( )

格式：len(列表)

功能：返回列表中的元素个数。

例：

```
>>> len(list1)
2
```

3. max( )和 min( )

格式：max(列表)，min(列表)

功能：分别返回列表中的最大或最小元素。

例：

```
>>> str_l=['abc','xyz','123']
>>> num_l=[123,456,222]
>>> max(str_l)
'xyz'
>>> min(str_l)
'123'
```

```
>>> max(num_l)
456
>>> min(num_l)
123
```

4．sorted( )和 reversed( )

格式：sorted（列表），reversed(列表)

功能：sorted 的功能是对列表进行排序，默认是按升序排序，还可在列表的后面增加一个 reverse 参数，让其值等于 True 则表示按降序排序；reversed 的功能是对列表元素逆序排列。

例：

```
>>> list=[1,4,3,6,9,0,2]
>>> for x in reversed(list):
    print x,
2 0 9 6 3 4 1
>>> sorted(list)
[0, 1, 2, 3, 4, 6, 9]
>>> sorted(list,reverse=True)
[9, 6, 4, 3, 2, 1, 0]
```

5．sum( )

格式：sum(列表)

功能：对数值型列表的元素进行求和运算，对非数值型列表运算则出错。

例：

```
>>> sum(list)
25
>>> sum(str_l)
Traceback (most recent call last):
  File "<pyshell#26>", line 1, in <module>
    sum(str_l)
TypeError: unsupported operand type(s) for +: 'int' and 'str'
```

2.4　元　　组

2.4.1　元组的定义

元组和列表类似，但元组的元素是不可变的，元组一旦创建，用任何方法都不可以修改其元素。

元组的定义方式和列表相同，但元组在定义时所有元素是放在一对圆括号"（"和"）"中，而不是方括号中。下面这些都是合法的元组：

        (10, 20, 30, 40)   ('crunchy frog', 'ram bladder', 'lark vomit')

2.4.2　元组的常用操作

1．创建元组

使用"="将一个元组赋值给变量。

例如：

```
>>>a_tuple=('a', 'b', 'mpilgrim', 'z', 'example')
```

```
>>> a_tuple
('a', 'b', 'mpilgrim', 'z', 'example')
```

2. 读取元素

用变量名加元素序号（放中括号中）即可访问元组中的某个元素。与列表相同，元组的元素都有固定的顺序，第一个元素序号也为 0，元组元素序号的规定与列表相同。

例如：

```
>>> a_tuple[2]
'mpilgrim'
>>> a_tuple[-1]
'example'
>>> a_tuple[-5]
'a'
>>> a_tuple[-7]
Traceback (most recent call last):
  File "<pyshell#68>", line 1, in <module>
    a_tuple[-7]
IndexError: tuple index out of range
>>> a_tuple[5]
Traceback (most recent call last):
  File "<pyshell#69>", line 1, in <module>
    a_tuple[5]
IndexError: tuple index out of range
```

3. 元组切片

与列表一样，元组也可以进行切片操作。对列表切片可以得到新的列表；对元组切片可以得到新的元组。

例如：

```
>>> a_tuple[1:3]
('b', 'mpilgrim')
```

4. 检索元素

使用 count( )方法计算元组中某个元素出现的次数。

例如：

```
>>> a_tuple.count('b')
1
```

使用 in 运算符返回某个元素是否在该元组中。

例如：

```
>>> 'ab' in a_tuple
False
>>> 'z' in a_tuple
True
```

使用 index( )方法返回某个元素在元组中的准确位置。

例如：

```
>>> a_tuple.index('z')
3
>>> a_tuple.index(5)
Traceback (most recent call last):
  File "<pyshell#78>", line 1, in <module>
    a_tuple.index(5)
ValueError: tuple.index(x): x not in tuple
```

2.4.3　元组和列表的区别和转换

列表和元组两种数据结构在定义和操作上有很多相同的地方，不同点主要在于：元组中的数据一旦定义就不允许更改，因此，元组没有 append( )或 extend( )方法，无法向元组中添加元素；元组没有 remove( )或 pop( )方法，不能从元组中删除元素。

元组与列表相比有下列优点。

（1）元组的速度比列表更快。如果定义了一系列常量值，而后所需做的仅是对它进行遍历，其值不会被改变，那么一般使用元组而不用列表。

（2）元组对不需要改变的数据进行"写保护"，将使得代码更加安全。

（3）一些元组可用作字典键（特别是包含字符串、数值和其它元组这样的不可变数据的元组）。列表永远不能当做字典键使用，因为列表不是不可变的。

元组可转换成列表，反之亦然。内建的 tuple( )函数接受一个列表参数，并返回一个包含同样元素的元组；而 list( )函数接受一个元组参数并返回一个包含同样元素的列表。从效果上看，tuple( )冻结列表，而 list( )融化元组。

2.4.4　同时赋多个值

可以利用元组来一次性地对多个变量赋值。例如：

```
>>> v_tuple=(False, 3.5, 'exp')
>>> (x, y, z)=v_tuple
>>> x
False
>>> y
3.5
>>> z
'exp'
```

2.5　字　　典

2.5.1　字典定义

字典是键值对的无序集合。字典中的每个元素都包含两部分：键和值。向字典添加一个键的同时，必须为该键增添一个值。

2.5.2　字典的常用操作

1. 创建字典

定义字典时，每个元素的键和值用冒号分隔，元素之间用逗号分隔，所有的元素放在一对大括号"{"和"}"中。

例如，下列定义了一个名叫 a-dict 的字典，包含两个数据元素。

```
>>> a_dict={'server': 'db.diveintopython3.org', 'database': 'mysql'}
>>> a_dict
{'database': 'mysql', 'server': 'db.diveintopython3.org'}
```

2. 查找值

字典定义后，可以通过键来查找值，反之则不允许。

例如：

```
>>> a_dict['server']
'db.diveintopython3.org'
>>> a_dict['database']
'mysql'
>>> a_dict['db.diveintopython3.org']
Traceback (most recent call last):
  File "<pyshell#85>", line 1, in <module>
    a_dict['db.diveintopython3.org']
KeyError: 'db.diveintopython3.org'
```

3. 遍历字典

可以用循环语句来遍历字典中每个元素的键和值。

例如：

```
>>>for key in a_dict.keys():
        print(key, a_dict[key])

database mysql
server db.diveintopython3.org
```

4. 添加和修改字典

字典没有预定义的大小限制。可以随时向字典中添加新的键值对，或者修改现有键所关联的值。添加和修改的方法相同，都是使用"字典变量名[键名]=键值"的形式。区分究竟是添加还是修改，需要看键名与字典中现有的键名是否重复，因为字典中不允许有重复的键。如不重复则是添加新健值对，如重复则是将该键对应的值修改为新值。

例如，下面的第一个操作是"添加"，第二个操作是"修改"

```
>>> a_dict['user']='mark'
>>> a_dict
{'database': 'mysql', 'server': 'db.diveintopython3.org', 'user': 'mark'}
>>> a_dict['database']='blog'
>>> a_dict
{'database': 'blog', 'server': 'db.diveintopython3.org', 'user': 'mark'}
```

5. 字典长度

与列表、元组类似，可以用 len( )函数返回字典中键的数量。

例如：

```
>>> len(a_dict)
3
```

6. 字典检索

可以使用 in 运行符来测试某个特定的键是否在字典中。

例如：

```
>>> 'server' in a_dict
True
>>> 'mysql' in a_dict
False
```

7. 删除元素和字典

可以使用 del 语句删除指定键的元素或整个字典；使用 clear( )方法删除字典中所有元素；使用 pop( )方法删除并返回指定键的元素。

例如：del a_dict['server']将删除键值为'server'的元素；a_dict.pop('database')将删除并返回键为

'database'的元素；a_dict.clear( )将删除字典中所有元素；del a_dict 将删除整个字典。

```
>>> del a_dict['server']
>>> a_dict
{'database': 'blog', 'user': 'mark'}
>>> a_dict.pop('database')
'blog'
>>> a_dict
{'user': 'mark'}
>>> a_dict.clear( )
>>> a_dict
{ }
>>> del a_dict
>>> a_dict
Traceback (most recent call last):
  File "<pyshell#103>", line 1, in <module>
    a_dict
NameError: name 'a_dict' is not defined
```

2.6 序列基础知识的应用

【例 2-1】 成绩统计问题（使用列表）。

问题描述： 已知 10 个成绩，请对其进行统计，输出优（100～90）、良（89～80）、中（79～60）、差（59～0）4 个等级的人数。

分析： 将成绩存放在列表中，预设 4 个变量并初始化为 0，用来存放 4 个等级的人数，对每个成绩进行判断，属于哪个等级范围就将对应的变量值加 1（见图 2-5）。

框图：

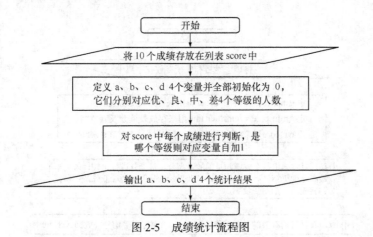

图 2-5 成绩统计流程图

程序：

```
#score count: Exp2_1.py
score=[68,75,32,99,78,45,88,72,83,78]
a=0
b=0
c=0
d=0

#输出所有成绩
```

```
print "成绩分别为: ",
for s in score:
    print s,

#换行
Print

#对成绩进行分段统计
for s in score:
        if s<60:
                d=d+1
        elif s<80:
                c=c+1
        elif s<90:
                b=b+1
        else:
                a=a+1
print "分段统计结果: 优",a,"人，良",b,"人，中",c,"人，差",d,"人"
```

程序运行结果:

成绩分别为: 68 75 32 99 78 45 88 72 83 78
分段统计结果: 优 1 人，良 2 人，中 5 人，差 2 人

【**例 2-2**】 成绩排序问题（使用字典）。

问题描述: 已知 10 名学生的姓名和成绩，请找出其中的最高分和最低分，并求出全班同学的平均分。

分析: 将学生姓名和成绩以键值对形式存放在一个字典中，初始化存放最高分的变量为 0，存放最低分的变量为 100；然后取出字典中每个键值对，拿其值与目前的最高分比较，若大于最高分，则更新最高分；与目前的最低分比较，若小于最低分，则更新最低分；同时累加成绩；最后，算出平均分（见图 2-6）。

框图:

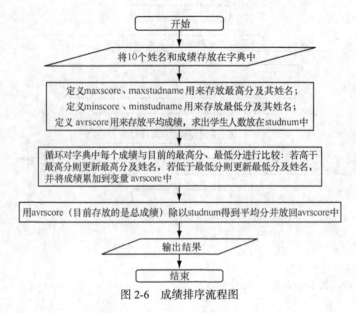

图 2-6 成绩排序流程图

程序:

```
#score sort:Exp2_2.py
#coding=UTF-8
```

```
studscore={"唐僧":45,"孙悟空":78,"猪八戒":40,"沙僧":96,"如来":65,"观音":90,"白骨精":78,"红孩
儿":99,"太上老君":60,"白龙马":87}
maxscore=0
maxstudname=''
minscore=100
minstudname=''
avrscore=0
studnum=len(studscore)

#输出所有成绩：
print "成绩分别为："
for key in studscore.keys():
    print key,studscore[key],"; ",

#换行
print

#进行成绩统计
for key in studscore.keys():
    if studscore[key]>maxscore:
        maxscore=studscore[key]
        maxstudname=key
    if studscore[key]<minscore:
        minscore=studscore[key]
        minstudname=key
    avrscore=avrscore+studscore[key]

avrscore=avrscore/studnum
print "全班共有",studnum,"人，平均成绩为：",avrscore,"分。"
print "最高分是：",maxstudname,maxscore,"分"
print "最低分是：",minstudname,minscore,"分"
```

程序运行结果：

> 成绩分别为：红孩儿 99 ； 白龙马 87 ； 观音 90 ； 唐僧 45 ； 白骨精 78 ； 猪八戒 40 ； 太上老君 60 ；
> 如来 65 ； 孙悟空 78 ； 沙僧 96 ；
> 全班共有 10 人，平均成绩为： 73 分。
> 最高分是： 红孩儿 99 分
> 最低分是： 猪八戒 40 分

本章小结

　　本章介绍了列表、元组和字典的基本用法，这 3 种数据结构在程序设计中使用非常广泛，使用合适的数据结构编写程序会起事半功倍的作用。

　　1. 序列问题：列表和字典的引入。

　　2. 序列基础知识。

　　（1）列表：定义、创建、读取、切片、元素添加、检索、删除。

（2）元组：定义、创建、读取、切片、检索、元组与列表的转换。

（3）字典：定义、创建、查找、遍历、添加和修改、检索、求长度、删除。

3. 列表的常用内建函数：本章只对列表的常用内建函数进行了介绍，其实大多数函数也可用于元组和字典，请大家自行上机试验。

4. 序列知识的应用。

5. 在本章学习中应注意对列表、元组和字典的操作有：运算符、方法、函数和语句，其格式是不同的。

Python 提供的序列类型在所有程序设计语言中是最丰富、最灵活，也是功能最强大的，本章只是介绍了这几种结构的一般用法，同学们在学习过程中要不断积累、总结，必要时查阅相关手册，不断在后面的程序设计中强化这些内容，最终熟练地掌握和使用这些结构来编写程序。

习　　题

1. 通过键盘输入一系列值，输入 0 则表示输入结束，将这些值（不包含 0）建立为一个列表，然后再输出该列表的各元素。

2. 请编程将一个列表逆序。如原列表为 info = [1, 2, 3, 4, 5]，则逆序结果为 info = [5, 4, 3, 2, 1]。

3. 从键盘输入若干数据建立一个元组（可以利用列表与元组的转换来完成该题）。

4. 从键盘输入若干数据建立一个字典，然后用程序读取其键和值，并分别存入两个列表中。

5. 接收从键盘输入的一串字符串，输出其中不同的字符以及它们各自的个数。例如输入"abcdefgabc"，输出：

a, 2
b, 2
c, 2
d, 1
e, 1
f, 1
g, 1
提示：使用字典。

第3章
选择结构程序设计

许多实际问题在进行分支处理时需要用到选择结构，而经过人工智能专家的多年努力使机器人也具有了判断问题的能力，其软件部分需要大量应用选择结构。在程序设计中，选择结构是处理各种分支问题的基本手段，编程者应该熟练掌握。

本章介绍 Python 中条件语句的使用。条件语句是根据条件表达式的结果是 True 还是 False 做出决策，进行控制执行程序。本章将进一步讨论条件语句的概念以及结构编程的知识。本章知识点如下：

1. 选择结构基本问题；
2. 逻辑运算符；
3. 单分支语句；
4. 双分支语句；
5. 多分支语句；
6. 选择结构的嵌套。

3.1　选择结构基本问题

【问题】　如何判定一个数是否为正数？

程序：

```
#Ques3_1.py
x=input('请输入一个数：')
if x>0:
    print '你输入的是正数'
else:
    print '你输入的是非正数'
```

运行该程序后，如果在键盘上输入一个 5，结果会是什么呢？结果是：你输入的是正数。这就是一个简单的分支程序，请同学们试着画一下它的程序流程图。

这个例题让我们感觉电脑似乎会思考判断了？是的，是我们的程序让计算机具有了这样的逻辑判断能力。计算机的思维能力远不止于此，我们的程序还可以让它具有更加强大的思维能力。接下来就让我们进入选择结构的进一步学习吧。

3.2　选择结构基础知识及应用

选择结构程序的定义：根据条件表达式的值是 True/非零还是 False/零做出决策，控制代码块的执行。

3.2.1　表达式与表达式的值

典型的表达式一般由运算符和操作数/操作对象组成。

运算符：对操作数/操作对象进行运算处理的符号。

操作数/操作对象：运算符处理的数据。

在条件表达式中的常用运算符如下：

（1）算术运算符：+、−、*、/、//、%、**、~；

（2）关系运算符：>、<、==、!=、<=、>=；

（3）测试运算符：in、not in、is、not is；

（4）逻辑运算符：and、or、not。

下面来具体介绍。

1.　算术表达式及值

　　　3+2　　　　　7%3　　　3**2

算术表达式的运算结果为数值型，可将非零值看作 True，零值看作 False，即也可以看作布尔运算的结果。

2.　关系表达式及值

（1）用两个等号比较操作数是否相等，结果将得出 True 或者是 False。演示如下：

```
>>> 3==3
True
>>>3==4
False
```

　　　　3==3，结果为 True，表明 3 和 3 相等是成立的；而 3 == 4，结果为 False 表明 3 和 4 相等不成立。

（2）进行比较的两个对象可以是数值、字符串、列表、字典等。演示如下：

```
>>>"abc" == "abc"
True
>>> a=[1, 2, 3]
>>> b=[1, 2, 3]
>>> a==b
True
```

True 和 False 称为逻辑值（布尔值）。

　　　　单个等号是进行赋值操作。

（3）用!=表示不等号，演示如下：

```
>>>3==3
True
>>> 3!=3
False
>>> 3!=4
True
```

　　　　3==3，结果为 True 表明 3 和 3 相等是成立的；3!=3，结果为 False 表明 3 与 3 不相等是不成立的；3!=4，结果为 True 表明 3 与 4 不相等是成立的。

请看下面的比较举例:

```
>>>"a" > "b"
False
>>>"A" >= "b"
False
>>> "b" > "A"
True
>>> "b" < "A"
False
>>> "b" <= "A"
False
>>>3>2
True
>>> 3 >= 3
True
>>> 3 > 3
False
>>> "Zebra" > "aardvark"
False
>>>"Zebra" > "Zebrb"
False
>>>"Zebra" < "Zebrb"
True
```

当比较两个包含多个字符的字符串时,Python 将从左至右依次比较每个字母,直到找到一个不同的字母为止,比较的结果将取决于不同的字母;如果两个字符串完全不同,第一个字母就将决定比较结果;若两个串长度相同,对应位置上的字符也都相同,则两个串相等。

```
>>>"Pumpkin"=="pumpkin"
False
>>>"Pumpkin".lower( )=="pumpkin"
True
>>>"Pumpkin".lower( )=="puMpkin".lower( )
True
```

通过使用字符的 lower( )方法,可以避免比较两个相似单词由于大小写不同而引起的问题,lower( )方法可以将调用它的字符串中的所有字母都变为小写,然后返回一个新字符串。与 lower( )方法对应的还有 upper( )方法,即将所有字母都变为大写字母。

3. 测试表达式

（1）成员测试

成员测试使用运算符 in 和 not in,在表达式中返回逻辑值。演示如下:

```
>>> a=[1, 2, 3]
>>> 1 in a
True
>>> 5 in a
False
>>>5 not in a
True
>>> s="abcde"
>>> "a" in s
True
```

```
>>> "ab" in s
True
>>> "ac" in s
False
```

（2）同一性测试

同一性测试使用运算符 is 和 not is，在表达式中返回逻辑值。演示如下：

```
>>> a=[1, 2, 3]
>>> b=a
>>> a==b
True
>>> a is b    #a、b 都引用同一对象，因而是相同的
True
>>> b=[1, 2, 3]
>>> a==b
True
>>> a is b   #a、b 引用不同对象，虽然相等，但并不相同
False
```

关系表达式的值为 True 或是 False，即为布尔型。

4. 逻辑表达式及值

演示如下：

```
>>>3 and 0
0
>>>3 or 0
3
>>> a='c'
>>> a and 0
0
>>> a or 0
'c'
>>> b=''
>>> a and b
''
>>> c=['a','b','c']
>>> c and b
''
>>> b or c
['a', 'b', 'c']
>>> not -2
False
>>> not 0
True
>>> not ""
True
>>> not "2"
False
>>> a=[ ]
>>> not a
True
>>> a=[2]
>>> not a
False
```

以上 3 种逻辑运算符号的运算特点为：

（1）and（和）

表示左侧的运算、值或者对象为 True/非零值，接着对右侧表达式求值，得最后结果。如果左侧为 False/零值，则最终结果为 False，并且停止运算右侧表达式。

（2）or（或）

表示对左侧表达式求值，如果结果为 False/零值，则继续对右侧表达式求值，得最后结果。如果左边表达式结果为 True/非零值，则最终结果为 True，并且停止运算右侧表达式。

（3）not（非）

在需要对表达求相反条件时，用 not 运算符。关系表达式的值为 True/非零值或是 False/零值，即为布尔型。

3.2.2　复合表达式

1. 复合表达式

当做一个判断需考虑两个或两个以上的条件/因素时，此时需要对条件进行合理的逻辑组合运算。

思考题：如何将下列说法表示为相应的表达式？

（1）成绩 score 在 90 ~ 100 之间 。

（2）年龄 age 在 25 ~ 30 岁之间且专业 subject 是计算机或是电子信息工程专业。

2. 复合表达式的混合运算

在进行混合运算时，需按运算符的优先级顺序进行运算。

```
>>> a='A'
>>> b=''
>>> c=[1, 2, 3, 0]
>>> a and b and c
''
>>> a or b or c
'A'
>>> c or b or a
[1, 2, 3, 0]
>>> not c or b or a
'A'
>>> b or not b
True
>>> not b and b
''
>>> not b and c
[1, 2, 3, 0]
>>> c and not b
True
>>> 3-4*3
-9
>>> (3-4)*3
-3
>>> 3-4*3==-9
True
>>> 3-4*(3==-9)
3
>>> 3*5 and 0 in c
True
>>> 3*5 and 9 in c
```

```
False
>>> 3*5 and 0
0
>>> 3*5 or 0 in c
15
>>> (3*5 or 0)in c
False
```

以上例题说明在一个表达式中出现多种运算符时，需要按照运算符的优先级高低依次进行运算，才能保证运算结果的唯一性。下面总结出常用运算符的优先级（见图3-1）。

　　当表达式中出现"（ ）"时，它的运算级别是最高的，应先运算"（ ）"内的表达式；而出现"="时，它的运算级别最低。

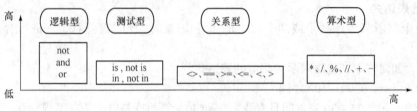

图 3-1　运算符的优先级比较

3.2.3　选择结构

在程序设计中，选择结构通常有单分支、双分支、多分支和嵌套结构。在 python 中，这些结构都由 if 语句来体现。

1. 单分支语句

单分支语句的格式如下：

if 表达式：
　　语句块

图 3-2 表示单分支语句的执行方式，菱形框表示 if，表达式放在框内，紧接菱形框的矩形框表示冒号后的语句块。若表达式为真则执行冒号后的语句块，若表达式为假则跳过该语句块的执行。

例如：

n = 1
x = 5
if　x>0：
　　n = n+1

思考题：上段程序执行后，n 的值是多少？

例如：

n = 1
x = -5
if　x>0：
　　n=n+1

思考题：上段程序执行后，n 的值是多少？

图 3-2　单分支语句的执行方式

【**例 3-1**】 比较两数大小，按从小到大的顺序输出。程序过程如图 3-3 所示。

程序：

```
#Exp3_1.py
a=3
b=5
if a>b:
    t=a
    a=b
    b=t
print ("从小到大输出: ")
print  a, b
```

程序运行结果：

从小到大输出: 3　5

框图：

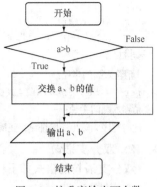

图 3-3　按升序输出两个数

说明

（1）分支结构中的"表达式"一般为逻辑表达式，也可以为任何合法的表达式；

（2）分支结构中执行的语句可以是一条语句，也可以是多条语句组合而成的复合语句，或者称语句块。在 Python 中用缩进结构来表示，具有相同的连续的缩进量的语句构成复合语句。

【例 3-2】　从键盘输入圆的半径，如果半径大于等于 0，则计算圆面积。

分析： 圆的面积=π*r*r，π 可以通过调用 math 库的 pi，设圆面积用变量 s 表示，半径用 r 表示，且由用户设值，需要调用输入函数，如图 3-4 所示。

框图：

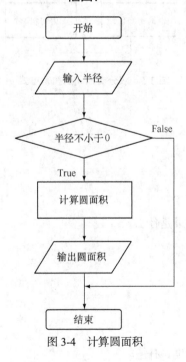

图 3-4　计算圆面积

程序：

```
#Exp3_2.py
```

```
import math
r=input("请输入圆的半径: ")
if r>=0:
    s=math.pi*r**2
     print "s=pi*r*r=",s
```

结果验证：

    请输入圆的半径: 4
s=pi*r*r= 50.26548245743669
    请输入圆的半径: -2
    此时程序无输出。验证结果正确。

2. 双分支语句

双分支语句的格式如下：

if 表达式 :
        语句块 1
else :
        语句块 2

图 3-5 表示双分支语句的执行方式，菱形框表示 if，表达式放在框内，左边的矩形表示"if 表达式"冒号后的语句块 1，右边的矩形表示"else"冒号后的语句块 2。若表达式为真则执行语句块 1，若表达式为假则执行语句块 2。

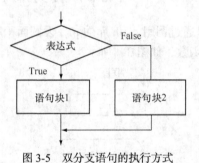

图 3-5　双分支语句的执行方式

例如：
x=2
if x>0:
        y=1+2*x
else:
        y=0
print 'y', y
思考题：上段程序的输出结果是什么？
例如：
x=-2
if x>0:
        y=1+2*x
else:
        y=0
print 'y=', y
思考题：上段程序的输出结果是什么？
【例 3-3】 从键盘输入一个整数，如果是偶数则输出"偶数"，如果是奇数则输出"奇数"。
分析：一个整数不是偶数就是奇数，因而是一个双分支问题（见图 3-6）。

框图：

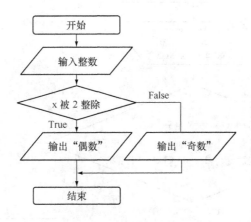

图 3-6　判断整数的奇偶性

程序：

```
#Exp3_3.py
x=input('请输入一个整数: ')
if x%2==0:
    print('偶数')
else:
    print('奇数')
```

程序运行结果：

请输入一个整数: 2

偶数

　　思考题：当选择条件由两个或两个以上构成时，就需要用适当的逻辑运算符"与（and）"，"或（or）"和"非（not）"将其组合成一个复合条件。请考虑以下的条件如何表示。

　　成绩 score 在 90～100 之间，表示为：score>=90 and score<=100。

　　年龄 age 在 25～30 岁之间且专业是计算机或是电子信息工程专业，表示为：(age>=25 and age<=30) and subject=="计算机" or subject=="电子信息工程专业"。

　　在进行复杂条件表示时，理清条件的逻辑关系是写出正确表达式的关键。

　　【例 3-4】 设程序要为某电信公司面试求职者，为满足某些教育条件的求职者提供面试机会。满足如下条件之一的求职者会接到面试通知：

　　（1）25 岁以上，电子信息工程专业毕业生；

　　（2）重点大学电子信息工程专业毕业生；

　　（3）28 岁以下，计算机专业毕业生。

　　分析：分析条件可知公司面试条件涉及 3 个方面：年龄、所学专业和毕业学校。为此设定 3 个变量（age、subject 和 college）分别表示；3 个条件只需满足其中一个即可，其逻辑关系应为"or（或者）"；而在每一个条件中涉及的方面又应为"and（与）"的逻辑关系。若满足如上复合条件，则显示"恭喜，你已获得我公司的面试机会"，否则显示"抱歉，你未达到面试要求"（见图 3-7）。

框图:

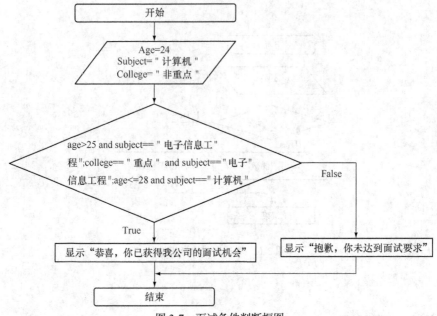

图 3-7　面试条件判断框图

程序:

```
#Exp3_4.py
age=24
subject="计算机"
college="非重点"
if (age > 25 and subject=="电子信息工程") or (college=="重点" and subject=="电子信息工程" ) or
(age<=28 and subject=="计算机"):
    print("恭喜,你已获得我公司的面试机会!")
else:
    print("抱歉,你未达到面试要求")
```

程序运行结果:

恭喜,你已获得我公司的面试机会!

思考题:

例题中,作为面试者的条件是在源程序中进行设定的,如何获取求职者 3 方面的信息呢?可以在程序中设置 3 个问题:哪所学校毕业?学的专业是什么?求职者的年龄?

你毕业的学校是重点院校吗?（1/2）: 1.重点 2.非重点

你学的专业是什么?（1/2/3）:1.电子信息工程;2.计算机 3.其他

你的年龄?

此时程序应如何改动呢?

当复合条件过于冗长时,我们也可以将一个复杂条件改为多个简单的条件,然后把多个简单分支组合成一个多分支语句形式(见图 3-8)。

3. 多分支语句

多分支 if 语句的一般形式为。

if 表达式 1:

　　语句 1

```
elif 表达式 2:
    语句 2
......
elif 表达式 n:
    语句 n
else:
    语句 n+1
```

在多分支语句中，若表达式 i（i=1，2，…，n）为 True 则执行语句块 i，然后结束；若表达式 i 为 False，则接着判断表达式 i+1 的值。

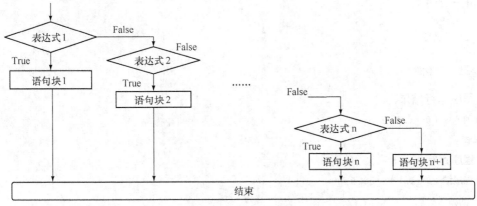

图 3-8　多分支框图

思考题：若已知执行了语句块 2，则可以推断出哪些表达式的值为 True?

【**例 3-5**】多分支问题。由计算机对学生的成绩进行分级（补考，及格，中，良，优），其划分标准为：小于 60 分为补考；60～70 分为及格；70～80 分为中；80～90 分为良；90～100 分为优。最终输出等级信息。

分析：将学生成绩 score 依标准进行判断，确定其等级并输出等级信息。此外，还需要考虑成绩的有效范围，只有在 0～100 之间才进行分级（见图 3-9）。

框图：

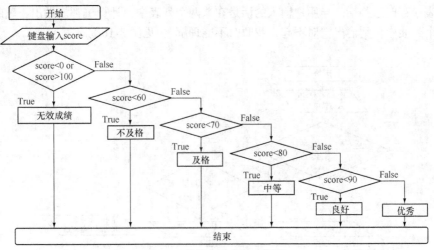

图 3-9　分数多分支程序框图

程序：

```
#Exp3_5.py
score=input('请输入你的成绩（0~100）：')
if score<0 or score>100:
        print('无效的成绩')
elif score<60:
        print('不及格')
elif score<70:
        print('及格')
elif score<80:
        print('中等')
elif score<90:
        print('良好')
else:
        print('优秀')
```

输入及程序运行结果：

请输入你的成绩（0～100）：-1
无效的成绩

输入及程序运行结果：

请输入你的成绩（0～100）：88.6
良好

在程序设计中，双分支和多分支问题都可以用多个单分支语句来实现。

思考题： 请将例 3-4 采用多分支的结构进行程序设计。

【例 3-6】 如果用户输入"你好"、"您好"或"Hello"则回答"您好"，如果用户输入的话中含"请喝"或"请吃"则回答"谢谢您"，如果输入其它的内容则回答"对不起，我暂时不能理解"。

分析： 由于不知道用户输入的话，因此要进行适当的判断和分支。第 1 种情况用户输入了"你好"这类话，可用一个列表来存储这些话的内容；第 2 种情况用户输入了"请吃、喝"这类话，用另外一个列表来存储这些话。当用户输入的话是在这两个列表中，计算机都能做出正确的回答；当不在这两个列表中，则输出"对不起，我暂时不能理解"（见图 3-10）。

框图：

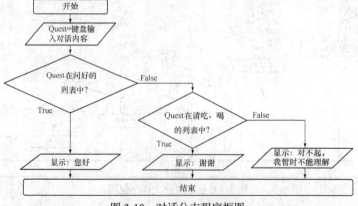

图 3-10　对话分支程序框图

程序：
```
#Exp3_6.py
ques=input('你的话是: ')
if ques in ['你好','您好', 'hello']:
    print('您好')
elif ques in ['请吃', '请喝']:
    print('谢谢您')
else:
    print('对不起, 我暂时不能理解')
```

输入及程序运行结果：

你的话是：请吃

谢谢您

4. 选择结构的嵌套

在某一个分支的语句块中，需要进行新的分支，这种结构称为选择结构的嵌套。嵌套的形式如下：

if 表达式 1:

　　#语句块 1

　　…

　　if 表达式 11:

　　　　语句块 11…

　　else:

　　　　语句块 12

　　…

else:

　　语句块 2

【例 3-7】 选择结构的嵌套问题。购买地铁车票的规定如下：

乘 1～4 站，3 元/位；乘 5～9 站，4 元/位；乘 9 站以上，5 元/位。输入人数、站数，输出应付款。

分析： 需要进行两次分支。根据"站数<=4"分支一次，表达式为假时，还需要根据"站数<=9"分支一次（见图 3-11）。

框图：

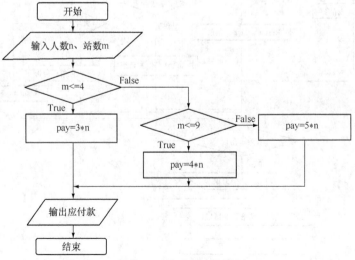

图 3-11 计算乘地铁应付款

程序：

```
#Exp3_7.py
n, m=input('请输入人数，站数：')
if m<=4:
    pay=3*n
else:
    if m<=9:
        pay=4*n
    else:
        pay=5*n
print '应付款：', pay
```

输入及程序运行结果：

请输入人数，站数：3,5

应付款：12

【例 3-8】 编程实现：输入三角形的三边长，判断是否能组成三角形；若可以构成三角形，则输出它的面积和三角形类型（等腰、等边、直角、普通）。

分析： 构成三角形的判断条件应为任意两边之和大于第三边，任意两边之差小于第三边；等腰的判断条件为两边相等但不等于第三边；等边的判断条件为三边均相等；直角三角形可通过勾股定理来判断；，不满足以上条件的就是普通三角形。

框图： 本题的程序流程如图 3-12 所示。

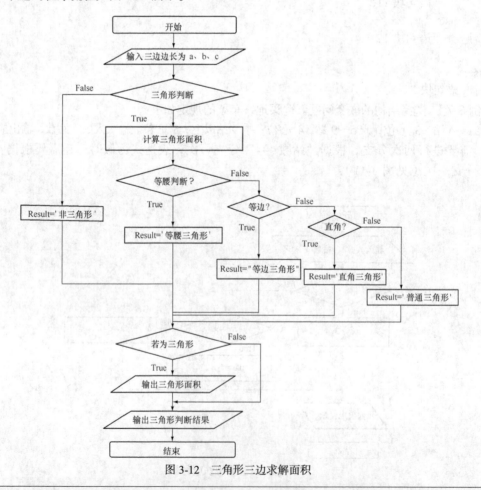

图 3-12 三角形三边求解面积

程序：

```
#exp3_8.py
import math
a,b,c=input('请输入三角形三条边长：')
if a+b>c and a+c>b and b+c>a:
        #用海伦公式计算面积
        p=(a+b+c)/2
        temp=p*(p-a)*(p-b)*(p-c)
        area=math.sqrt(temp)
        if a==b!=c:
            result='等腰三角形'
        elif a==b==c:
              result='等边三角形'
        elif a**2+b**2==c**2 or b**2+c**2==a**2 or c**2+a**2==b**2:
            result='直角三角形'
        else:
            result='普通三角形'
else:
        result='非三角形'
if result!='非三角形':
        print('三角形面积是：%d'%area)
print('三边构成：%s'%result)
```

程序运行结果：

```
请输入三角形三条边长：3,4,5
三角形面积是：6
三边构成：直角三角形
请输入三角形三条边长：1,2,3
三边构成：非三角形
```

本章小结

　　本章介绍了选择结构程序设计的问题和基础知识，应用本章的知识可以解决现实世界中的分支问题（选择问题）。主要知识点如下。

　　1. 逻辑运算符包括 and、or、not。

　　2. 关系运算符也属于逻辑运算符。

　　3. 逻辑表达式的值只可能是 True 或 False。

　　4. 使用运算符 in、not in、is、not is 的表达式也返回逻辑值。

　　5. 在单分支语句中，若表达式为 True 则执行表达式冒号后的语句块；若表达式为 False 则跳过该语句。

　　6. 在双分支语句中，若表达式为 True 则执行表达式冒号后的语句块；若表达式为 False 则执行 else: 后的语句块。

　　7. 在多分支语句中，若表达式 i 为 True 则执行语句块 i，然后结束；若表达式 i 为 False，则接着判断表达式 i+1 的值；若所有表达式的值都为 False，则执行语句块 n+1。

8. 在某一次分支之后形成的语句块中还包含分支问题，就需要用到分支的嵌套。

9. 双分支、多分支语句可以改为仅用单分支的语句，这样做有时条件要写得复杂一些。

10. 有些分支嵌套程序，通过把条件写得复杂一些可以改变为非分支嵌套程序。

习 题

1. 输入学生所在学院的名称，如果是信息学院学生，则显示出《计算机编程导论》是必修课。

2. 举一个生活中的例子，用分支语句来设计程序。

3. 把【例 3-3】改为用单分支语句来实现。

4. 把【例 3-4】改为用单分支语句来实现。

5. 编程计算函数的值：

$$y = \begin{cases} x+9 & \text{当} x < -5 \text{时} \\ x^2 + 2x + 1 & \text{当} -5 \leq x < 5 \text{时} \\ 2x - 15 & \text{当} x \geq 5 \text{时} \end{cases}$$

6. 列表中存有 5 名同学的名字，输入同学的名字，如果在列表中找到则输出"找到此人"，否则输出"查无此人"。

7. 如果年份能被 400 整除，则为闰年；如果年份能被 4 整除但不能被 100 整除也为闰年。编程判断输入的年份是否为闰年。

8. 输入三个数，按降序输出。

9. 求一元二次方程 $ax^2+bx+c=0$ 的实根，系数 a、b、c 由键盘输入。

10. 从键盘输入年份和月份，在屏幕上输出该月的天数。

11. 用分支语句实现对键盘输入的 4 个数按从小到大的顺序输出。

第4章
循环结构程序设计

循环结构最能体现计算机的计算能力。在判断方面，计算机一直模仿人脑的功能，而在计算方面，人脑早已望尘莫及，正是循环结构使计算机体现出了超强的计算能力。因而在程序设计中要学会使用循环结构，并学会在循环结构中思考问题和解决问题。

本章介绍循环的基本问题、while 语句、for 语句、bread 语句、continue 语句，以及用循环结构解决问题的方法。

4.1 循环结构程序设计问题

【问题 4-1】 用户输入若干个分数，求所有分数的平均分。每输入一个分数后询问是否继续输入下一个分数，回答"yes"就继续输入下一个分数，回答"no"就停止输入分数。

分析：该问题需要输入若干分数并求和，这是一个重复的过程，应使用循环结构解决。循环次数事先不确定，需根据应答"yes"、"no"来决定循环是否继续。

框图：本题的程序流程如图 4-1 所示。

程序：

```
#ques4_1.py
endFlag="yes"
sum=0.0
count=0
while endFlag[0]=='y':
    x=input("请输入一个分数: ")
    sum=sum + x
    count=count + 1
    endFlag=raw_input("继续输入吗(yes or no)? ")
print "\n平均分是: ", sum / count
```

程序输入及运行结果：

请输入一个分数: 80

继续输入吗(yes or no)? yes

请输入一个分数: 70

继续输入吗(yes or no)? yes

请输入一个分数: 75

继续输入吗(yes or no)? no

平均分是: 75.0

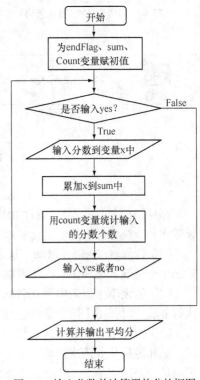

图 4-1 输入分数并计算平均分的框图

本题使用 while 语句编写循环结构的程序。

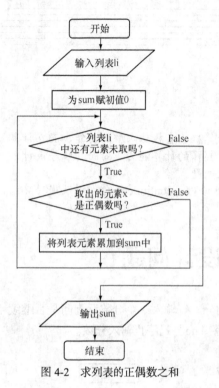

图 4-2 求列表的正偶数之和

【问题 4-2】 用户输入一个列表，求出列表中所有正偶数之和。

分析：该问题需要遍历整个列表中的所有元素，这是一个重复的过程，应使用循环结构解决。在遍历的过程中用 if 语句判断哪个元素是正偶数，该条件为真的数要求和。

框图：本题的程序流程如图 4-2 所示。

程序：

```
#ques4_2.py
li=input('请输入一个列表：')
sum=0
for x in li:
    if x>0 and x%2==0:
        sum+=x
print 'sum=',sum
```

程序输入及运行结果：

```
请输入一个列表：[2, 3, 4, -5, 6, 12]
sum= 24
```

本题使用 for 语句编写循环结构的程序。

4.2 循环结构概述

循环结构是一种重复执行的程序结构。实际应用中，常会碰到一些需要重复执行的步骤，如级数求和、统计报表等。例如，以下各问题的求解过程都需要用到循环结构。

（1）计算 1+2+3+…+100，这是一个级数求和问题，需要对 100 个数进行累加，每循环一次累加 1 个整数，循环 100 次便可以求出该表达式的值。

（2）假设 1 个班级中有 n 名同学，统计男同学和女同学各有多少名。该问题的求解需要重复执行 n 次，对每 1 个同学依次进行判断，同时统计男同学和女同学的人数。

（3）给定 2 个整数，求它们的最大公约数和最小公倍数。例如：给定 6 和 9，求最大公约数时，循环过程从 6 依次递减至 1，当循环到 3 时，判断得 6 和 9 都能被 3 整除，于是终止循环，求得最大公约数是 3；求最小公倍数时，循环过程从 9 依次递增至 54，当循环到 18 时，判断得 18 同时能被 6 和 9 整除，于是终止循环，求得最小公倍数是 18。

以上各问题的求解，都需要用到循环结构。Python 提供了两种基本的循环结构语句——while 语句、for 语句。下面对这 2 种循环结构分别进行介绍，并例举一些常见的需要使用循环结构来解决的问题。

4.3　while 语句

while 语句的一般语法如下：

【格式一】

while　条件表达式：

　　　　循环体

【格式二】

while 条件表达式：

　　　　循环体

else：

　　　　语句

while 语句条件表达式的值是布尔型，表达式的值为"真"或"假"决定了循环继续或者停止。

while 语句的执行过程是：每次循环之前计算机先判断条件表达式的值，如果其值为布尔真，就执行循环体，如此反复执行，直到条件表达式的值为布尔假，就结束循环。如果 while 后面有 else 语句，结束循环之后就执行 else 子句。

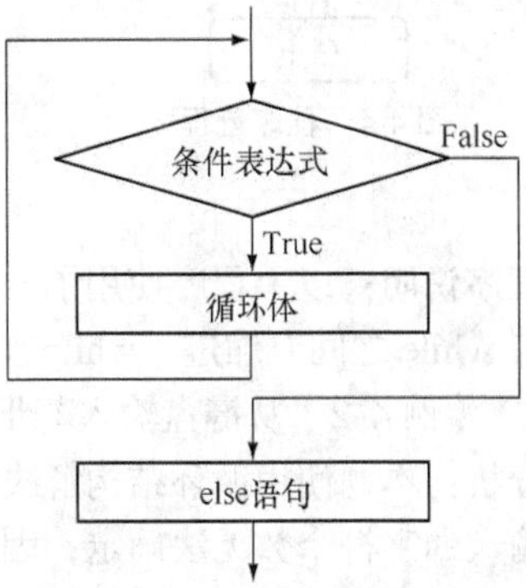

while 语句的执行流程如图 4-3 所示。

图 4-3　while 语句的执行流程

（1）while 语句的语法与 if 语句类似，要使用缩进来分隔子句。

（2）while 语句的条件表达式不需要用括号括起来，表达式后面必须有冒号。

（3）从上面的【格式二】中可以看到，Python 与其他大多数语言不同，在 while 循环中可以使用 else 语句，即构成了 while-else 循环结构。

while 语句是条件循环语句，大多数情况下用于解决不确定循环次数的问题——即只有当某条件成立时，循环才会结束，否则循环将一直继续下去。while 语句也可用于解决确定循环次数的问题。使用 while 语句时，条件表达式的设置比较关键，表达式的正确与否决定了循环次数是否正确、循环是否能正常结束，从而避免程序进入死循环。

while 语句还有一个特殊的用途是设计无限循环的程序，在一些特定场合，循环需要无限期地执行下去，直至循环被强行退出。

4.3.1　while 语句解决不确定循环次数的问题

不确定循环次数的问题是指循环之前不可预知循环需执行多少次，循环何时结束是由 while 语句的条件表达式来决定。

【例 4-1】 从键盘输入若干正整数，求所有输入整数之和。当输入整数为负数时，结束该操作。

分析：该问题使用循环结构解决，由于不确定用户即将输入几个正整数，因此属于不确定循环次数的问题。

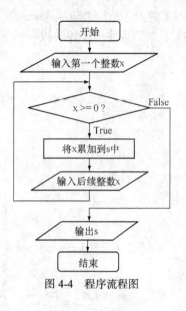

图 4-4 程序流程图

框图：本题的程序流程如图 4-4 所示。

程序：

```
#Exp4_1.py
print '请输入若干正整数进行求和操作，当输入负数时结束：'
s=0
x=input("请输入一个整数：")
while x >= 0:
  s=s + x
  x=input("请输入一个整数：")
print '整数之和=', s
```

程序运行结果：

请输入若干正整数进行求和操作，当输入负数时结束：

请输入一个整数：10

请输入一个整数：20

请输入一个整数：30

请输入一个整数：-1

输入的所有正整数之和=60

程序说明：以上程序使用了 while 语句的【格式一】，while 循环体中包含 2 条语句，这 2 条语句与 while 之间有缩进。while 循环结束后，执行其后的 print 语句。

【例 4-2】从键盘输入若干个字符，一边输入一边输出，当输入 "#" 字符时终止该操作。

分析：本题使用循环结构解决，每次循环从键盘输入一个字符，直到输入 "#" 字符时停止循环。输入的字符个数无法确定，因此循环次数不确定。

框图：本题的程序流程如图 4-5 所示。

程序：

```
#Exp4_2.py
a=raw_input('请输入字符，当输入 # 时结束输入操作：')
while a != '#':
    print '您输入的字符是：', a
    a=raw_input('请输入字符，当输入 # 时结束输入操作：')
else:
    print '输入结束'
```

输入及程序运行结果：

请输入字符，当输入 # 时结束输入操作：a

您输入的字符是：a

请输入字符，当输入 # 时结束输入操作：b

您输入的字符是：b

请输入字符，当输入 # 时结束输入操作：c

您输入的字符是：c

请输入字符，当输入 # 时结束输入操作：#

输入结束

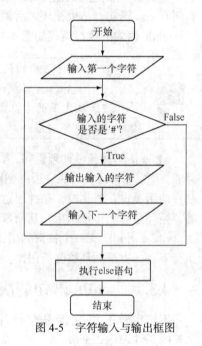

图 4-5 字符输入与输出框图

程序说明：

（1）以上程序使用了 while 语句的【格式二】，while 循环体内包含 2 条语句。while 循环结束后，执行其后的 else 语句。

（2）本题的字符需要用户从键盘输入，程序使用了 raw_input( )内建函数来读取标准输入，并将读取到的数据赋值给指定的变量。你可以使用 int( )内建函数将输入的字符串转换为整数。

举例：使用 raw_input( )内建函数输入字符串。

```
>>> x=raw_input()
234
>>> x
'234'
```

使用 raw_input( )内建函数输入字符串，再使用 int( ) 内建函数将输入的字符串转换为整数。

```
>>> y=int(raw_input())
234
>>> y
234
```

从以上执行过程可以看出，变量 x 接收的是字符串 '234'，变量 y 接收的是整数 234。

4.3.2　while 语句解决确定循环次数的问题

确定循环次数的问题是指循环之前可以预知循环即将执行的次数。为了控制循环次数，通常在程序中设置一个计数变量，每次循环，该变量进行自增或自减操作，当变量值自增到大于设定的上限值或者自减到小于设定的下限值时，循环自动结束。

【例 4-3】　计算 1+2+3+…+100 的值。

分析：本题使用循环结构解决，每循环一次累加一个整数值，整数的取值范围为 1~100。由于整数的范围是确定的，因此循环次数也是确定的。

框图：本题的程序流程如图 4-6 所示。

程序：
```
#Exp4_3.py
i, s=1, 0
while i<=100 :
    s=s + i
    i+=1
print '1+2+3+…+100 = ', s
```

程序运行结果：

```
1+2+3+…+100 = 5050
```

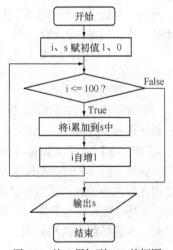

图 4-6　从 1 累加到 100 的框图

程序说明：

（1）以上程序的循环次数是确定的，为 100 次，循环次数由变量 i 的变化而决定；

（2）变量 i 在本题中有两个作用，其一是作为循环计数变量，控制循环的次数；其二是每次被累加的整数值。

【例 4-4】　依次输出列表中每个元素的值。

分析：本题使用循环结构解决，每循环一次输出一个列表元素值，由于列表定义后，其长度是已知的，因此循环次数也是确定的。

框图：本题的程序流程如图 4-7 所示。

程序：
```
#Exp4_4.py
a_list=['a', 'b', 'mpilgrim', 'z', 'example']
```

```
a_len=len(a_list)
i=0
while i<a_len:
  print '列表的第', i+1, '个元素是: ', a_list[i]
  i+=1
```

程序运行结果:

列表的第 1 个元素是: a

列表的第 2 个元素是: b

列表的第 3 个元素是: mpilgrim

列表的第 4 个元素是: z

列表的第 5 个元素是: example

程序说明:(1)以上程序在进入循环之前先计算列表长度并放入变量 a_len 中, a_len 的大小决定了循环次数;(2)本题中变量 i 有两个作用, 其一是作为循环计数变量控制循环次数; 其二是作为列表元素的下标。

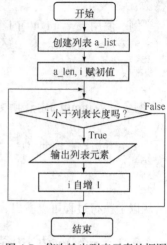

图 4-7 依次输出列表元素的框图

4.3.3 while 语句用于无限循环

当 while 语句的条件表达式永远为布尔真时, 循环将永远不会结束, 形成无限循环, 也称死循环。大多数循环结构设计都应避免进入死循环, 但是在某些场合, 有意设置的无限循环是非常有用的。例如, 一个手机开机后, 手机程序将持续自动运行, 直到关机或者掉电, 手机的主程序便是一个无限循环的结构。

使用 while 语句构成无限循环的格式通常为:

while True:

　　循环体

此时条件表达式值恒为"真", 循环不会自动结束。为了使得循环能够结束, 通常在循环体内嵌套 if 语句, 判断当某个特定条件成立时, 就执行 break 语句(见 4.5 节介绍), 从而强制结束循环。

【例 4-5】 使用无限循环的方法重新编程实现例 4-2。

分析: 例 4-2 的功能是输入若干字符并输出该字符, 当输入字符 "#" 时停止该操作。本题若使用无限循环编程, 可以考虑在 while 语句中嵌套一个 if 语句, 当判断输入的是字符 "#" 时, 执行 break 语句退出循环。

框图: 本题的程序流程如图 4-8 所示。

程序:

```
#Exp4_5.py
print '请输入若干字符, 当输入 # 时则结束该操作'
while True:
  a=raw_input('请输入一个字符: ')
  if a != '#':
      print '您输入的字符是: ', a
  else:
      break
```

程序运行结果:

请输入若干字符, 当输入 # 时则结束该操作

请输入一个字符: a

您输入的字符是: a

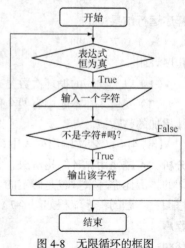

图 4-8 无限循环的框图

请输入一个字符：b

您输入的字符是：b

请输入一个字符：#

程序说明：（1）本题使用了 break 语句，该语句的作用是强制结束循环；（2）无限循环的 while 语句，其条件表达式为 "True"，意味着循环将无限期地执行下去，如果需要循环在特定时刻结束，则必须使用 break 语句。

4.3.4　while 语句应用举例

1. 级数求和问题

级数求和问题解决的关键是：观察表达式中的相邻两项，找出规律，将规律转化为若干通式（所谓通式是指在循环体中被反复执行的语句）。为了将复杂问题简单化，通常将每一项的分子、分母、符号、求和等通式分开处理，这样做的好处是利于查找问题。

【例 4-6】求以下表达式的值，其中 n 值从键盘输入。参考值：当 n=11 时，s=1.833333。

$$s = 1 + \frac{1}{1+2} + \frac{1}{1+2+3} + \cdots + \frac{1}{1+2+3+\cdots+n}$$

分析：该题使用循环结构来解决，循环次数由 n 的值决定，因此可以认为循环次数是确定的。观察表达式中相邻两项的规律是——前一项的分母加上 1 个整数值 "i" 可得后一项的分母，而这个整数值 "i" 随着循环次数由 1 递增到 n。该题的通式有以下几个。

（1）分母的通式：mu = mu + i

（2）变量 i 的通式：i = i + 1

（3）当前项的通式：t = 1.0 / mu

（4）求和的通式：s = s + t

框图：本题的程序流程如图 4-9 所示。

程序：

```
#Exp4_6.py
i=1
mu=0
s=0.0
n=int(raw_input('请输入 n 值: '))
while i <=n:
    mu=mu + i
    i+=1
    t=1.0/mu
    s=s + t
print 's = ', s
```

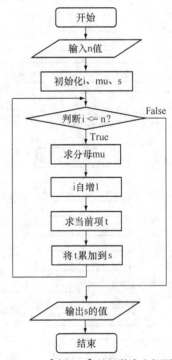

图 4-9　【例 4-6】的级数求和框图

程序运行结果：

请输入 n 值：11

s = 1.83333333333

（1）本题中使用 input( ) 函数输入 n 的值，该函数输入的数据是字符形式，而 n 的值应该是整数形式，因此需将输入的字符转换为整型后再赋值给变量 n。

（2）级数求和问题在循环之前需对各变量赋相应的初值。请思考如何确定各变量的初值？

（3）各通式的处理顺序要根据具体问题具体分析，本题是先求分母，再求当前项，最后求和。

【例 4-7】 通过以下表达式求 π 的近似值，当某项小于 0.00000001（即 1e-8）时结束循环。

$$\frac{\pi}{2} = 1 + \frac{1}{3} + \frac{1 \times 2}{3 \times 5} + \frac{1 \times 2 \times 3}{3 \times 5 \times 7} + \frac{1 \times 2 \times 3 \times 4}{3 \times 5 \times 7 \times 9} + \cdots + \frac{1 \times 2 \times \cdots \times n}{3 \times 5 \times \cdots \times (2n+1)}$$

分析：该题使用循环结构来解决，只有当某一项小于 1e-8 时才结束循环，因此循环次数是不确定的。观察表达式中相邻两项的规律是：前一项的分子乘以 1 个整数值 "i" 可得后一项的分子，而这个整数值 "i" 随着循环次数由 1 递增到 n；前一项的分母乘以 "2*i+1" 可得后一项的分母。

该题的通式有以下几个：

（1）分子的通式：zi= zi* i

（2）分母的通式：mu=mu*(2*i+1)

（3）变量 i 的通式：i=i+ 1

（4）当前项的通式：t=zi* 1.0/mu

（5）求和的通式：s = s + t

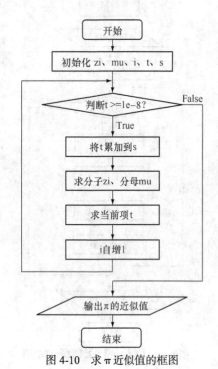

图 4-10 求 π 近似值的框图

框图：本题的程序流程如图 4-10 所示。

程序：

```
#Exp4_7.py
i=1
zi=1.0
mu=1.0
t=1.0
s=0.0
while t >=1e-8:
    s = s + t
    zi=zi * i
    mu=mu * ( 2 * i + 1)
    t = zi * 1.0 / mu
    i+=1
print 'PAI = ', (2 * s)
```

程序运行结果：

```
PAI = 3.14159116699
```

思考题：

（1）程序中 zi、mu 的初值都是 1.0，如果修改为 1，是否会影响运行结果？为什么？

（2）为何例 4-3 没有为当前项 t 赋初值，而本题需要为 t 赋初值，为什么？

（3）while 语句的表达式为什么是 "t >= 1e-8"？而不是 "t < 1e-8"？

（4）本题循环体内通式的处理顺序是：先求和，再求分子、分母，最后求当前项。该顺序与例 4-3 有何不同？

2．数据处理问题

【例 4-8 】 求 1～100 之间能被 7 整除，但不能同时被 5 整除的所有整数。

分析：该题使用循环结构来解决，while 语句实现计数循环，循环范围是 1～100。在遍历这 100 个整数的过程中使用 if 语句判断哪些数满足题目要求。

框图：本题的程序流程如图 4-11 所示。

程序：

```
#Exp4_8.py
i=1
print '1~100 之间能被 7 整除，但不能同时被 5 整除的所有数：'
while i<=100:
    if i % 7==0 and i % 5 != 0:
        print i, '\t',
    i+=1
```

程序运行结果：

```
1~100 之间能被 7 整除，但不能同时被 5 整除的所有数是：
7  14  21  28  42  49  56  63  77  84  91  98
```

程序说明：

（1）本题中 if 语句的表达式使用求余号"%"判断 i 是否能被 7 整除但不能同时被 5 整除，注意整除问题不能使用除号"/"，而应使用求余号"%"；

（2）本题中的输出语句"print i, '\t'"中最后那个逗号的作用是输出结束后不换行。

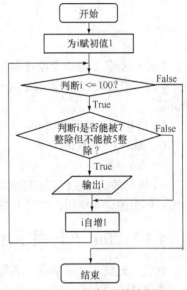

图 4-11　整除问题的框图

【例 4-9 】 输出"水仙花数"。所谓水仙花数是指 1 个 3 位的十进制数，其各位数字的立方和等于该数本身。

例如：153 是水仙花数，因为 $153=1^3+5^3+3^3$。

分析：所有的 3 位十进制数是 100～999，遍历这些整数，依次判断它们是否是水仙花数。判断方法为：对于每个整数，首先要分离出它的百位数、十位数、个位数，然后判断各位数字的立方和是否等于该整数。

框图：本题的程序流程如图 4-12 所示。

程序：

```
#Exp4_9.py
i=100
print '所有的水仙花数是：'
while i<=999:
    bai=i / 100
    shi=(i % 100) / 10
    ge=i % 10
    if bai ** 3 + shi ** 3 + ge ** 3==i:
        print i, '\t',
    i+=1
```

程序运行结果：

```
所有的水仙花数是：
153  370  371  407
```

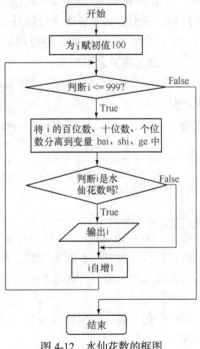

图 4-12　水仙花数的框图

程序说明：

本题的 while 语句实现计数循环，循环范围是 100～999。在循环结构中还嵌套了 if 语句，用来判断 i 为何值时满足"水仙花数"的条件。

4.4　for 语句

Python 提供的另一个循环机制是 for 语句，它提供了 Python 中最强大的循环结构。Python 中的 for 语句与传统的 for 语句不太一样，它接受序列或迭代器作为其参数，每次循环取出其中的一个元素。

for 语句的一般语法如下。

for 循环索引值 in 序列：
　　　循环体

for 语句的执行过程是：每次循环，判断循环索引值是否还在序列中，如果在，取出该值提供给循环体内的语句使用；如果不在，则结束循环。

4.4.1　for 语句用于序列类型

列表、元组、字符串都是序列。序列类型具有相同的访问模式：它的每一个元素可以通过指定一个偏移量的方式得到；而多个元素可以通过切片操作的方式得到。

序列操作可以通过很多内建函数来实现，比如求序列长度 len( )；求最大值、最小值 max( )、min( )；求和 sum( )；排序 sorted( )；颠倒顺序 reversed( )等，以上这些内建函数的实现都离不开循环结构。下面的例子说明内建函数是如何使用循环结构来实现的，并且介绍 for 语句的几种应用场合。

1．通过序列索引迭代

【例 4-10】 创建 1 个由分数构成的列表，求出所有分数的平均分。

方法一： 使用 Python 的内建函数 sum( )求和，然后再求平均分。

```
>>> score=[70, 90, 78, 85, 97, 94, 65, 80]
>>> score
[70, 90, 78, 85, 97, 94, 65, 80]
>>> aver=sum(score) / 8.0
>>> aver
82.375
```

方法二： 使用 for 循环计算列表元素之和。

分析： 要求得列表元素的平均值，首先要使用循环结构求得所有元素的总和，然后再将总和除以元素个数即可得到列表元素的平均值。

框图： 本题的程序流程如图 4-13 所示。

程序：

```
#Exp4_10.py
score=[70, 90, 78, 85, 97, 94, 65, 80]
sum=0
print '所有的分数值是：'
```

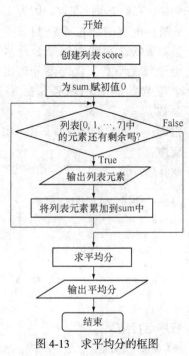

图 4-13　求平均分的框图

```
for i in range(len(score)):
    print score[i] ,
    sum+=score[i]
aver=sum / 8.0
print 'aver=', aver
```

程序运行结果：

所有的分数值是：

```
70  90  78  85  97  94  65  80
aver=82.375
```

程序说明：

　　for 循环的表达式中使用内建函数 len( ) 获得 score 序列的长度，然后又使用 range( ) 函数创建了要迭代的序列[0, 1, 2, 3, 4, 5, 6, 7]，变量 i 对该列表进行迭代，每循环一次取出列表中的一项作为列表元素的下标。

　　下面介绍 range( ) 函数的使用方法。

　　（1）range( ) 函数的完整语法要求提供 2 个或 3 个整型参数：**range(start, end, step)**

　　range( ) 函数会产生 1 个包含所有等差级数 k 的列表，k 的范围是 start <= k <= end，k 每次递增 step，step 不可以为零，否则将发生错误。

　　（2）range( ) 函数还有两种简略的语法格式：**range(end)** 和 **range(start, end)**

　　当提供 1 个参数时，start 默认为 0，step 默认为 1，range( ) 返回从 0 到 end 的数列。

　　当提供 2 个参数时，step 默认为 1，range( ) 返回从 start 到 end 的数列。

　　2．通过序列项迭代

　　【例 4-11】　创建 1 个由分数构成的列表，求出所有分数的最高分、最低分。

方法一： 使用 Python 的内建函数 max( )、min( ) 求最高分、最低分。

```
>>> score=[70, 90, 78, 85, 97, 94, 65, 80]
>>> score
[70, 90, 78, 85, 97, 94, 65, 80]
>>> max(score)
97
>>> min(score)
65
```

　　　　　以上代码使用 max( )、min( ) 内建函数求得序列 score 中的最大值和最小值。

方法二： 使用 for 循环自行计算其最高分、最低分。

分析： 求最高分、最低分的方法相同，现在以求最高分为例介绍其编程思想。首先默认列表中的第 1 个分数为最高分，将该分数值存放到变量 max_score 中，然后用 max_score 中的值与后续分数依次比较，如果在比较过程中发现有更高的分数值，就将更高的分数值存放在 max_score 中，循环比较结束后，变量 max_score 中存放的即是所有分数中的最高分。

框图： 本题的程序流程如图 4-14 所示。

程序：

```
#Exp4_11.py
score=[70, 90, 78, 85, 97, 94, 65, 80]
```

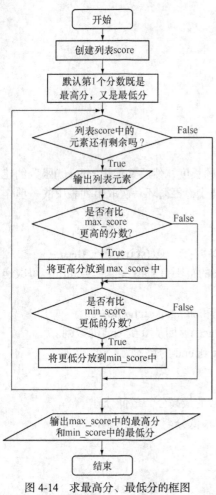

图 4-14 求最高分、最低分的框图

```
max_score=score[0]
min_score=score[0]
print '所有的分数值是: '
for i in score:
print(i) ,
if i > max_score:
    max_score=i
if i < min_score:
    min_score=i

print '\n'
print '最高分 = ', max_score
print '最低分 = ', min_score
```

程序运行结果:

所有的分数值是:

70 90 78 85 97 94 65 80

最高分= 97

最低分= 65

程序说明:

该程序的 for 循环在列表 score 中进行迭代,每次循环,变量 i 取出列表 score 中的 1 个元素,将该元素值用于循环语句中。

for 循环在语句体中完成 3 个操作,每次循环输出 1 个列表元素,然后使用 2 个并列的 if 语句依次判断当前的列表元素是否是更高的分数,或者是更低的分数。如果是更高分,就将更高分存到 max_score 变量中;如果是更低分,就将更低分存到 min_score 变量中。当 for 循环结束后,max_score 变量中保存的就是最高分,min_score 变量中保存的就是最低分。

4.4.2 for 语句用于计数循环

使用内建函数 range( )可以把 Python 中的 for 语句变成与其他语言中的 for 语句更为相似的计数循环模式。例如,从 0 计数到 10,每次递增 1。请看以下两个例子。

1. 单层循环

【例 4-12】 编程求表达式

$s = 1 + \dfrac{1}{2} + \dfrac{1}{3} + \cdots + \dfrac{1}{n}$ 的值,其中 n 值从键盘输入。参考值: 当 $n = 10$ 时,$s = 2.928968$。

分析:本题属于计数循环,循环次数为 n 次。

框图:

本题的程序流程如图 4-15 所示。

程序:

```
#Exp4_12.py
s=0.0
n=int(raw_input('请输入 n 值: '))
for i in range(1, n+1, 1):
```

```
        s=s + 1.0 / i
    print '1+1/2+…+1/', n, '=', s
```

程序运行结果：

请输入 n 值: 10

1+1/2+…+1/10 = 2.928968

程序说明：

以上 for 循环使用内建函数 range( )创建了列表[1, 2, 3,…,n]，变量 i 对该列表进行迭代，每循环一次就取出列表中的一项用于循环语句"s = s + 1.0 / i"中。

2. 双层循环嵌套

循环的嵌套是指在一个循环中又完整地包含另外一个完整的循环，即循环体中又包含循环语句。while 循环和 for 循环可以相互嵌套。

【例 4-13】 使用 for 循环的嵌套结构输出 9-9 乘法表。

分析： 9-9 乘法表由 9 行组成，每行的列数有规律地递增。通过观察可以看出，表达式"X * Y = Z"中的 X 是内循环变量 j 的取值，Y 是外循环变量 i 的取值，Z 是 X 乘以 Y 的结果。

框图： 本题的程序流程如图 4-16 所示。

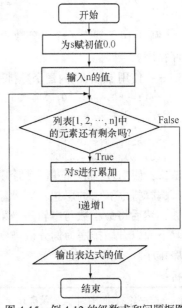

图 4-15 例 4-12 的级数求和问题框图

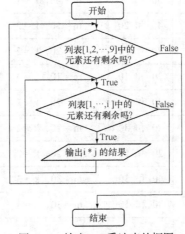

图 4-16 输出 9-9 乘法表的框图

程序：

```
#Exp4_13.py
for i in range(1, 10, 1):
    for j in range(1, i+1, 1):
        print i, '*', j, '=', i*j, '\t',
    print '\n'
```

程序运行结果：

```
1*1=1
1*2=2    2*2=4
1*3=3    2*3=6    3*3=9
1*4=4    2*4=8    3*4=12   4*4=16
1*5=5    2*5=10   3*5=15   4*5=20   5*5=25
```

```
1*6=6    2*6=12   3*6=18   4*6=24   5*6=30   6*6=36
1*7=7    2*7=14   3*7=21   4*7=28   5*7=35   6*7=42   7*7=49
1*8=8    2*8=16   3*8=24   4*8=32   5*8=40   6*8=48   7*8=56   8*8=64
1*9=9    2*9=18   3*9=27   4*9=36   5*9=45   6*9=54   7*9=63   8*9=72   9*9=81
```

【例 4-14】创建 1 个由分数构成的列表，按分数由低到高进行升序排序、或者由高到低进行降序排序。

方法一：使用 sorted( )内建函数排序。

```
score=[50, 40, 20, 30, 10]
>>> score
[50, 40, 20, 30, 10]
>>> sorted(score)
[10, 20, 30, 40, 50]
```

方法二：使用 for 循环的嵌套结构进行排序，这里使用选择排序算法。

选择排序算法的思想：以升序排序为例，每轮排序过程中，选出本轮所有待排序数中的最小数，然后将最小数与本轮序号第一的数进行交换；反复执行以上操作，直到所有元素排序完毕。下面以升序排序为例分析排序过程。假设有 5 个整数：50、40、20、30、10，对它们进行升序排序。

分析：

排序轮数 （外循环）	比较次数 （内循环）	被比较 的数	用 m 记录较小数， k 记录最小值的下标	将最小数和本轮序号第一 的数交换以后的结果
第一轮待排序的数 50, 40, 20, 30, 10	第 1 次比较	50 和 40	m = 40，k = 1	10, 40, 20, 30, 50 本轮排序结束后，10 的位置将固定
	第 2 次比较	40 和 20	m = 20，k = 2	
	第 3 次比较	20 和 30	m = 20，k = 2	
	第 4 次比较	20 和 10	m = 10，k = 4	
第二轮待排序的数 40, 20, 30, 50	第 1 次比较	40 和 20	m = 20，k = 2	10, 20, 40, 30, 50 本轮排序结束后，20 的位置将固定
	第 2 次比较	20 和 30	m = 20，k = 2	
	第 3 次比较	20 和 50	m = 20，k = 2	
第三轮待排序的数 40, 30, 50	第 1 次比较	40 和 30	m = 30，k = 3	10, 20, 30, 40, 50 本轮排序结束后，30 的位置将固定
	第 2 次比较	30 和 50	m = 30，k = 3	
第四轮待排序的数 40, 50	第 1 次比较	40 和 50	m = 40，k = 3	10, 20, 30, 40, 50 本轮的 2 个数不需交换位置

框图：本题的程序流程如图 4-17 所示。

程序：

```python
#Exp4_14.py
score=[50, 40, 20, 30, 10]
print '原始序列是：'
print(score)
a=len(score)
for i in range(a - 1):
    min_score=score[i]
    k = i
    for j in range(i+1, a, 1):
```

```
        if min_score > score[j]:
            min_score=score[j]
            k=j
    t=score[i]
    score[i]=score[k]
    score[k]=t
print '进行升序排序后的序列是：'
print score
```

程序运行结果：

原始序列是：

[50, 40, 20, 30, 10]

进行升序排序后的序列是：

[10, 20, 30, 40, 50]

程序说明：

　　排序算法使用双层循环嵌套结构。本题有 5 个数需要升序排序，一共排序 4 轮，因此外循环是 4 次，外循环变量 i 依次迭代列表[0, 1, 2, 3]中的元素。每轮排序需要经过若干次的比较才能找出本轮中的最小数，比较次数随着排序轮数的增加而减少，因此内循环变量 j 依次迭代列表[i+1, i+2,…, 4]中的元素。内循环结束后，本轮排序的最小值存于变量 min_score 中，最小值的下标存于变量 k 中，因此本轮排序选出的最小数即是 score[k]。此时，将选出的最小值 score[k]与本轮序号第一的元素 score[i]进行交换。重复以上过程，经过 4 轮排序后，便可以实现 5 个数的升序排序。

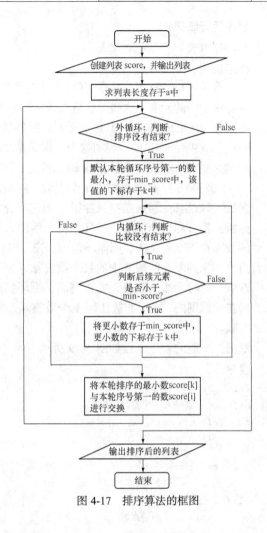

图 4-17　排序算法的框图

4.5　break 语句

　　Python 提供了一条提前结束循环的语句——break 语句。当在循环过程中，某个条件被触发（一般通过 if 语句），需要立即停止循环时可使用该语句。break 语句可以用在 while 和 for 循环中。

【例 4-15】　求 200 以内能被 17 整除的最大正整数。

分析： 这个查找过程将以递减的方式遍历 200 至 1 之间的整数，当找到第 1 个能被 17 整除的数时，循环过程立即停止，后续还没有遍历的数将无需再进行判断，因此可以使用 break 语句将循环提前终止。

框图： 本题的程序流程如图 4-18 所示。

程序：

```
#Exp4_15.py
for i in range(200, 1, -1):
    if i % 17==0:
        break
print '200 以内能被 17 整除的最大数是：', i
```

程序运行结果：

200 以内能被 17 整除的最大数是：187

程序说明：

本题的 for 语句中，循环变量 i 依次迭代列表[200, 199, 198,…, 1]中的元素（这些元素是以递减的方式排列的），每循环一次取出列表中的 1 个元素，并判断该元素是否能被 17 整除，如果能，说明这个元素就是 200 以内能被 17 整除的最大数，于是执行 break 语句立即跳出循环。

【例 4-16】 从键盘输入 1 个整数，判断该数是否是素数（素数也称质数，是指只能被 1 和它本身整除的数）。

分析： 素数的判断需要用循环结构来解决，假设被判断的数存在于变量 x 中，则循环范围是[2, x-1]，在此范围内，如果判断 x 被其中的某个数整除，则说明 x 不是素数，同时后续的数值无需再判断，循环提前结束。如果在此范围内，x 不能被任何 1 个数整除，则说明 x 是素数。

框图： 本题的程序流程如图 4-19 所示。

程序：

```
#Exp4_16.py
x=input('请输入 1 个整数：'))
for i in range(2, x, 1):
    if x % i==0:
        break
if i==x-1:
    print x, '是素数'
elif i<x-1:
    print x, '不是素数'
```

输入及程序运行结果：

请输入 1 个整数：21

21 不是素数

再次运行程序：

请输入 1 个整数：17

17 是素数

程序说明：

（1）for 循环使用 range( )函数创建列表[2, 3, ,…, x-1]，每次循环取出列表中的 1 个元素，用 x 对该元素求余，如果余数为零，则说明 x 能被该元素整除，于是调用 break 语句提前结束循环；

（2）如果 x 不是素数，则条件"x％i＝0"必然会为真，于是将执行 break 语句提前结束循环；如果 x 是素数，则条件"x％i＝0"总是为假，于是 for 循环是在列表元素被全部取完后自然结束的；

（3）根据以上逻辑关系，在 for 循环之后，利用 1 个 if...elif 分支结构判断"i"是否小于或者等于"x-1"。如果"i＝x-1"为真，说明 for 循环是自然结束的，于是断定 x 是素数；如果"i＜

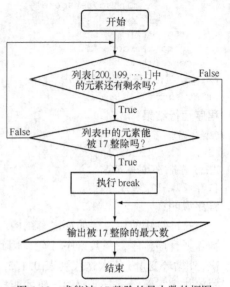

图 4-18 求能被 17 整除的最大数的框图

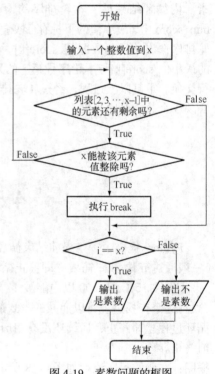

图 4-19 素数问题的框图

x-1"为真，说明 for 循环是提前结束的，于是断定 x 不是素数。

4.6　continue 语句

　　Python 提供的 continue 语句和其他高级语言中传统的 continue 并没有什么不同，它可以用在 while 循环和 for 循环里，其作用是：当遇到 continue 语句时，程序会终止当前循环，并忽略 continue 之后的语句，然后回到循环的顶端，继续执行下一次循环。

　　初学者应注意区分 break 语句和 continue 语句的作用。break 语句一旦执行，则整个循环将被立即终止；continue 语句的执行不会终止整个循环，而是忽略剩余语句，提前进入下一次循环。

　　【例 4-17】　求 200 以内能被 17 整除的所有正整数，并统计满足条件的数的个数。

方法一

分析： 该问题使用循环嵌套选择的结构来解决。使用 range( )函数创建列表[1, 2, …, 200]，每次循环由变量 i 取出列表中的 1 个元素，然后判断该元素是否能被 17 整除，如果能，则输出该元素，同时将统计个数的变量 s 自增 1。

框图： 本题的程序流程如图 4-20 所示。

程序：

```
#Exp4_17_1.py
s=0
print '200 以内能被 17 整除的所有数是：'
for i in range(1, 201, 1):
    if i%17==0:
        print i,
        s+=1
print '\n 数的个数是：', s
```

程序运行结果：

```
200 以内能被 17 整除的所有数是：
17 34 51 68 85 102 119 136 153 170 187
数的个数是：11
```

方法二

分析： 方法二的思想与方法一的思想略有不同。该方法的程序仍然使用循环嵌套选择结构来解决，range( )函数创建列表[1, 2, …, 200]，每次循环由变量 i 取出列表中的 1 个元素，然后判断该元素是否不能被 17 整除，如果条件"i%17!=0"为真，就执行 continue，跳过后面的 2 条语句；反之，如果条件"i%17!=0"为假，说明此时的 i 值满足题目要求，就输出 i 值并统计个数。

框图： 本题的程序流程如图 4-21 所示。

程序：

```
#Exp4_17_2.py
s=0
print '200 以内能被 17 整除的所有数是：'
```

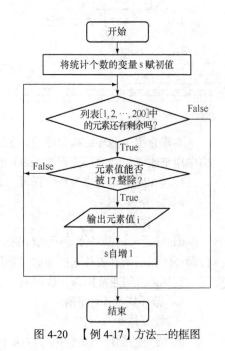

图 4-20　【例 4-17】方法一的框图

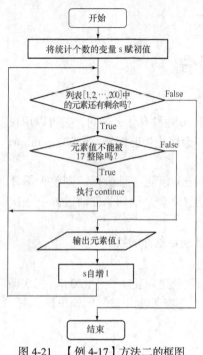

图 4-21 【例 4-17】方法二的框图

```
for i in range(1, 201, 1):
    ifi%17!= 0:
        continue
    print i,
    s+=1

print '\n 数的个数是: ', s
```

程序运行结果：

200 以内能被 17 整除的所有数是：

17 34 51 68 85 102 119 136 153 170 187

数的个数是: 11

程序说明：

比较方法一的程序和方法二的程序可以看出，两种方法考虑问题的思路正好相反。方法一的 if 表达式是判断某数是否能被 17 整除；而方法二的 if 表达式是判断某数是否不能被 17 整除。

本章小结

本章介绍了循环结构程序设计的方法，重点介绍了 while 语句和 for 语句，然后介绍了循环结构中用来改变正常循环流程的 break 语句和 continue 语句。

1. while 语句也称为条件循环。while 语句的基本语法是：

while 条件表达式

  循环体

while 语句的循环体是否执行受条件表达式的控制，只有当条件表达式的值为“真”时，才执行循环体；当条件表达式的值为“假”时，就结束循环。

2. for 语句通常用来迭代序列，也常常用于计数循环。for 语句的基本语法是：

for 循环变量 in 序列:

  循环体

for 语句的循环体是否执行取决于循环变量的当前取值是否还在序列中，如果循环变量的取值还在序列范围内，就执行循环体；如果循环变量的取值已超出序列范围，则结束循环。

3. break 语句的作用是强制结束循环。它既可以用在 while 语句中，也可以用在 for 语句中。通常，循环都是正常结束的，但是在一些问题的处理过程中，当某个条件成立时，需要提前结束循环，此时就要用到 break 语句。

有两点需要特别说明：（1）如果循环体是嵌套结构，则执行 break 语句只会跳出该语句所在的那一层循环，而不会同时跳出所有循环；（2）break 语句通常都是写在 if 语句里面，即只有判断某个条件为真时，才执行 break 语句，这个条件就是控制循环提前结束的条件。

4．continue 语句的作用是终止当前循环，并忽略 continue 之后的语句，然后回到循环的顶端，继续执行下一次循环。初学者在学习 break 语句和 continue 语句时，要注意区分这 2 条语句的不同。

习　　　题

1．编程求以下表达式的值：

（1）$S = 1 + (1 + \sqrt{2}) + (1 + \sqrt{2} + \sqrt{3}) + \cdots + (1 + \sqrt{2} + \sqrt{3} + \cdots + \sqrt{n})$

参考值：当 n=20 时，S=534.188884

（2）$S = 1 + \dfrac{1}{1*2} + \dfrac{1}{1*2*3} + \cdots + \dfrac{1}{1*2*3*\cdots 50}$　参考值：S=1.718282

（3）$S = 1 + x + \dfrac{x^2}{2!} + \dfrac{x^3}{3!} + \cdots + \dfrac{x^n}{n!}$　参考值：当 n=10，x=0.3 时，S=1.349859

（4）利用以下公式求 π 的近似值，直到最后一项的绝对值小于等于 10^{-6} 为止。

$$\frac{\pi}{4} \approx 1 - \frac{1}{3} + \frac{1}{5} - \frac{1}{7} + \cdots$$

2．从键盘输入一个整数值 n，编程求它的所有因子（不包括 1 和该数本身）之和。规定 n 值不大于 1000。

3．编程求斐波拉契数列的前 20 项，已知该数列的第一、二项分别是 0、1，从第三项开始，每一项都是前两项之和。例如：0，1，1，2，3，5，8，13……

4．从键盘输入一个整数值 x，规定 x 是一个大于 10 的无符号整数，且位数 n 不大于 10 位，编程求出 x 的低 n-1 位。例如：如果从键盘输入 1234，则运行结果为 234。

5．求 1～100 之间所有的素数，并统计素数的个数。

6．给定一个由 10 个整数值构成的列表，编程删除列表中所有下标为奇数的元素。

7．给定一个由 10 个整数值构成的列表，编程删除列表中所有值为奇数的元素。

8．给定一个由 10 个整数值构成的列表，编程只对列表中下标为偶数的元素进行升序排序，下标为奇数的元素保持不动。

9．使用循环的嵌套结构编程输出以下图形。

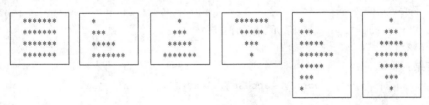

第5章
字符串

　　许多实际问题最后都转化为处理字符串的问题, 如字处理软件, 处理字符串能够锻炼编程能力。因此, 无论是从应用的角度来看, 还是从程序设计的角度来看, 字符串都是重要的内容。本章首先引入一个字符串处理的问题, 接着介绍字符串基础知识, 最后介绍字符串基础知识的应用。

5.1　字符串问题

【问题】 列表 Li 中有一些单词, 把这些单词分别进行升序排序和降序排序。
```
Li=['apple', 'peach', 'wps', 'word', 'access', 'excel', 'open', 'seek']
```
分析: 应用列表的排序函数 sort( )能完成升序排序和降序排序。
程序:
```
#Ques5_1.py
Li=['apple','peach','wps','word','access','excel','open','seek']
Li2=Li[:]
print Li
Li.sort()                #列表元素按升序排序
print '升序: '
print Li
print Li2
print '降序: '
Li2.sort(reverse=True)    #列表元素按降序排序
print Li2
```
程序运行结果:
```
['apple', 'peack', 'wps', 'word', 'access', 'excel', 'open', 'seek']
升序:
['access', 'apple', 'excel', 'open', 'peack', 'seek', 'word', 'wps']
['apple', 'peack', 'wps', 'word', 'access', 'excel', 'open', 'seek']
降序:
['wps', 'word', 'seek', 'peack', 'open', 'excel', 'apple', 'access']
```

5.2　字符串基础知识

　　一个给定的字符串是可以更改的, 但我们也能对它进行各种非更改的处理。字符串的合并、转义字符、简单的格式化已在第 1 章中进行了介绍，这里将介绍字符串的另一些重要知识。

5.2.1　字符串格式化

字符串格式化涉及两个概念：格式和格式化。格式以%开头，格式化运算符%表示用对象代替格式串中的格式，最终得到 1 个字符串。

字符串格式化的一般形式为：

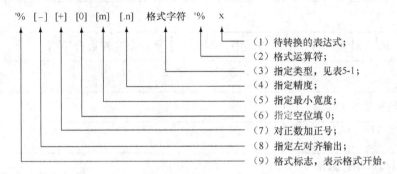

下面对格式进行介绍。

1. 格式的书写

（1）[ ]的内容是可以省略的；

（2）最简单的格式是%加格式字符，如%f、%d、%c、%s、%u、%x 等；

（3）当最小宽度及精度都出现时，它们之间不能有空格，格式字符与其它选项之间也不能有空格。如%8.2f 是正确的格式。

2. 格式字符的含义

格式字符用以指定表达式的转换类型（见表 5-1）。

表 5-1   Python 的格式

格式	说明
%c	格式化字符或编码
%s	格式化字符串
%d	格式化整数
%u	格式化无符号整数
%o	格式化八进制数
%x	格式化十六进制数
%f	格式化浮点数，可指定小数位数
%e	用科学计数法格式化浮点数

3. 最小宽度和精度

最小宽度是转换后的值所保留的最小字符个数，精度（对于数字来说）则是结果中应该包含的小数位数。

下面进行演示：

```
>>>a=3.6674
>>>i=99
>>>s='aaa'
```

下面的语句把 a 按指定格式 '%7.3f' 转换为含 7 个字符的小数串，保留 3 位小数，对第 4 位四舍五入。不足 7 个字符则在左边补空格。

```
>>>'%7.3f' % a
'  3.667'
```

下面的语句把 i 按指定格式 '%7d' 转换为含 7 个字符的整数串，不足 7 个字符则在左边补空格。

```
>>>'%7d'% i
'     99'
```

下面的语句把 s 转换为含 7 个字符的串，不足 7 个字符则在左边补空格。

```
>>>'%7s'% s
'    aaa'
```

也可一次转换多个对象。

```
>>>'%7.3f_%7d_%7s' % (a, i, s)
'  3.667_     99_    aaa'
```

4. 进位制和科学计数法

可以把一个数转换成不同的进位制，也可按科学计数法进行转换。

下面把十进制数 1235 分别转换为八进制串、十六进制串、科学计数法串。

```
>>> x=1235
>>> so='%o' % x
>>> so
'2323'
>>> sh='%x' % x
>>> sh
'4d3'
>>> se='%e' % x
>>> se
'1.235000e+03'
>>>
```

5.2.2 字符串的截取

1. 字符串中字符的位置

字符串中字符的位置如图 5-1 所示。每 1 个字符都有自己的位置，有两种表示方法：从左端开始用非负整数 0、1、2 等表示；从右端开始则用负整数-1、-2 等表示。

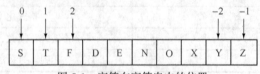

图 5-1　字符在字符串中的位置

2. 字符串的截取

截取就是取出字符串的子串。截取有两种方法：一种是索引 s[index]取出一个字符；另一种是切片 s[[start] : [end]]取出一片字符。下面进行演示：

```
>>> s='abcdef'
>>> s[0]                #取出第 1 个字符
'a'
```

```
>>> s[-1]           #取出最后 1 个字符
'f'
>>> s[1:3]           #取出位置为 1 到位置为 2 的字符，不包括 3
'bc'
>>> s[:3]                #取出从头至位置为 2 的字符
'abc'
>>> s[4:]                #取出从位置 4 开始的所有字符
'ef'
>>> s[:]                #取出全部字符
'abcdef'
```

5.2.3 字符串的方法

第 2 章介绍了列表的很多方法，字符串的方法还要丰富得多。由于字符串的方法实在太多，这里只能介绍一部分，要了解全部方法请看附录 D。

1. 子串查找 find( )

子串查找就是在主串中查找子串，找到则返回子串在主串中的位置，找不到则返回-1。用字符串的 find( )方法进行查找，格式如下：

s.find(sub[,start][,end])

下面演示其用法：

```
>>> s='apple,peach,banana,peach,pear'
>>> s.find('peach')
6
>>> s.find('peach',7)
19
>>> s.find('peach',7,20)
-1
```

用 s.find('peach')从位置 0 开始找 peach，找到 peach，返回在主串中的位置 6；用 s.find('peach',7)从位置 7 开始找 peach，只找到后面的第 2 个 peach，返回在主串中的位置 19；s.find('peach',7,20)从位置 7 开始找 peach，到位置 20 结束，这两个位置之间没有 peach，因此找不到，返回-1。

2. 字符串的分离 split( )

如果字符串中的某种字符出现 0 次或多次，可以根据该字符把字符串分离成多个子串。用 split( )方法进行分离并返回列表。该方法在实际问题中经常用到。下面进行演示：

```
>>> s='apple,peach,banana,pear'
>>> li=s.split(',')
>>> li
['apple', 'peach', 'banana', 'pear']
```

3. 字符串联接 join( )

join( )方法是 split( )方法的逆方法，用来把列表中的各字符串联起来。下面进行演示：

```
>>> li=['apple', 'peach', 'banana', 'pear']
>>> sep=','
>>> s=sep.join(li)
>>> s
'apple,peach,banana,pear'
```

4. 转换为小写字母 lower( )

lower( )方法返回一个新串，该新串把原串中的大写字母全部转换为小写字母，其他字符不变。下面进行演示：

```
>>> s="What's Your Name?"
>>> s2=s.lower()
>>> s2
"what's your name?"
```

这个方法对于编程"不区分大小写"的程序非常有用。具体可见【例 5-1】。

5. 查找替换 replace( )

replace( )方法返回原字符串中所有匹配项都被替换之后得到的新字符串。下面进行演示：

```
>>> s='中国，中国'
>>> print s
中国，中国
>>>s2=s.replace('中国', '中华人民共和国')
>>> print s2
中华人民共和国，中华人民共和国
```

6. 生成映射表

生成映射表是为字符串对象的 translate( )方法做准备。可用 string 对象的 maketrans( )方法生成映射表，如下所示：

table=string.maketrans('abcdef123' , 'uvwxyz@#$')

7. 按映射关系转换字符串 translate( )

translate( )的一般格式为：

translate(table[, deletechars])

先删除由 deletechars 指定的字符，然后按 table 中的映射关系进行字符转换。下面进行演示：

```
>>> table=string.maketrans('abcdefwps123', 'rstuvwxyz@#$')
>>> s='Python==for@@if**while wps file!!!'
>>> s2=s.translate(table,'=*!@')
>>> s2
'Pythonworiwxhilv xyz wilv'
```

8. 删除两端空格 strip( )

strip( )方法返回字符串的副本，该副本删除了字符串两端的空格。下面进行演示：

```
>>> s=' abc '
>>> s2=s.strip( )
>>> s2
'abc'
```

5.2.4 与字符串相关的重要内置方法

有一些重要的内置方法在处理字符串和其他对象（尤其是数字方面）发挥着关键的作用。第 1 章中已经介绍了求字符编码的方法 ord( )、返回指定编码的字符的方法 chr( )和把不同进位制的数字串转换成十进制整数的方法 int( )，下面介绍其余几个。

1. 把对象转换成字符串 str( )

str( )方法能把任何对象转换成字符串，以便可以应用字符串丰富的方法进行处理。下面进行演示：

```
>>> s=str(90.6)
>>> s
'90.6'
```

这里把一个浮点数转换成字符串。

2. 把字符串转换成浮点数 float( )

float( )方法可以把字符串转换成浮点数，被转换的字符串不能包含非数字字符。

```
>>> x=float('23.0')
>>> x
23.0
```

如果转换'23.0a'将出现异常。

5.3　字符串基础知识的应用

【例 5-1】 查找用户名的问题。

分析：如果想在列表中查找一个用户名 "admin" 是否存在，列表中包含 "admin"，而用户输入的是 "Admin" 甚至是 "ADMIN"，结果却找不到。解决方法是在存储姓名和查找时把所有姓名都转换为小写。

程序：

```
#Exp5_1.py
names=['vector','smith','admin','jone']
name='Admin'
if name.lower() in names:
    print '找到!'
else:
    print '找不到!'
```

程序运行结果：

找到!

【例 5-2】 用户输入几个数字，用逗号分隔，编程求这些数字的和。

分析：用户输入的数字个数虽然是动态的，但是可以当作一个字符串来处理。首先分离出数字串，然后再转换成数字，这样就能求和。

程序：

```
#Exp5_2.py
s=raw_input('请输入几个数字，用逗号分隔: ')
li=s.split(',')
print li
sum=0
for x in li:
    sum=sum+float(x)
print 'sum=',sum
```

输入及程序运行结果：

请输入几个数字，用逗号分隔: 23,2,5,12.3

['23', '2', '5', '12.3']

sum= 42.3

本章小结

字符串在程序设计中具有非常重要的地位,因为很多实际问题最终需要转化为字符串来处理。本章介绍了字符串处理的几个基本问题和字符串处理的基础知识。

1. 字符串格式化的一般形式为:

'%　[−]　[+]　[0]　[m]　[.n]　格式字符'　%　　x

一般形式虽然复杂,但常用的是 '%m.n f % x,如 '%7.2 f % 12.567。

2. 每 1 个字符都有自己的位置,常用的是从左端开始用非负整数 0、1、2 等表示。

3. 字符串的截取有索引和切片两种方法。

4. 字符串有丰富的方法。

习　　题

1. 用户输入一个语句,判断该语句是否是循环语句。

2. 用户输入一个长字符串,统计单词 China 出现的次数。

3. 用户输入一段英文,误把单独的 I 输成了单独的 i,请编程进行纠正。

4. 用户输入一个由多个数字组成的字符串,如 '3,5,-4,20',求各数字之和。

5. 输入一个字符串,在屏幕上输出其长度,然后再输入字符串的两个位置,取出位置之间的子串。如输入 "abcdefg",输入串中的两个位置: '2,5',输出: "长度为: 7,子串为: cde"。

6. 用户输入一个含运算符的表达式,如 '3+5',编程计算表达式的值。注意:不能用 eval( ) 函数。

7. 用户输入一个一元一次方程,如 '5.6x=9.8',编程解此方程。

第6章
函数的设计和使用

本章主要介绍 Python 中函数的设计和使用，其中详细介绍了函数的概念和定义，形参和实参变量的作用域，默认参数值，关键参数，可变长度参数和序列参数。

6.1　问题的引入

在解决实际问题的过程中，我们编写的程序通常比前面章节所介绍的程序要大。经验表明，在开发和维护一个较大的程序时，最好是基于较小的"部分"或"组件"构建。相比之下，较小的"组件"更易于开发和维护，这主要是采用了"分而治之"的思想。Python 的程序组件包括函数、类、模块和包。本章主要介绍函数。下面通过一个具体的例子来引入函数的概念，说明函数的思想。

【问题】计算 3 个圆的面积和周长，这 3 个圆的半径分别为 2、3、4。

分析： 按照已学过的知识，解决该问题的程序如下：

```
#Ques6_1.py
a=2
area_a=3.14*a*a
perimeter_a=3.14*2*a
print '半径为2的圆的面积为: ', area_a
print '半径为2的圆的周长为: ', perimeter_a
b=3
area_b=3.14*b*b
perimeter_b=3.14*2*b
print '半径为3的圆的面积为: ', area_b
print '半径为3的圆的周长为: ', perimeter_b
c=4
area_c=3.14*c*c
perimeter_c=3.14*2*c
print '半径为3的圆的面积为: ',area_c
print '半径为3的圆的周长为: ', perimeter_c
```

程序运行结果：

```
半径为2的圆的面积为: 12.56
半径为2的圆的周长为: 12.56
半径为3的圆的面积为: 28.26
半径为3的圆的周长为: 18.84
```

半径为 3 的圆的面积为：50.24
半径为 3 的圆的周长为：25.12

从这个例子可以看出，其中对每个圆的面积和周长计算的程序是重复的，只是圆的半径不同而已。那么，这 3 段基本相同的代码是否能够只写一次呢？

对于这样的问题，我们可以使用函数来解决，使计算圆面积和周长的这段代码可以重复使用。

6.2　黑箱模型

黑箱模型指所建立的模型只考虑输入与输出，而与过程机理无关。现实生活中"黑箱"很多，如微波炉，如图 6-1 所示。对于使用者而言，我们只需了解微波炉的使用方法，将面粉放入，将得到面包，这个过程中，并不需要了解微波炉的工作原理和内部结构，这并不影响对微波炉的使用。微波炉的内部结构已经被外壳封装起来，对用户来说，并没有任何内部元件裸露在外面，它面向用户的是简单的操作界面。用户只需要了解它的功能、使用方法，可以放进去什么，拿出来什么。

图 6-1　黑箱模型示意图 1

黑箱模型的概念应用于编程领域，指一段程序具有特定的功能，如果将这个程序封装起来，对于需要这种功能的用户而言，并不需要了解程序的内部结构和细节代码，程序对外提供了输入的接口，只需要提供合理的输入，经过程序的处理，对用户输出结果，如图 6-2 所示。

图 6-2　黑箱模型示意图 2

这个被封装的程序段对不同的输入，经过相同的处理之后，可以得到不同的输出。如一段程序的功能是计算圆的面积，当输入不同的半径时，经过程序的计算，可以得到不同的对应的圆面积。这也意味着这个被封装的程序段可以被重复使用多次，提高了代码的重用性。

6.3　函数基础知识

6.3.1　函数的概念及定义

函数就是一段具有特定功能的、被封装的、可重用的程序。给这个程序段取一个名称，然后就可以在其他程序的任何地方通过这个名称任意多次地运行这个语句块。

　　函数通过 def 关键字定义。def 关键字后跟一个函数的标识符（名称），然后加一对圆括号。圆括号里可以包括一些变量名，它们是函数的参数。一个函数是否需要参数、需要几个参数可根据函数具体情况而定。该行以冒号结尾，下面包含一块语句，即函数体。特别注意，函数体相对于定义函数名这条语句是缩进的。函数定义格式如下：

　　　　def 函数名(参数)：
　　　　　　……（函数体）

　　下面通过一个例子说明函数的定义及使用。

　　【例 6-1】　定义一个输出函数，函数功能是输出 "Hello World!"。

框图（见图 6-3）：

程序：

```
#Exp6_1.py
def sayHello( ):           #函数定义
    print'Hello World! '   #函数体
#主程序
sayHello( )                #函数调用
```

图 6-3　输出函数程序流程图

程序运行结果：

```
Hello World!
```

　　此处定义了一个名为 sayHello 的函数。这个函数不使用任何参数，因此在圆括号中没有声明任何变量。参数对于函数而言，是给函数的输入，以便于我们可以传递不同的值给函数，然后得到相应的结果。因此，对于需要输入的函数，才有必要定义参数，否则可以不定义参数。

6.3.2　形参和实参

　　函数定义好之后，就如同我们制作完成了一件具有特定功能的工具，如果需要这件工具发挥作用，就需要有人来使用它，这就是对函数的调用。我们可以在另外一段程序中需要这项功能的地方，使用这个已经写好的函数，由它来完成此项任务，这称为对函数的调用。如果没有函数的调用，函数中的代码是不会被运行的。

　　在调用函数时，可以通过参数将一些值传递给函数处理，这些在调用函数时提供给函数的值称为实参。

　　在定义函数时，函数名后面括号中的变量称为形参。如果形参个数超过 1 个，各个参数之间用逗号隔开。在定义函数时，函数的形参不代表任何具体的值，只有在函数被调用时，才会有具体的值赋给形参。

　　【例 6-2】　用函数调用的方法来解决 6.1 节中的问题，如图 6-4 所示。

程序：

```
# Exp6_2.py
def circle( r ):
    area=3.14*r*r
    perimeter=2*3.14*r
    print '半径为',r,'的圆面积为：', area
    print '半径为',r,'的圆周长为：', perimeter
#主程序
circle(2)              #函数调用
```

```
circle(3)          #函数调用
circle(4)          #函数调用
```

程序运行结果:

半径为 2 的圆面积为: 12.56
半径为 2 的圆周长为: 12.56
半径为 3 的圆面积为: 28.26
半径为 3 的圆周长为: 18.84
半径为 4 的圆面积为: 50.24
半径为 4 的圆周长为: 25.12

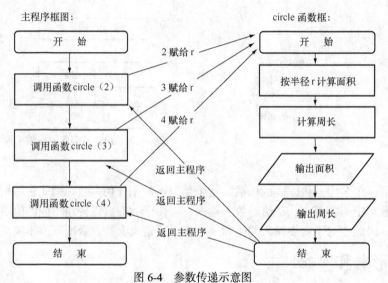

图 6-4　参数传递示意图

　　在这个例子中，定义了一个函数 circle(r)，它的功能就是根据 r 计算圆的周长和面积，r 为形参，在调用时，2、3、4 分别赋给了 r，并多次调用 circle( )函数进行计算。

　　【例 6-3】 编写函数，实现比较两个数的大小，输出其中较大的数，并调用函数。

程序:

```
#Exp6_3.py
def printMax(a, b):
    if a>b:
    pirnt( a, 'is the max' )
else:
    print b, 'is the max'
#主程序
printMax( 3, 4 )   #传递两个实数实参
x=5
y=7
printMax( x, y )   #传递两个变量实参
```

程序运行结果:

```
4 is the max
7 is the max
```

　　在这个例子中，定义了一个名为 printMax 的函数，这个函数需要两个形参 a 和 b。函数内部

使用 if...else 语句找出两者中较大的一个数，并且输出其中较大的那个数。

第一次调用时，printMax(3,4)直接把数（即实参）传递给函数，3 传递给 a，4 传递给 b。第二次调用时，使用变量传递参数。printMax(x,y)将实参 x 的值赋给形参 a，将实参 y 的值赋给形参 b。在两次调用中，printMax( )函数的工作完全相同，这就实现了对 printMax( )函数包含的程序段的重用。

6.3.3　return 语句

return 语句用来从一个函数中返回，即跳出函数，也可用 return 语句从函数中返回一个值。

【例 6-4】 用 return 语句返回值。

程序：

```
# Exp6_4.py
def maximum( x, y ):
    if x>y:
        return x
    else:
        return y
#主程序
print maximum( 2, 3 )
```

程序运行结果：

```
3
```

maximum 函数的功能是返回参数中的最大值，函数中使用简单的 if..else 语句来找出较大的值，然后返回那个值。

没有返回值的 return 语句等价于 return None。None 是 Python 中表示没有任何东西的特殊类型。例如，如果一个变量的值为 None，就表示它没有值。

除非函数中包含 return 语句，否则，每个函数的结尾都暗含有 return None 语句。

6.4　变量的作用域

当引入函数的概念之后，就出现了变量作用域的问题。变量起作用的范围称为变量的作用域。一个变量在函数外部定义和在函数内部定义，其作用域是不同的。如果我们用特殊的关键字定义一个变量，也会改变其作用域。本节讨论变量的作用域规则。

6.4.1　局部变量

在函数内定义的变量只在该函数内起作用，称为局部变量。它们与函数外具有相同名称的其他变量没有任何关系，即变量名称对于函数来说是局部的。所有局部变量的作用域是它们被定义的块，从它们的名称被定义处开始。

下面通过一个例子说明局部变量的使用。

【例 6-5】 使用局部变量。

程序：

```
#Exp6_5.py
```

```
def func( x ):
    print 'x is', x
    x=2
    print 'changed local x to', x
#主程序
x=50
func( x )
print 'x is still', x
```

程序运行结果：

```
x is 50
changed local x to 2
x is still 50
```

在函数中，第一次输出 x 的值，x 是函数声明的形参，值为 50。给 x 赋值 2 后，此再次输出 x 的值为 2。在函数内部，x 作为函数的局部变量，其作用范围仅限于函数内部。所以，当我们在函数内改变 x 的值的时候，在主块中定义的 x 不受影响。因此主块中的 x 的值仍然为 50。

从这个例子可以看出，在函数外部定义的变量 x 的值并未被函数内部的语句改变，函数外部的 x 的值依然为 50，而函数内部的 x 的值为 2。由此可见，函数内部的 x 和函数外部的 x 在内存中分配的存储空间并不是同一个单元，这两个不同的 x 作用于各自的命名空间中。

6.4.2 全局变量

如果想要在函数内部给一个定义在函数外的变量赋值，那么这个变量就不能是局部的，其作用域必须为全局的，能够同时作用于函数内外，称为全局变量，可以通过 global 来定义。

全局变量的值如果在函数内部被重新赋值，这个赋值效果也将反映在函数外部，同样，在函数外部为一个全局变量赋值，赋值效果也同样反映在函数内部。

global 语句格式如下：

global 变量名 1，变量名 2,…,变量名 n

global 语句有两种作用，分别说明如下。

（1）一个变量已在函数外定义，如果在函数内需要为这个变量赋值，并要将这个赋值结果反映到函数外，可以在函数内用 global 声明这个变量，将其定义为全局变量。

【例 6-6】 在函数内使用外部定义的全局变量。

程序：

```
# Exp6_6.py
def func( ):
    global x
    print 'x is', x
    x=2
    print 'changed local x to', x
#主程序
x=50
func( )
print 'value of x is', x
```

程序运行结果：

```
x is 50
changed local x to 2
value of x is 2
```

在这个例子中，函数外部已经定义了一个变量 x，此时它首先是一个局部变量，在函数 func

中用 global 声明 x 为全局变量。当在函数内把值赋给 x 的时候，也就是给函数外的 x 赋值，因此在函数内对 x 的值改变的效果也反映在函数外。

（2）在函数内部直接将一个变量声明为全局变量，在函数外没有声明，在调用这个函数之后，将增加为新的全局变量。

【例 6-7】 把函数内定义的变量声明为全局变量。

```python
# Exp6_7.py
def func( ):
    global x
    x=2
    print 'x=', x
#主程序
func( )
print 'x=', x
```

程序运行结果：

```
x=2
x=2
```

在这个例子中，函数外部没有声明 x，在函数内部用 global 声明 x，在调用 func 函数之后，x 将作为一个全局变量，可以看到，在函数内部为 x 赋值 2，在函数外面输出 x 的值也为 2。

6.4.3　命名空间

根据上两节的内容，可以看到 Python 严格规定了变量的作用域，其主要依据就是声明变量的位置，也称为命名空间。Python 定义了 3 种命名空间：局部（local）命名空间，全局（global）命名空间和内建（built-in）命名空间。程序访问某个变量时，按照先局部，然后全局，最后内建的顺序搜索命名空间。

Python 搜索的第一个命名空间是局部命名空间。每个函数都有一个唯一的命名空间，所有函数的参数和在这个函数内部定义的标识符都与这个函数的命名空间绑定，一个函数不能访问另一个函数的命名空间。因此，如果不同的函数内部定义了同名的局部变量，不会造成名称上的混乱。

访问某个变量时，Python 首先在定义这个变量的函数的局部命名空间内搜索，如果没有这个标识符，将会搜索到全局命名空间。如果全局命名空间中也搜索不到，才会搜索到内建命名空间。

因此，在使用了函数的程序中，要注意避免"遮蔽"的问题。所谓"遮蔽"问题，就是函数内部的局部标识符与模块或内建命名空间中的标识符同名，那么，根据上述 Python 的访问顺序，首选就会访问到局部命名空间中的标识符，全局或内建标识符就会被局部标识符"遮蔽"。

为避免"遮蔽"问题的出现，我们尽量养成良好的编程习惯，避免内层标识符与外层标识符同名。

6.5　参数的类型

6.5.1　默认参数

对于一些函数的形参，可以为其设置默认值。如果在调用函数时不为这些参数提供值，这些参数就使用默认值，如果在调用的时候有实参，则将实参的值传递给形参。可以在函数定义的形参名后加上赋值运算符（=）和默认值，为形参指定默认参数值。具有默认值的参数称为默认参数。设置默认参数值的格式如下：

```
def 函数名(形参名=默认值, ……)
```

【例 6-8】 使用默认参数值。

程序：

```
# Exp6_8.py
def say( message, times =1 ):
    print message * times
#主程序
say( 'Hello' )
say( 'World', 5 )
```

程序运行结果：

```
Hello
WorldWorldWorldWorldWorld
```

程序中 say 函数用来多次输出一个字符串。如果调用 say 函数的时候没有提供对应 times 的实参，那么 times 按照函数定义时所赋的默认值为 1，字符串输出 1 遍。

在第二次调用 say 函数时，为 times 参数传递了 5，字符串 "World" 输出了 5 遍。

由于赋给形参的值是根据位置而赋值，所以如果要设置形参的默认值，必须将这个参数放到形参表的末尾。不能先声明有默认值的形参而后声明没有默认值的形参。例如，def func(a, b=5) 是有效的，而 def func(a=5, b) 是无效的。

6.5.2 关键参数

如果某个函数有多个参数，在调用函数时，如果不想按顺序为形参传递值，那么可以通过命名来为参数赋值，这称为关键参数，因为这里使用了名字（关键字）而不是位置来给函数指定实参。

这样做有两个优点：

（1）不需按照形参的顺序传递值，使得调用函数更加灵活；

（2）假设其他参数都有默认值，可以只为需要的那些参数赋值。

【例 6-9】 使用关键参数。

程序：

```
# Exp6_9.py
def func( a, b=5, c=10 ):
    print 'a is', a, 'and b is', b, 'and c is', c
#主程序
func( 3, 7 )
func( 25, c=24 )
func( c=50, a=100 )
```

程序运行结果：

```
a is 3 and b is 7 and c is 10
a is 25 and b is 5 and c is 24
a is 100 and b is 5 and c is 50
```

在上面的例子中，名为 func 的函数有 3 个参数，1 个没有默认值，2 个有默认值。

第 1 次调用函数 func(3,7)时，参数 a 得到值 3，参数 b 得到值 7，参数 c 使用默认值 10。

第 2 次调用函数 func(25,c=24)时，根据实参的位置，参数 a 得到值 25；根据命名，即关键参数，参数 c 得到值 24 变量 b 根据默认值，为 5。

第 3 次调用 func(c=50,a=100)时，使用关键参数来完全指定参数值。注意，尽管函数定义时 a 在 c 之前定义，仍可以在 a 之前指定参数 c 的值。

6.5.3　可变长度参数

前面所介绍的内容中，一个实参只能接收一个形参。而有的时候让用户提供任意数量的参数是很有用的，但是我们在定义一个函数的时候，并不能确定在调用函数时需要传递的参数个数。在 Python 中用户可以给函数提供可变长度的参数。在定义函数的时候，在参数前面使用标识符"*"就可以实现。例如：

```
def func_1( *pa ):
    print pa
#主程序
func_1( 1, 2, 3 )
```
程序运行结果：
```
( 1, 2, 3 )
```
在这个例子中，参数 pa 的前面有一个"*"，表明形参 pa 可以接收多个参数。在调用 func_1 函数时，传递了 3 个参数给 pa，3 个值是以元组的形式输出的。

如果对参数 pa 传递一个参数，这个参数也将以元组的形式出现。如：
```
func_1( 1 )
```
程序运行结果：
```
( 1, )
```
可以看到"1"后面有一个逗号，表明 1 个参数也是以元组的形式输出的。

这种带"*"的参数可以与其他普通参数联合使用，同时出现在形参表中。如：
```
def func_2( pb, *pa ):
    print pb
    print pa
#主程序
func_2( 'hello', 1 , 2 , 3 )
```
程序运行结果：
```
hello
( 1, 2, 3 )
```
在这个例子中，函数定义了 2 个形参，pb 为普通参数，pa 为可变长度参数。调用时，为 pb 传递了'hello'，剩下的 3 个参数都传递给了 pa。输出时 pa 同样以元组的形式输出。

定义函数时，如果使用普通参数与可变长度参数组合，通常将可变长度参数放在形参列表的最后。

Python 还提供了另外一个标识符"**"。在形参前面加上"**"，可以引用一个字典。如：
```
def func_3( **pc ):
    print pc
#主程序
func_3( x=1, y=2, z=3 )
```
程序运行结果：
```
{ 'y': 2, 'x': 1, 'z': 3 }
```
在这个例子中，对形参 pc 传递了 3 个参数，输出的结果是一个字典。

再来看一个几种参数联合使用的例子：
```
def func_4( a, b, c=4, *aa, **bb ):
```

```
    print( a, b, c )
    print( aa )
    print( bb )
#主程序
func_4( 1, 2, 3, 5, 5, 5, 6, 6, 6, xx='1', yy='2' )
```

程序运行结果：

```
1 2 3
( 5, 5, 5, 6, 6, 6 )
{ 'yy': '2', 'xx': '1' }
```

6.5.4　序列作实参

使用序列作为实参时，如果函数中也默认形参是序列，则调用函数时不会有问题。例如：

```
#fun_table.py
def fun(a):
    s=0;
    for x in a:
        s+=x;
    return s
#主程序
t=[1, 2, 3]
print fun(t)
```

程序运行结果：

```
6
```

使用序列作为实参时，如果默认形参是几个单变量，在调用函数时若只想传递序列名就会遇到参数个数不匹配的问题。Python 解决这个问题的办法是在实参前加*，这样就能把实参的元素分解给各个形参。这要求序列的元素个数与需要接收值的形参个数对应，而且加*的实参要处于最后的位置，例如：

```
#fun_split.py
def fun1(a, b, c):
    return a+b+c
def fun2(a, b, c, d):
    return a+b+c+d
#主程序
tu=(1, 2, 3)
s=fun1(*tu)
print s
li=[1, 2, 3]
s=fun2(9, *li)
print s
```

程序运行结果：

```
6
15
```

6.6　函数基础知识的应用

【例 6-10】 编写函数，计算矩形的周长和面积。

程序：

```
# Exp6_10.py
```

```
def rectangle( x, y ):
    area=x*y
    perimeter=2*( x+y )
    print '矩形的面积为: ', area
    print '矩形的周长为: ', perimeter
#主程序
a=input( '请输入矩形的长: ' )
b=input( '请输入矩形的宽: ' )
rectangle( a, b )
```

输入及程序运行结果:

请输入矩形的长: 4

请输入矩形的宽: 2

矩形的面积为: 8

矩形的周长为: 12

【例 6-11】 编写函数，判断一个年份是否为闰年。主程序中输入一个年份，调用函数进行判断。

分析: 闰年的定义是年份数能被 4 整除但不能被 100 整除，或者年份数能被 400 整除。

```
#Exp6_11.py
def run( x ):
    if ( x%4==0 and x%100!=0 ) or ( x%400==0 ):
        print( 'Y' )
    else:
        print( 'N' )
#主程序
a=input( '请输入一个年份: ' )
run( a )
```

程序运行结果:

请输入一个年份: 2000

Y

【例 6-12】 编写函数，判断一个数是否为水仙花数。主程序中输入一个数，调用函数进行判断。

程序:

```
# Exp6_12.py
def flower( x ):
    a=int( x/100 )
    b=int( ( x-a*100 )/10 )
    c=x-a*100-b*10
    print a
    print b
    print c
    if a*a*a+b*b*b+c*c*c == x:
        print x, '为水仙花数'
    else:
        print x, '不是水仙花数'
#主程序
a=int( input( '请输入一个整数: ' ) )
```

```
flower( a )
```

输入及程序运行结果:

请输入一个整数: 153

153 为水仙花数

本章小结

本章主要介绍了 Python 中函数的基本语法和编写函数的思想。使用函数能够提高代码的可读性、重用性,使程序具有良好的结构。在编写函数的过程中,首先要掌握这些基本的知识点:

1. 函数传递参数的问题,包括实参、形参、默认参数、关键参数、可变长度参数等。
2. 变量作用域的问题,包括局部变量、全局变量、命名空间等。

习　　题

1. 编写一个函数,判断一个数是否为素数,然后调用该函数输出 100 以内的素数。
2. 编写一个函数,判断三个数是否能构成一个三角形。
3. 编写一个函数,输入三个数,输出最大的数。
4. 编写一个函数,输入三个数,作为三角形的三个边长,计算三角形的面积。
5. 编写一个函数,计算传入的列表的最大值、最小值和平均值,并以元组的方式返回,然后调用该函数。
6. 编写一个函数,计算传入的元组的最大值、最小值和平均值,并以列表的方式返回,然后调用该函数。
7. 编写一个函数,接收传入的字符串,统计大写字母的个数、小写字母的个数、数字的个数、其他字符的个数,并以元组的方式返回这些数,然后调用该函数。

第7章
文件的使用

为了长期保存数据，方便修改和供其他程序使用，就必须将数据以文件的形式存储到外部存储介质（如磁盘）中。MIS（管理信息系统）是使用数据库来存储数据的，而应用程序的配置信息是使用文件来存储的；图形、图像通常也是用文件来存储的。文件在软件开发中占有重要的地位，程序设计者应该掌握文件的基本原理和基本操作。

本章讲解 Python 中的文件基本原理和基本操作。Python 语言提供了对文件进行打开、读写、文件指针移动等操作的相关函数，可以方便地访问文件中的数据。

7.1　与文件有关的问题

【问题 7-1】 输入几名学生的通讯录，保存到文件中以备将来使用。

分析：通讯录包括姓名、性别、电话和地址，从键盘输入之后，只有存入文件中才能在关机之后仍能保存数据。在程序中需要以写方式打开文件（新建文件），然后用 write( )方法把数据写入文件中。

框图（见图 7-1）：

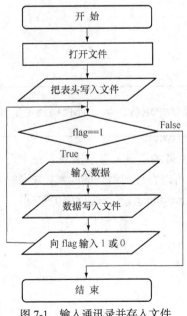

图 7-1　输入通讯录并存入文件

程序：

```
#Ques7_1.py
#coding=gb2312
f=open('Q7_1.txt', 'w')
f.write('姓名'+'\t 性别'+'\t 电话'+'\t\t 地址'+'\n')
flag=1
while flag==1:
    name=input('请输入姓名:')
    sex=input('请输入性别:')
    phone=input('请输入电话:')
    address=input('请输入住址:')
    s=name+'\t'+sex+'\t'+phone+'\t'+address+'\n'
    f.write(s)
    flag=input('是否继续输入 1/0 ?')
f.close( )
```

输入及程序运行结果：

请输入姓名:'王小明'

请输入性别:'男'

请输入电话:'13888905495'

请输入住址:'云南省昆明市'

是否继续输入 1/0 ?1

请输入姓名:'刘洋'

请输入性别:'女'

请输入电话:'6510247'

请输入住址:'河北省石家庄 75 号'

是否继续输入 1/0 ?1

请输入姓名:'赵阳'

请输入性别:'男'

请输入电话:'1397750996'

请输入住址:'北京市王府井 6 号'

是否继续输入 1/0 ?0

 本题在 Windows 系统中运行，第 2 行代码指定了程序中使用 gb2312 编码。

【**问题 7-2**】 把上例中存入文件的通讯录显示出来。

分析：数据一旦存入文件中，就可以在任何需要的时候把文件中的数据读取出来使用。在程序中需要用读方式打开文件，然后用 readline( )方法逐行读出数据。

程序：

```
#Ques7_2.py
f=open('Q7_1.txt', 'r')
while True:
    line=f.readline( )
    if line=='':
        break
```

```
    print line
f.close( )
```

程序运行结果：

姓名	性别	电话	地址
王小明	男	13888905495	云南省昆明市
刘洋	女	6510247	河北省石家庄 75 号
赵阳	男	1397750996	北京市王府井 6 号

框图（见图 7-2）：

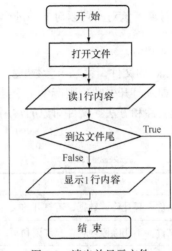

图 7-2　读出并显示文件

7.2　文件基础知识

　　文件是存储在外部介质上的数据的集合，与 1 个名字相关联，这个名字就是文件名。文件的基本单位是字节，文件所含的字节数就是文件的长度。文件所含的字节是从文件头到文件结束，每个字节有 1 个默认的位置，位置从 0 开始。如文件 file.txt 含有的数据是 abcdef，由于 1 个英文字符在文件中占 1 个字节，该文件的长度为 6，则 a 的位置是 0，b 的位置是 1……最后 1 个字符 f 的位置是 5。文件头的位置是 0，文件尾（文件末尾）的位置是文件内容结束后的第 1 个空位置，该位置上没有文件内容。上述文件的文件尾位置是 6。

　　按文件中数据的组织形式把文件分为文本文件和二进制文件两类。

1. 文本文件

　　文本文件存储的是常规字符串，由文本行组成，通常以换行符'\n'结尾，只能读写常规字符串。文本文件可以用字处理软件如 gedit、记事本进行编辑。

　　常规字符串是指文本编辑器能正常显示、编辑的字符串，如英文字母串、汉字串、数字串（不是数字）。

2. 二进制文件

　　二进制文件把对象在内存中的内容以字节串（bytes）的形式进行存储。不能用字处理软件进行编辑。

7.2.1　文件的打开或创建

文件的打开或创建可以使用内部函数 open( )。该函数可以指定文件名、打开方式、缓冲区，一般形式如下：

文件变量名=open(文件名[, 打开方式[, 缓冲区]])

（1）文件名指定了被打开的文件名称。

（2）打开方式指定了打开文件后的处理方式，如表 7-1 所示。

（3）缓冲区指定了读写文件的缓存模式，0 表示不缓存，1 表示缓存，如大于 1 则表示缓冲区的大小。默认值是缓存模式。

（4）open( )函数返回 1 个文件对象，该对象可以对文件进行各种操作。

例如：

```
f = open( 'file1.txt', 'r' )
```

表示以只读方式打开名为 file1.txt 的文件，第二个参数'r'表示 read，即只读，'r'可省略。如果打开成功，则返回 1 个文件对象。如果打开失败，则产生 1 个异常。

文件对象建立之后可以使用其属性和方法。文件对象的常用属性如表 7-2 所示，文件对象的常用方法如表 7-3 所示。

表 7-1　　　　　　　　　　　　　　文件的打开方式

打开方式	含义及说明
'r'	以只读方式打开 1 个文本文件，只允许读数据，若打开的文件不存在，则产生异常
'r+'	以读写方式打开 1 个文本文件，不删除原内容，允许读和写，若打开的文件不存在，则产生异常
'w'	以只写方式打开 1 个文本文件，删除原内容，只允许写数据。若打开的文件不存在则新建并打开
'w+'	以读写方式打开 1 个文本文件，删除原内容，允许读写，若打开的文件不存在则新建并打开
'a'	以追加方式打开 1 个文本文件，不删除原内容，并允许在文件末尾写数据，若打开的文件不存在则新建并打开
'a+'	以读写方式打开 1 个文本文件，不删除原内容，允许在任何位置读，但只能在文件末尾追加数据，若打开的文件不存在则新建并打开
'rb'	以只读方式打开 1 个二进制文件，只允许读数据，若打开的文件不存在，则产生异常
'rb+'	以读写方式打开 1 个二进制文件，不删除原内容，允许读和写，若打开的文件不存在，则产生异常
'wb'	以只写方式打开 1 个二进制文件，删除原内容，只允许写数据。若打开的文件不存在则新建并打开
'wb+'	以读写方式打开 1 个二进制文件，删除原内容，允许读写，若打开的文件不存在则新建并打开
'ab'	以追加方式打开 1 个二进制文件，不删除原内容，并允许在文件末尾写数据，若打开的文件不存在则新建并打开
'ab+'	以读写方式打开 1 个二进制文件，不删除原内容，允许读写或在文件末尾追加数据，若打开的文件不存在则新建并打开

说明：

（1）文件的最小单位是字节，文件自动维护 1 个文件指针，文件指针指定了读写的位置。在'r'、'r+'、'rb'、'rb+'、'w'、'w+'、'wb'和'wb+'模式下，刚打开文件时，文件指针指向开始处，随着读写的进行，指针自动移动。在'a'、'a+'、'ab'和'ab+'模式下，刚打开文件时，文件指针指向文件尾，随着读写的进行，指针自动移动。

（2）r 或 a 开头的模式是安全模式，因为不会删除原来的内容。w 开头的模式是有风险的模式，因为会删除原来的内容。

（3）可用 seek( )函数移动文件指针，将在 7.2.5 小节介绍。

表 7-2 文件对象的常用属性

属性	说明
Closed	判断文件是否关闭。若文件被关闭，则返回 True
Mode	返回文件的打开模式
Name	返回文件的名称

表 7-3 文件对象的常用方法

方法	说明
flush( )	把缓冲区的内容写入磁盘，不关闭文件
close( )	把缓冲区的内容写入磁盘，关闭文件，释放文件对象
read([size])	从文件中读取 size 个字节的内容作结果返回，若省略 size 则读取整个文件的内容作为结果返回
readline( )	从文本文件中读取 1 行作为字符串返回
readlines( )	把文本文件中的每行作为字符串插入列表中，返回该列表
seek(offset[, whence])	把文件指针移到新的位置。offset 表示相对于 whence 的位置。whence 用于设置相对位置的起点，0 表示从文件头开始计算；1 表示从当前位置开始计算；2 表示从文件末尾开始计算。若 whence 省略，offset 表示相对文件开头的位置。常用的是 seek(n)指针移到位置 n、seek(0, 2)指针移到文件末尾
tell( )	返回当前文件指针的位置
truncate([size])	删除从当前指针位置到文件末尾的内容。若指定了 size，则不论指针在什么位置都留下前 size 个字节，其余的删除
write(s)	把字符串 s 的内容写入文本文件或写入二进制文件
writelines(sequenceOfstrings)	把字符串列表写入文本文件，不会添加换行符

注：方法就是函数。

7.2.2 字符编码

编码是用数字来表示符号和文字的一种规范，是符号和文字存储和显示的基础，是信息化建设的最基础工作。最早的编码是美国标准信息交换码 ASCII，仅对 10 个数字、26 个大写字英文字母、26 个小写字英文字母及一些其他符号进行了编码。ASCII 采用 8 位即 1 个字节进行编码，因此最多只能对 256 个字符进行编码。随着信息技术的发展，各国的文字都需要进行编码。

常见的编码有：UTF-8、GB2312、GBK、CP936 和 Unicode。

UTF-8 编码是国际通用的编码，以 8 位（即 1 字节）表示英语（兼容 ASCII），以 24 位（即 3 字节）表示中文及其他语言。UTF-8 对全世界所有国家需要用到的字符进行了编码。若开发软件使用 UTF-8 编码，在任何平台下都可以显示汉字，如英文操作系统、阿拉伯语操作系统，当然也能显示其他国家的文字。

GB2312 编码是中国制定的中文编码，以 8 位（即 1 字节）表示英语，以 16 位（即 2 字节）表示中文。GBK 是对 GB2312 的扩充，CP936 是微软在 GBK 基础上完成的编码。因此 GBK 编码、GB2312 编码和 CP936 编码都是用 2 字节来表示中文。

Unicode 是国际组织制定的可以容纳世界上所有文字和符号的字符编码方案。Unicode 用数字 0-0x10FFFF 来给字符编码，最多可以容纳 1114112 个字符。Unicode 是编码转换的基础，在需要进行编码转换时，先要把一种编码的字符串转换成 Unicode 编码的字符串，然后再转换成另一种编码的字符串。在进行 Python 编程时，在常量字符串前加 u 可以表示 Unicode 编码的字符串。如 u'中国'。

下面演示 Windows 系统中的编码转换：

```
>>> s1='中国'
>>> s1
'\xd6\xd0\xb9\xfa'
>>> len(s1)
4                               #4 个字符
>>> s2=s1.decode('GBK')         #把 GBK 编码的字符串转换成 Unicode 编码的字符串
>>> s2
u'\u4e2d\u56fd'
>>> len(s2)
2                               #2 个字符
>>> s3=s2.encode('UTF-8')       #把 Unicode 编码的字符串转换成 UTF-8 编码的字符串
>>> s3
'\xe4\xb8\xad\xe5\x9b\xbd'
>>> len(s3)
6                               #6 个字符
>>> print s1, s2, s3
中国 中国 中国
>>>
```

说明：

（1）在 GBK 编码中，1 个汉字算 2 个字符；

（2）在 UTF-8 编码中，1 个汉字算 3 个字符；

（3）在 Unicode 编码中，1 个汉字算 1 个字符。

在 Ubuntu 操作系统中，Python 程序中的字符串以及用 input( )函数从键盘输入的字符串都默认为 UTF-8 编码；在 Windows 操作系统中，Python 程序中的字符串编码由#coding 指定，用 input( )函数从键盘输入的字符串默认为 GBK 编码。事实上指定程序中字符串的编码有 3 种方式，以指定 utf-8 为例，3 种等价方式如下：

```
#coding=utf-8
#coding:utf-8
#-*- coding:utf-8 -*-
```

7.2.3 文本文件的写入

文本文件的写入通常使用 write( )方法，有时也用 writelines( )方法。

【例 7-1】 在 Windows 系统中，把字符串'a1@中国'用 GBK 编码写入文件 F7_1.txt 中，并显示文件的长度（总字节数）。

程序:

```
#Exp7_1.py
#coding=GBK
s='a1@中国\n'
f=open( 'F7_1.txt', 'w')
f.write(s)
f.seek(0, 2)          #把文件指针移到文件尾
length=f.tell( )  #文件尾的位置，其值刚好等于文件长度（字节数）
f.close( )
print  '文件长度=', length
```

程序运行结果:

文件长度= 7

第 2 行程序指定了程序中的字符串'a1@中国' 和 '文件长度='都使用 GBK 编码。

【例 7-2】 在 Windows 系统中，把字符串'a1@中国'用 UTF-8 编码写入文件 F7_2.txt 中，并显示文件的长度（总字节数）。

程序:

```
#Exp7_2.py
#coding=UTF-8
s='a1@中国\n'
f=open( 'F7_2.txt', 'w')
f.write(s)
f.seek(0, 2)           #把文件指针移到文件尾
length=f.tell()     #文件尾的位置，其值刚好等于文件长度（字节数）
f.close()
print  '文件长度=', length
print  u'文件长度=', length
```

程序运行结果:

鎺困欢闊垮害= 9

文件长度= 9

第 2 行程序指定了程序中的字符串'a1@中国'和'文件长度='都使用 UTF-8 编码。但'文件长度='没有显式转换为 UTF-8 码或 Unicode 码，因而得到乱码，而在字符串前加 u 可以解决输出乱码的问题。Python 3.2 版本中已经不存在该问题。

【例 7-3】 在文件 F7_2.txt 末尾追加两行内容。

分析: 要在 1 个已存在的文件末尾追加新内容，打开文件时需要使用'a+'模式或'r+'模式。

程序:

```
#Exp7_3.py
f=open('F7_2.txt', 'a+')
s= '文本文件的读取方法\n 文本文件的写入方法\n'
f.write(s)
f.close( )
```

思考题：用'r+'模式时，是否需要把文件指针移到文件末尾？如果不移动将产生什么结果？

7.2.4　文本文件的读取

有 3 个方法可以进行文本文件的读取：read( )、readline( )和 readlines( )。下面分别介绍这些方法的使用。

【例 7-4】　读取文件 F7_1.txt 的前 5 个字节，并显示。

程序：

```
#Exp7_4.py
f=open( 'F7_1.txt', 'r')
s=f.read(5)    #读取文件的前 5 个字节
f.close( )
print 's=',s
print '字符串 s 的长度(字符个数)=', len(s)
```

程序运行结果：

```
s= a1@中
字符串 s 的长度(字符个数)= 5
```

【例 7-5】　读取文件 F7_1.txt 的全部内容，并显示。

程序：

```
#Exp7_5.py
f=open( 'F7_1.txt', 'r')
s=f.read( )    #读取文件的全部内容
f.close( )
print 's=', s
```

程序运行结果：

```
s= a1@中国
```

【例 7-6】　使用 readline( )读取文件 F7_2.txt 的每一行，并显示。

程序：

```
#Exp7_6.py
f=open('F7_2.txt', 'r')
while True:
    line=f.readline()
    if line=='':
        break
    print line,  #逗号不会产生换行符，但文件中有换行符，因此会换行
f.close( )
```

程序运行结果：

```
a1@中国
文本文件的读取方法
文本文件的写入方法
```

【例 7-7】　使用 readlines( )读取文件 F7_2.txt 的每一行，并显示。

程序：

```
#Exp7_7.py
f=open('F7_2.txt', 'r')
```

```
li=f.readlines()
for line in li:
    print line,   #逗号不会产生换行符, 但文件中有换行符, 因此会换行
f.close()
```

程序运行结果:

a1@中国
文本文件的读取方法
文本文件的写入方法

7.2.5 文件指针的移动

打开文件后, 使用'r+'、'w+'、'rb+'和'wb+'模式可以在文件的任何位置读取内容, 也可在文件的任何位置写入内容(在文件中间写入内容时将覆盖原来内容), 也可在文件末尾写入新内容使文件内容增加。使用'r+'、'rb+'、'w+'和'wb+'模式打开文件后, 文件指针位于文件头, 位置为 0; 使用'a+'和'ab+'模式打开文件后, 文件指针位于文件尾, 即文件内容之后的第 1 个空位置。为了能做到在文件的任何位置读写内容, 需要用 seek()方法移动文件指针。常用的是 seek(n)和 seek(0, 2), 下面分别介绍。

（1）seek(n), 其中 n>=0。n=0 时, 表示文件指针移到文件头; n>0 时, 表示移动到文件头之后的位置。从任意位置读取内容时或从任意位置写入(覆盖)内容时需要这样做。

（2）seek(0, 2)表示把文件指针移到文件尾。在追加新内容时需要这样做。

不论是二进制文件还是文本文件, 指针位置的计算都是以字节为单位。

【例 7-8】 把文件 F7_1.txt 中的 "国" 替换为 "央", 再把 "1" 替换为 "9", 最后在文件末尾增加 "人民政府"。

分析: 文件 F7_1.txt 的内容为 a1@中国, 编码为 GBK, 每个汉字占 2 个字节, 其他字符占 1 个字节。字符 "国" 在文件中的位置为 5, 字符 "1" 在文件中的位置为 1, 因此可使用 seek(n)把文件指针移到需要处理的位置。在文件末尾增加内容, 需要用 seek(0, 2)把文件指针移到文件尾。需要在文件的不同位置写入, 只能以 r+模式打开。

程序:

```
#Exp7_8.py
#coding=GBK
f=open('F7_1.txt', 'r+')
f.seek(5)      #文件指针移到'国'的首字节上
f.write('央')   #用'央'覆盖'国'
f.seek(1)      #文件指针移到'1'上
f.write('9')   #用'9'覆盖'1'
f.seek(0, 2)   #文件指针移到文件尾
f.write('人民政府')   #增加新内容
f.close()
```

7.2.6 二进制文件的写入

二进制文件的写入有两种方法: 一种是通过 struct 模块的 pack()方法把数字和 bool 值转换成

字节串（以字节为单位的字符串），然后用 write( )方法写入二进制文件中，字符串则可直接写入二进制文件中；另一种是用 pickle 模块的 dump( )方法直接把对象转换为字节串（bytes）并存入文件中。

字节串可以通过网络进行传输，也可与其他平台交换数据。

1. 通过代码把数据转换为字节串（bytes）然后写入文件

pack( )方法的语法是：

pack(格式串, 数字对象表), 格式串中的格式字符见表 7-4。

下面演示用法：

```
>>> import struct
>>> n=100
>>> x=80.5
>>> s=struct.pack('if', n, x)
>>> s
'd\x00\x00\x00\x00\x00\xa1B'
>>> len(s)
8
```

长度是 8，写入文件后也是 8 个字节。

表 7-4   格式字符

格式字符	C 语言的类型	Python 的类型	字节数
c	char	string of length 1	1
b	signed char	Integer	1
B	unsigned char	Integer	1
?	_Bool	Bool	1
h	short	Integer	2
H	unsigned short	Integer	2
i	int	Integer	4
I	unsigned int	integer or long	4
l	long	Integer	4
L	unsigned long	Long	4
q	long long	Long	8
Q	unsigned long long	Long	8
f	float	Float	4
d	double	Float	8
P	void *	Long	与操作系统的位数有关

【例 7-9】 把 1 个整数、1 个浮点数、1 个布尔型对象、1 个字符串存入二进制文件 F7_9.dat 中。
分析： 需要转换为字节串才能存入二进制文件中，用上面演示的知识和 write( )方法来完成。
程序：

```
#Exp7_9.py
#coding=UTF-8
import struct
n=1300000000
x=96.45
```

```
b=True
s='a1@中国'
sn=struct.pack('if?', n, x, b)    #把整数 n、浮点数 x、布尔对象 b 依次转换为字节串
f=open('F7_9.dat', 'wb')
f.write(sn)    #写入字节串
f.write(s)     #字符串可直接写入
f.close( )
```

　　思考题：阅读程序，是否能看出文件 F7_9.dat 的长度？

2. 使用 pickle 模块的 dump( )方法

　　使用 pickle 模块的 dump(object, f)来完成二进制文件的写入，第 1 个参数 object 是对象名，第 2 个参数 f 是文件对象。

　　【例 7-10】 把 1 个整数、1 个浮点数、1 个字符串、1 个列表、1 个元组、1 个集合、1 个字典存入二进制文件 F7_10.dat 中。

分析：该问题需要存储的数据比较复杂，使用 pickle 模块的 dump( )方法比较方便。

程序：

```
#Exp7_10.py
#coding=UTF-8
import pickle
f=open('F7_10.dat', 'wb')
n=7
i=13000000
a=99.056
s='中国人民 123abc'
lst=[[1, 2, 3], [4, 5, 6], [7, 8, 9]]
tu=(-5, 10, 8)
coll={4, 5, 6}
dic={'a':'apple', 'b':'banana', 'g':'grape', 'o':'orange'}
try:
    pickle.dump(n, f)    #表示后面将要写入的数据个数
    pickle.dump(i, f)    #把整数 i 转换为字节串，并写入文件
    pickle.dump(a, f)
    pickle.dump(s, f)
    pickle.dump(lst, f)
    pickle.dump(tu, f)
    pickle.dump(coll, f)
    pickle.dump(dic, f)
except:
  print '写文件异常!'   #如果写文件异常则跳到此处执行
f.close( )
```

　　该例题还使用了 try-except 来处理异常。关于异常处理的详细知识，请看第 11 章。

7.2.7　二进制文件的读取

　　二进制文件的读取应根据写入时的方法，而采取相应的方法进行读取。用第 1 种方法写的文件应该用 read( )方法读出相应数据的字节串，然后通过代码还原数据，字符串不用还原；用第 2 种方法写的文件应该用 pickle 模块的 load( )方法还原对象。

1. 读出相应数据的字节串然后还原数据

　　字符串可以直接读出。数字和布尔对象需要用 struct 模块的 unpack( )方法还原。

unpack( )方法的语法是：

unpack(格式串, 字节串表)，格式串中的格式字符见表 7-4。

unpack( )方法返回 1 个元组，元组的分量就是还原后的数据。

【例 7-11】 读取二进制文件 F7_9.dat 中的数据，并显示。

分析：F7_9.dat 中存储的是字节串，需要准确读出每个数据的字节串，然后进行还原，这样才能显示。

程序：

```
#Exp7_11.py
import struct
f=open('F7_9.dat', 'rb')
sn=f.read(9)
tu=struct.unpack('if?', sn)  #从字节串 sn 中还原出 1 个整数、1 个浮点数和 1 个布尔值，并返回元组
print(tu)
n=tu[0]
x=tu[1]
bl=tu[2]
print 'n=', n
print 'x=', x
print 'bl=', bl
s=f.read(9)
f.close()
print 's=', s
```

程序运行结果：

```
(1300000000, 96.44999694824219, True)
n= 1300000000
x= 96.4499969482
bl= True
s= a1@中国
```

2. 使用 pickle 模块的 load( )方法

pickle 模块的 load(f)方法可以从二进制文件中读取对象的字节串并还原出对象，使用起来非常方便。参数 f 是文件对象，该方法返回还原后的对象。

【例 7-12】 读取二进制文件 F7_10.dat 中的数据，并显示。

分析：由例 7-10 知道，文件中存有 7 个数据，包括 1 个整数、1 个浮点数、1 个字符串、1 个列表、1 个元组、1 个集合、1 个字典，因此使用 load( )方法就能顺利地读出文件中的数据。

程序：

```
#Exp7_12.py
import pickle
f=open('F7_10.dat', 'rb')
n = pickle.load(f)   #读出文件的数据个数
i=0
while i<n:
    x = pickle.load(f)
    print x
    i=i+1
f.close( )
```

程序运行结果：

```
13000000
```

```
99.056
中国人民 123abc
[[1, 2, 3], [4, 5, 6], [7, 8, 9]]
(-5, 10, 8)
set([4, 5, 6])
{'a': 'apple', 'b': 'banana', 'g': 'grape', 'o': 'orange'}
```

7.3　文件基础知识的应用

本节应用文件基础知识来解决一些实际问题。

1．文件的复制

无论是二进制文件还是文本文件，文件中的内容都以字节为单位，读写都以字节为单位进行。因此，文件一旦生成，如果仅进行文件复制，就可以把二进制文件和文本文件都当作二进制文件处理，这样复制文件的方法就统一了。文件复制需要通过 read( )和 write( )方法来完成。

【例 7-13】 编写一个用来复制文件的函数。

程序：

```
#Exp7_13.py
#coding=GBK
def FileCopy(tar_File, res_File):   #定义 1 个函数以完成文件的复制
    try:
        f=open(res_File, 'rb')
        f2=open(tar_File, 'wb')
    except:
        print('打开文件异常!')
        return -1
    s=f.read()
    f2.write(s)
    f.close( )
    f2.close( )
    return 0
```

　　　　函数 FileCopy( )用 try-except 来处理打开文件可能出现的异常。

【例 7-14】 把二进制文件 F7_9.dat 复制到文件 F7_9_2.dat，把文本文件 F7_1.txt 复制到文件 F7_1_2.txt。

分析： 可以把文本文件当作二进制文件进行复制。

程序：

```
#Exp7_14.py
from Exp7_13 import FileCopy        #导入文件 Exp7_13.py 的方法 FileCopy
FileCopy('F7_9_2.dat', 'F7_9.dat')   #调用导入的 FileCopy 方法
FileCopy('F7_1_2.txt', 'F7_1.txt' )  #调用导入的 FileCopy 方法
```

模块 Exp7_13 的 FileCopy( )方法可以复制任何文件。

2．统计文件中某种字符的出现次数

统计文件中某种字符出现的次数或某个单词出现的次数的情况在实际中经常遇到。下面给出 1 个类似的例子。

【例 7-15】 统计文本文件中大写字母、小写字母、数字字符及其他字符出现的次数。

分析： 该问题需要每次读出 1 个字符作为字符串返回，并进行判断，根据判断结果进行计数。这些字符都只占 1 个字节，因此每次只需读 1 个字节。

框图： 如图 7-3 所示。

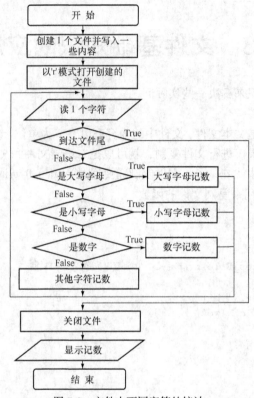

图 7-3   文件中不同字符的统计

程序：

```
#Exp7_15.py
#首先创建 1 个文本文件
f=open('F7_15.txt', 'w')
s=''' >Hi AaBbHi CcDdoO0Ll1a2a3a4a@#$Hi a>A Hi peach!=banana'''
f.write(s)
f.close( )
#进行统计
f=open('F7_15.txt', 'r')
nA=0
na=0
n0=0
nr=0
while True:
    x=f.read(1)              #每次读 1 个字符作为字符串返回
    if x=='':                #上一行读到文件尾时会返回空串，在此作为结束循环的条件
        break
        if x.isupper( ):     #判断 x 是否由 1 个大写字母构成
         nA=nA+1
```

```
    elif x.islower( ):     #判断 x 是否由 1 个小写字母构成
            na=na+1
    elif x.isdigit( ):     #判断 x 是否由 1 数字构成
            n0=n0+1
    else:    #其他字符的处理
            nr=nr+1
f.close( )
print 'na=', na
print 'nA=', nA
print 'n0=', n0
print 'nr=', nr
```

程序运行结果:

```
na= 26
nA= 11
n0= 5
nr= 12
```

3. 替换文件中的某些内容

文件内容的查找替换是实际中非常有用的问题,这里给出 1 个类似的例子。

【例 7-16】 替换文本文件中的'Hi'为'Hello',把结果存入另 1 个文本文件中。

分析: 需要每次从文本文件中读出 2 个字符,如果等于'Hi'就把'Hello'写入另 1 个文本文件中,如果不等,就把这 2 个字符中的第 1 个写入另一个文件中。文件指针后退一个字符,重新读出 2 个字符。

框图(见图 7-4):

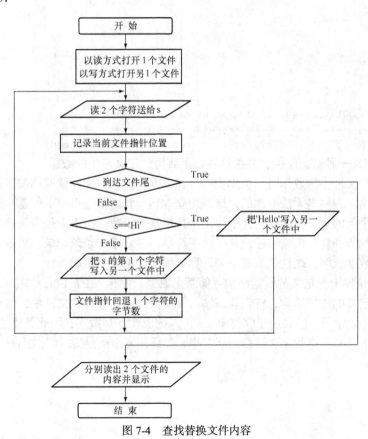

图 7-4　查找替换文件内容

程序：

```
#Exp7_16.py
import Exp7_13    #导入文件 Exp7_13.py 的模块 Exp7_13
try:
    Exp7_13.FileCopy('F7_15_2.txt', 'F7_15.txt')    #通过复制产生文件 F7_15_2.txt 以便处理
    f=open('F7_15_2.txt', 'r')
    f2=open('F7_15_3.txt', 'w+')    #创建 1 个新文件待写入
except:
    print '打开文件异常!'
while True:
    s=f.read(2)        #读 2 个字符
    point=f.tell( )     #存储文件指针的当前位置
    if len(s)<2:      #如果剩下的字符不足 2 个就退出循环
        break
    if s=='Hi':
        f2.write('Hello')    #把'Hello'存入文件 F7_15_3.txt 中
    else:
        f2.write(s[0])        #把 s 的第 1 个字符写入文件 F7_15_3.txt 中
        f.seek(point-1)     #文件指针后退 1 个字符的字节数。英文字符占 1 个字节
f.seek(0)
s=f.read( )
f2.flush( )
f2.seek(0)
s2=f2.read( )
f.close( )
f2.close( )
print s
print '='*len(s)
print s2
```

程序运行结果：

```
>Hi AaBb Hi CcDdoO0Ll1a2a3a4a@#$ Hi a>A Hi peack!=banana
============================================================
>Hello AaBb Hello CcDdoO0Ll1a2a3a4a@#$ Hello a>A Hello peack!=banana
```

4．为文件定义一种数据结构，并按这种数据结构处理文件中的数据

用计算机处理文件中的数据时，首先规定一种数据结构，存储和读取都按这种数据结构进行才能正确处理数据，否则是无法处理的，这是建立 MIS（管理信息系统）的基本原理。

下面定义 1 个新的数据结构，文件中第 1 个数据是记录数，接下来是表头，含学号、姓名、高等数学、线性代数和计算机编程导论共 5 个字符串，然后是一条条记录，每条记录由同学的学号、姓名、高等数学成绩、线性代数成绩和计算机编程导论成绩组成。

【例 7-17】 按照上面定义的数据结构存储学生数据，并存入 F7_17.dat 中。

分析： 根据上面定义的数据结构，首先应该输入学生人数 n，并存入文件中，然后逐个输入学生数据存储到文件中。学号、姓名属于字符串，3 门课的成绩都是数字，因此需要使用二进制文件，把字符串转换为字节串，把数字也转换为字节串，然后用 write( )方法写入文件中。

框图（见图 7-5）：

程序：

```
#Exp7_17.py
#coding=GBK
import struct
```

```
f=open('F7_17.dat','wb')
n=input('请输入学生人数：')
s=struct.pack('i',n)
f.write(s)    #写4字节
#加全角空格把每项都变为8个汉字，总数为40个汉字
s2='学  号        姓  名        高等数学        线性代数        计算机编程导论  '
print 'len(s2)=',len(s2)   #观察表头的字节数
f.write(s2)   #写40*2个字节，在GBK编码中，一个汉字占2个字节
i=0
while i<n:
    #键盘输入
    num=input('请输入第'+str(i+1)+'人的学号(11位):')
    name=input('请输入姓名(3个汉字):')
    print 'len(name)', len(name)
    a1=input('请输入高等数学成绩:')
    a2=input('请输入线性代数成绩:')
    a3=input('请输入计算机编程导论成绩:')
    #对输入的数据进行编码
    s=num+name
    s=s+struct.pack('fff',a1,a2,a3)
    #把记录写入文件
    f.write(s)   #写11+3*2+3*4共29字节
    i=i+1
f.close( )
```

输入及程序运行结果：

请输入学生人数：5
请输入第1人的学号(11位)：'20010704071'
请输入姓名(不超过3个汉字)：'张金明'
请输入高等数学成绩:88
请输入线性代数成绩:92
请输入计算机编程导论成绩:95
请输入第2人的学号(11位)：'20020704015'
请输入姓名(不超过3个汉字)：'邓林峰'
请输入高等数学成绩:90
请输入线性代数成绩:90
请输入计算机编程导论成绩:92
请输入第3人的学号(11位)：'20030704016'
请输入姓名(不超过3个汉字)：'邓名富'
请输入高等数学成绩:85
请输入线性代数成绩:86
请输入计算机编程导论成绩:95
请输入第4人的学号(11位)：'20040704035'
请输入姓名(不超过3个汉字)：'唐章军'
请输入高等数学成绩:90
请输入线性代数成绩:90.5

请输入计算机编程导论成绩:93.61
请输入第 5 人的学号(11 位):'20010706001'
请输入姓名(不超过 3 个汉字):'杨志源'
请输入高等数学成绩:92
请输入线性代数成绩:93.54
请输入计算机编程导论成绩:98

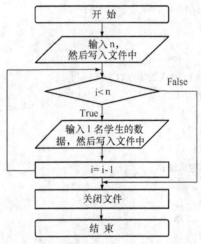

图 7-5 把结构化数据写入文件

【例 7-18】 按照上面定义的数据结构从文件 F7_17.dat 中读出数据,计算个人平均分,并显示成绩表。

分析:根据上面定义的数据结构,首先应该读取学生人数 n,然后逐条读出记录。读出的数据都是字节串,需要用代码分别转换为字符串和数字才能进行正确的处理。

程序:

```
#Exp7_18.py
#coding=GBK
import struct
f=open('F7_17.dat','rb')
s=f.read(4)               #读出人数所占的 4 个字节
n,=struct.unpack('i',s)
print 'n=', n             #观察人数是否正确
head=f.read(40*2 )        #读出表头
i=0
#读出记录存入列表中
li=[ ]
while i<n:
    i=i+1
    s=f.read(11)          #读出学号
    num=s
    s=f.read(3*2)         #读出姓名
    name=s
    s=f.read(4*3)         #读出 3 门成绩
    a1, a2, a3=struct.unpack('fff', s)
    a4=(a1+a2+a3)/3       #计算平均分
```

```
    li2=[num, name, a1, a2, a3, a4]
    li.append(li2)
#输出成绩表
i=0
j=0
print(head+'平均分        ')
while i<n:
    s2=(li[i][0]+' ')
    s2=s2+li[i][1]+'  '*4
    j=2
    while j<6:
        s=' %-13.2f'%li[i][j]
        j=j+1
        s2=s2+s
    print(s2)
    i=i+1
```

程序运行结果：

学　号	姓　名	高等数学	线性代数	计算机编程导论	平均分
20010704071	张金明	88.00	92.00	95.00	91.67
20020704015	邓林峰	90.00	90.00	92.56	90.85
20030704016	邓名富	85.00	86.00	95.00	88.67
20040704035	唐章军	90.00	90.50	93.61	91.37
20010706001	杨志源	92.00	93.54	98.00	94.51

7.4　文件操作

在 7.3 节已经介绍了一些文件的基本操作，本节将对文件的复制、重命名、删除和比较的常用文件操作进行进一步的讲解。

7.4.1　常用文件操作函数

```
import os.path
>>> os.path.exists('test1.txt')
False
>>> os.path.exists('hello.txt')
True
```

检测 test1.txt、 hello.txt 文件是否在当前路径下。

```
import os, os. path
>>> os.rename('test.txt','d:/new_test.txt')    #将当前目录下的 test.txt 文件重新命名为 d 盘下的
new_test.txt
>>> os.path.exists('d:/new_test.txt')
True
>>> os.path.exists('new_test.txt')
False
```

使用 rename 不仅可以实现文件名的修改，还可实现文件的搬移。

```
>>>  os.rename('t1.txt','t2.txt')
  File "<pyshell#38>", line 1
   os.rename('t1.txt','t2.txt')
   ^
IndentationError: unexpected indent
```

出现上述的更名失败的原因是由于 t2.txt 文件已存在。

```
>>> import os, os. path
>>> p='D:/mypython_exp/new_test.txt'
>>> os.path.dirname(p)
'D:/mypython_exp'                #获取文件的路径
>>> os.path.split(p)
('D:/mypython_exp', 'new_test.txt')   #将文件（主名和扩展名）从路径中分离出来
>>> os.path.splitdrive(p)
('D: ',  '/mypython_exp/new_test.txt')   #将文件所在的驱动器分离出来
>>> os.path.splitext(p)
('D:/mypython_exp/new_test', '.txt')    #将文件的扩展名 txt 分离出来
```

从上面的运用中可知，对于文件的基本操作一般而言都需要用 os 模块和 os.path 模块。表 7-5 和表 7-6 列出了 os 模块常用函数与 os.path 模块常用函数。

表 7-5 os 模块常用的文件处理函数

函数	使用说明
access(path)	按照 mode 指定的权限访问文件
chmod()	改变文件的访问权限。mode 的设置以 UNIX 系统的权限表示一致
open(filename,flag[,mode=0777])	按照 mode 指定的权限打开文件。默认为可读、可写、可执行的权限，即 mode=0777
remove(path)	删除 path 指定的文件
rename(src,dst)	重命名文件或目录。将 src 重新命名为 dst
stat(path)	返回 path 指定文件的所有属性
fstat(path)	返回打开的文件的有所属性
listdir(path)	返回 path 指定下的文件和目录

表 7-6 os.path 模块常用函数

函数	使用说明
abspath(path)	返回 path 所在的绝对路径
dirname(p)	返回目录的路径
exists(path)	判断文件是否存在
getatime(filename)	返回文件的最后访问时间
getctime(filename)	返回文件的创建时间
getmtime(filename)	返回文件最后的修改时间

函数	使用说明
getsize(filename)	返回文件的大小
isabs(s)	测试路径是否为绝对路径
isdir(path)	判断 path 指定的是否为目录
isfile(path)	判断 path 指定的是否为文件
split(p)	对路径进行分割，并以列表的方式返回
splitext(p)	从路径中分割文件的扩展名
splitdrive(p)	从路径中分割驱动器的名称
walk(top,func,arg)	遍历目录数

7.4.2　文件的复制

文件的复制除了 7.3 节介绍的用 read()，wrtie()函数实现以外，还可用 shutil 模块实现。shutil 模块是另外一个文件、目录的管理接口。该模块的 copyfile()函数就可实现文件的复制。例 7-14 可用以下程序实现

```
#Exp7_14_2.py
import shutil
shutil.copyfile('F7_9.dat',' F7_9_2.dat') # 文件 F7_9.dat 复制到文件 F7_9_2.dat
shutil.copyfile(F7_1_2.txt', 'F7_1.txt') #把文本文件 F7_1.txt 复制到文件 F7_1_2.txt
```

7.4.3　文件的删除

文件的删除需要调用 os 模块的 remove()函数实现，为了确保被删除文件在所在路径需要使用 os.path 模块的 exists()函数。

```
import os,os.path
filename='test1.txt'
file(filename, 'w')
if os.path.exists(filename):
    os.remove(filename)
else:
    print( '%s does not exist! ' % filename)
```

7.4.4　文件的重命名

文件的重命名使用 os 模块的 rename()函数可实现对文件或目录的重命名。

【例 7-19】 若当前目录存在文件名为 test1.txt 的文件重新命名为 mytest1.txt，若 mytest1.txt 已存在，则给出提示需要继续更名吗？若不是，则给出更名不成功，退出程序；若是，则输入更命信息，检测是否已存在，不存在则执行更名操作，输出更名成功提示信息，若存在，则再次询问是否更名。

程序：

```
#exp7-19.py
import os ,os.path
filename='test1.txt'
rename='mytest1.txt'
```

框图: 如图 7-6 所示。

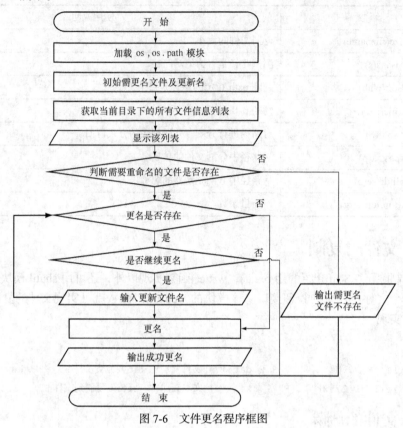

图 7-6　文件更名程序框图

```
file_list=os.listdir('.')
print file_list
if filename in file_list:
# 判断需要重命名的文件是否存在
while (rename in file_list):
 # 更名是否存在
      choice=raw_input('有重命,继续吗?（Y/N）:')
      if choice in ['Y','y']:
          rename=raw_input('请重新输入更新文件名:')
      else:
          break  # 退出程序
    else:                        # 更名不存在,则进行更名
      os.rename(filename,rename)
      print('重命名成功')
else:
    print('需要更名的文件不存在! ')
```

程序运行结果:

```
['test1.txt','speech_ex2.py',  'speech_ex2_my.py',  'speech_ex3.py',  'speech_ex4.py',
'speech_ex_org',  'speech_ex_org.py',  'speech_roll_ex.py',  'speech_text.py', 't3.txt',
'mytest1.txt' 'tcl', 'Tools', 'w9xpopen.exe']
有重命,继续吗?（Y/N）:y
请重新输入更新文件名: t4.txt
重命名成功
```

【例 7-20】　当前目录下的所有后缀名为"html"的文件修改为后缀名为"htm"的文件

分析：利用 os.listdir 函数获取当前目录下的所有文件名信息，文件名=文件主名.文件扩展名，分隔符"."前为文件主名，其后为扩展名。用 find()函数找到"."的索引位置信息存于 pos，利用 pos 区分文件主名和扩展名。文件主名的位置信息：从开头到 pos-1，文件扩展名位置信息：从 pos+1 到结束。

框图：

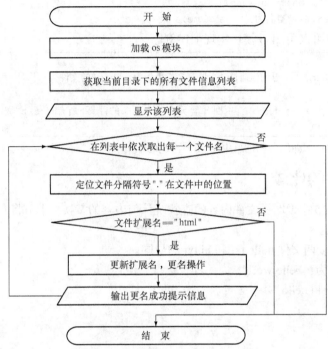

图 7-7　利用文件名分隔符实现扩展名更名程序框图

程序：

```
#exp17_20.py
import os
file_list=os.listdir(".")# 获取当前目录文件名的信息，存于 file_list
print(file_list)
for filename in file_list:
    pos=filename.find(".")        #定位文件分隔符号"."在文件中的位置
    if filename[pos+1:]=="html":    #获取文件扩展名即从文件名分隔符号"."后直到文件名结束，并进行 txt 的判断
        newname=filename[:pos+1]+"htm"    #赋值新的文件名
        os.rename(filename,newname)
        print(filename+"更名为："+newname)
```

程序运行结果：

```
['DLLs', 'Doc', 'exp17_20.py', 'include', 'Lib', 'libs', 'LICENSE.doc', 'NEWS.doc',
'python.exe', 'pythonw.exe', 'README.doc', 'readme.html', 'tcl', 'Tools', 'w9xpopen.exe']
readme.html 更名为：readme.htm
```

我们可以利用 os.path 模块中的 splitext()函数实现对文件主名和扩展名的分离，splitext( )函数将返回一个元组类型('文件主名','.文件扩展名')。则上述例题的程序可改写为：

```
#exp17_20_2.py
```

```
import os
file_list=os.listdir(".")          # 获取当前目录文件名的信息，存于 file_list
print(file_list)
for filename in file_list:
    name_list=os.path.splitext(filename)        #利用 splitext 分离文件主名与扩展名
    if name_list[1]==".html":   #name_list 的第二个元素，索引号为 1，是文件扩展名
        newname=name_list[0]+".htm"  #赋值新的文件名
        os.rename(filename,newname)
        print(filename+"更名为："+newname)
```

思考题： 我们还可以用 glob 模块实现上述例题

```
>>> import glob
>>> glob.glob('*.htm')    返回当前目录下所有文件类型为。"htm"的文件
['readme.htm']
>>> glob.glob('d:\\t*\\*.txt') #返回 d 盘下以 "t" 开头的目录下所有的"txt"文件
['t2.txt', 'AB.txt']
```

请同学们自己想一想将上述例题用 glob 函数实现。

7.4.5　文件的比较

在 7.3 节的例 7-15 中说明了文件内容的查找统计与内容的替换，本节将介绍 difflib 模块实现对序列或文件的比较。

【**问题 7-3**】 比较两文件 hello.txt 和 hi.txt 的异同。

hello.txt 的内容为：hello world

hi.txt 的内容为：hi hello

程序：

```
#Ques7_3.py
import difflib
A=file('hello.txt','r')
B=file('hi.txt','r')
contextA=A.read()
contextB=B.read()
s=difflib.SequenceMatcher(lambda x:x=="",contextA,contextB)
result=s.get_opcodes()
for tag,i1,i2,j1,j2 in result:
   print("%s contextA[%d:%d]=%s contextB[%d:%d]=%s"%\
        (tag,i1,i2, contextA [i1:i2],j1,j2, contextB[j1:j2]))
```

程序运行结果：

```
insert contextA[0:0]= context[0:3]=hi
equal contextA[0:5]=hello context[3:8]=hello
delete contextA[5:11]=world context[8:8]=
```

说明： 写出文件内容与索引位置对照表如下：

表 7-7　　　　　　　　　　文件内容与索引位置对照表

索引号	0	1	2	3	4	5	6	7	8	9	10	11
Context	h	e	l	l	o		W	o	r	l	d	
context	h	i		h	e	l	L	o				

根据该对照表，两文件进行比较是以 contextA 的内容为参考进行比较的，contextB 中的 "hi" 为插入字符串，相同字符串为 "hello"，遗漏字符串为 "world"。

7.5　目录操作

本节主要介绍目录的基本操作：目录的创建、删除与遍历。

7.5.1　目录的创建

1. mkdir(path)创建一个指定目录

```
import os
>>> os.listdir('d:/')  #检看 d 盘下的目录与文件信息
['bigger', 'chap_choose', 'DLLs', 'Doc', 'dragonfly-wininst.log', 'enable.py',
'example.py']
>>> os.mkdir('d:/mynewdir')  #创建 mynewdir 目录
>>> os.listdir('d:/')              #查看是否创建成功
['bigger', 'chap_choose', 'DLLs', 'Doc', 'dragonfly-wininst.log', 'enable.py',
'example.py', 'mynewdir']
```

2. makedirs(path1/path2…)创建多个目录

```
>>> os.mkdir('./Newdir/subdir')  #试图用 mkdir 创建两级目录：Newdir 与下级目录 subdir
Traceback (most recent call last):  #出错，mkdir 不能创建多级目录
  File "<pyshell#11>", line 1, in <module>
    os.mkdir('./ mynewdir/subdir')
WindowsError: [Error 3] : './mynewdir/subdir'
>>> os.makedirs('./mynewdir/subdir')    #用 makedirs 成功创建两级目录
```

7.5.2　目录的删除

1. rmdir(path)删除一个目录

```
import os
>>> os.listdir('d://')   #检看 d 盘下的目录与文件信息
['bigger', 'chap_choose', 'DLLs', 'Doc', 'dragonfly-wininst.log', 'enable.py',
'example.py', 'mynewdir']
>>> os.rmdir('d://mynewdir')  #删除 mynewdir 目录
>>> os.listdir('d://')               #查看是否创建成功
['bigger', 'chap_choose', 'DLLs', 'Doc', 'dragonfly-wininst.log', 'enable.py',
'example.py']
```

2. removedirs(path1/path2/…)删除多级目录

```
os.removedirs('./mynewdir/subdir')   #用 removedirs 成功创建两级目录
```

7.5.3　目录的遍历

用 listdir(path)函数可以查看指定路径下的目录及文件信息，如果我们希望查看指定路径下全部子目录的所有目录和文件信息的话，就需要进行目录的遍历。目录的遍历有 3 种实现方法：递归法，os.path.walk 函数法和 os.walk 函数法。为了说明目录的遍历，这里先建立一个测试目录 E:\test，目录结构如下：

```
E:\TEST
 |--A
 |   |--A-A
```

```
|   |     |--A-A-A.txt
|   |--A-B.txt
|   |--A-C
|   |     |--A-B-A.txt
|   |--A-D.txt
|--B.txt
|--C
|     |--C-A.txt
|     |--C-B.txt
|--D.txt
|--E
```

下面以一个例题来说明三种方法的应用。

【例 7-21】 采用递归方法显示测试目录 E:\test 下的所有的文件名。

1. 递归法

分析：采用 os.path.join 函数获取文件或目录的完整信息，并输出显示，然后判断该信息是否为目录，若是，则依据该目录进行递归，获取其下一级目录及文件的信息。

框图：如图 7-8 所示。

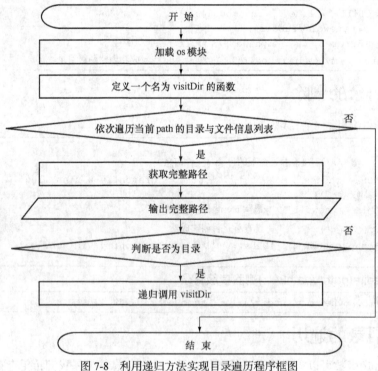

图 7-8 利用递归方法实现目录遍历程序框图

程序：

```
#Exp7_21.py
# -*- coding: utf-8 -*-
import os
def visitDir(path):
    for lists in os.listdir(path):        #依次遍历当前 path 的目录与文件信息列表
```

```
    sub_path = os.path.join(path, lists)  #获取完整路径
    print sub_path
    if os.path.isdir(sub_path):  #判断是否为目录
        visitDir(sub_path)       #若是，则进行递归
```

程序运行结果：

```
>>> visitDir('E:\test')
E:\TEST\A
E:\TEST\A\A-A
E:\TEST\A\A-A\A-A-A.txt
E:\TEST\A\A-B.txt
E:\TEST\A\A-C
E:\TEST\A\A-C\A-B-A.txt
E:\TEST\A\A-D.txt
E:\TEST\B.txt
E:\TEST\C
E:\TEST\C\C-A.txt
E:\TEST\C\C-B.txt
E:\TEST\D.txt
E:\TEST\E
```

2. os.walk 函数法

分析： os.walk 函数将返回该路径下的所有文件及子目录信息元组，将该信息列表分成文件、目录逐依进行显示。

框图： 如图 7-9 所示。

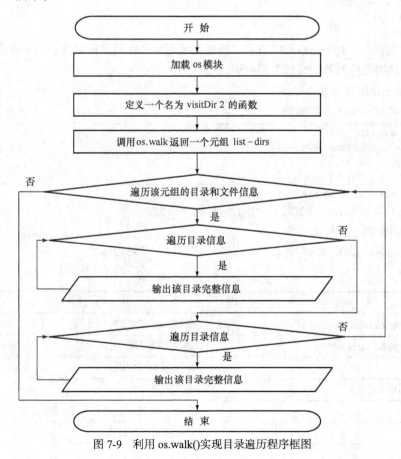

图 7-9　利用 os.walk()实现目录遍历程序框图

程序：

```
# -*- coding: utf-8 -*-
import os
def visitDir2(path):
    list_dirs = os.walk(path)    #os.walk 返回一个元组，包括 3 个元素：所有路径名、所有目录列表与文件列表
    for root, dirs, files in list_dirs:   #遍历该元组的目录和文件信息
        for d in dirs:
            print os.path.join(root, d)    #获取完整路径
        for f in files:
            print os.path.join(root, f)    #获取文件绝对路径
```

程序运行结果：

```
>>>visitDir2('E:\test')
E:\TEST\A
E:\TEST\C
E:\TEST\E
E:\TEST\B.txt
E:\TEST\D.txt
E:\TEST\A\A-A
E:\TEST\A\A-C
E:\TEST\A\A-B.txt
E:\TEST\A\A-D.txt
E:\TEST\A\A-A\A-A-A.txt
E:\TEST\A\A-C\A-B-A.txt
E:\TEST\C\C-A.txt
E:\TEST\C\C-B.txt
```

讨论： 可以看出，对于 os.walk 方法，输出总是先文件夹后文件名的，对于递归方法，则是按照目录树结构以及按照首字母排序进行输出的。

3. os.path.walk 函数法

定义一个名为 visitDir3 的函数：

```
import os, os.path
def visitDir3(arg,dirname,names):
    for filepath in names:
        print os.path.join(dirname,filepath)
```

```
>>> os.path.walk('E:\test',visitDir3,())
```

显示结果（略）与 visitDir2('E:\test') 的运行结果一致。

三种方法都达到了同样的效果。

关于目录的其他操作，请参看表 7-8 os 模块常用的目录处理函数。

表 7-8　　　　　　　　　　os 模块常用的目录处理函数

函数	使用说明
mkdir(path[,mode=0777])	创建 path 指定的一个目录
makedirs(path1/path2…,mode=511)	创建多级目录
rmdir(path)	删除 path 指定的目录
removedirs(path1/path2…)	删除多级目录
listdir(path)	返回 path 指定目录下所有文件信息
getcwd()	返回当前工作目录

续表

函数	使用说明
chdir(path)	更改当前工作目录到 path
walk(top,topdown=True,onerror=None)	遍历目录树

本章小结

　　本章主要探讨了与文件有关的问题及解决方法、文件的重要性和意义，介绍了文本文件的读写、二进制文件的读写、字符的编码方法、文件指针的移动等知识。

　　1．文本文件只能存储常规字符串，通常以换行符'\n'作为行的结束。文本文件可用文本编辑器进行编辑。

　　2．二进制文件可以直接读写字符串，读写其他对象时必须进行转换。

　　3．复制文件时，可以把文本文件当作二进制文件处理。

　　4．用 open( )函数打开文件时，模式'r'、'r+'、'w'、'w+'、'a'、'a+'打开的是文本文件。模式'rb'、'rb+'、'wb'、'wb+'、'ab'、'ab+'打开的是二进制文件。

　　5．"+"意味着可读可写。带"w"的模式会删除原文件的内容，使用时必须注意。

　　6．能创建新文件的模式有'w'、'w+'、'a'、'a+'及'wb'、'wb+'、'ab'、'ab+'。

　　7．打开文件之后，带"a"的模式下，文件指针位于文件尾，这时写入（可写时）就是增加新内容，读出时将得到空串；不带"a"的模式下，文件指针位于文件头，这时写入（可写时）就是覆盖原内容，读出时（可读时），如果文件不为空就不会得到空串。

　　8．读、写内容都会自动移动文件指针。

　　9．文件指针到达文件尾时，进行读操作将会得到空串。这一点很重要，设计程序时正是根据这一点来结束循环。

　　10．移动文件指针用 seek( )函数，常用的如：

```
seek(0)      #把文件指针移到文件头
seek(m)      # m>0，把文件指针移到位置 m
seek(0,2)    #把文件指针移到文件尾
```

　　11．常见的编码规范有 UTF-8、GB2312、GBK、CP936 和 Unicode。

　　12．把数字、逻辑值转换为字节串的方法是 struct.pack( )，这个过程也称编码。如：s=struct.pack('f?i', 12.34, True , 99)。

　　13．把字节串还原为数字或逻辑值的方法是 struct.unpack( )，这个过程也称解码。如：x, y, z=struct.unpack('f?i', s2)。要注意 struct.unpack('f?i', s2)返回的是元组。

　　14．方法 pickle.dump( )可把任何对象转换为字节串并存储在二进制文件中。

　　15．方法 pickle.load( )可把任何对象的字节串读出并还原。

　　16．字节串可以通过网络进行传输，也可与其他平台交换数据。

　　17．文件中的数据通常是有结构的，可根据已知结构对文件中的数据进行处理。

　　18．文件的复制、重命名、删除和比较。

　　19．目录的创建、删除与遍历。

习 题

1. 把字符串'abc123@#$中国人民'存入文件，查看文件的长度（字节数）。

2. 对例 7-13 进行实验，调用函数 FileCopy(tar_File, res_File)时，给形参传入 1 个新文件名，分析代码运行的流程。

3. 先建立 1 个文本文件，然后编程把文件中的大写字母替换为小写字母。

4. 在程序 Exp7_16.py 所处理的文本文件中插入几个汉字，运行 Exp7_16.py 时将会产生异常，请分析异常产生的原因，并修改程序以解决问题。

5. 修改二进制文件 F7_17.dat，为第 2 名学生的计算机编程导论成绩加上 2 分。

6. 选用 glob 函数实现【例 7-20】将当前目录下的所有后缀名为"html"的文件修改为后缀名为"htm"的文件。

7. 编写函数 visitCurFile(path)实现获得目录中的所有文件（不包括下级目录中的）。

8. 编写函数 visitCurDir(path)实现获得目录中的所有子目录（不包括下级目录中的）。

第8章
面向对象程序设计

为了解决大型软件设计危机，人们在 20 世纪 80 年代提出了面向对象程序设计（object oriented programming，OOP）的概念。面向对象程序设计是一种新的编程模式，这种编程模式的中心不再是程序的逻辑流程，而是软件或程序中的对象以及对象之间的关系。面向对象程序设计是针对大型软件的设计而提出的，它能使软件的功能相对独立，能很好地做到代码重用，使软件易于维护。Python 能很好地支持面向对象程序设计。本章将结合面向对象程序设计的基本概念和 Python 语言的特性来讲解面向对象程序设计。

8.1 面向对象程序设计问题

【问题 8-1】 定义一个类来代表三角形，该类中包含三条边、求周长的函数和求面积的函数。然后用这个类生成一个等边三角形和一个直角三角形，依次求其周长及面积。

程序：

```python
#Ques8_1.py
class Triangle:
    def __init__(self, x, y, z):
        self.a=x
        self.b=y
        self.c=z
    def area(self):
        s=(self.a + self.b + self.c)/2
        return (s*(s - self.a)*(s - self.b)*(s - self.c))**(1.0/2)
    def perimeter(self):
        return self.a + self.b + self.c


#主程序
t1=Triangle(6, 6, 6)
t2=Triangle(3, 4, 5)
print "等边三角形的三条边: ", t1.a, t1.b, t1.c
print "等边三角形的周长: ", t1.perimeter()
print "等边三角形的面积: ", t1.area()
print "直角三角形的三条边: ", t2.a, t2.b, t2.c
print "直角三角形的周长: ", t2.perimeter()
```

```
print "直角三角形的面积: ",t2.area()
```

程序运行结果:

等边三角形的三条边: 6 6 6

等边三角形的周长: 18

等边三角形的面积: 15.588457268119896

直角三角形的三条边: 3 4 5

直角三角形的周长: 12

直角三角形的面积: 6.0

程序说明:

第 2 行代码定义了类 Triangle。

第 3 行代码定义的函数叫作构造函数。

第 4~6 行代码定义了三角形的三条边 a、b 和 c,必须加 self.前缀,在类的函数内必须使用 self 访问。

第 7~9 行代码定义了求三角形面积的函数,用了海伦公式。

第 10~11 行代码定义了求三角形周长的函数。

第 12 行代码生成了一个等边三角形对象 t1。

第 13 行代码生成了一个直角三角形对象 t2。

第 14 行代码输出了对象 t1 的三条边。

第 15 行代码调用了对象 t1 的 perimeter 函数,并输出返回值。

8.2　面向对象程序设计基础知识

8.2.1　类和对象

在面向对象程序设计中,程序员可以创建任何新的类型,这些类型描述了每个对象的属性和方法。创建类时,用变量表示属性称为"成员变量"或"成员属性",用函数表示方法称为"成员函数"或"成员方法",成员属性和成员方法都称为类的成员。

1. 类和对象的区别

类和对象是面向对象程序设计中的两个重要概念,初学者容易混淆。类是客观世界中事物的抽象,而对象是类实例化后的变量。例如,建房图纸可以建造出不同的房子,建房图纸是类,不是真实的房子,而建造出的每间房子都是对象;又如,问题 8-1 中 Triangle 是类,描述了每个三角形的属性和方法,但它还不是一个具体的三角形,t1 是用类实例化后的对象,是一个具体的三角形。

2. 类的定义

Python 使用 class 保留字来定义类,类名的首字母一般要大写,例如:

```
class Car:
    def infor(self):
        print(" This is a car ")
```

类 Car 中只有一个方法 infor,类的方法至少有一个参数 self,self 代表将来要创建的对象本身。

3. 对象的创建

创建对象的过程称为实例化。当一个对象被创建后,可通过对象名访问对象的属性和方法。

8.2.2　实例属性和类属性

属性有两种，一种是实例属性，另一种是类属性。实例属性是在构造函数 __init__ 中定义的，定义时以 self 作为前缀；类属性是在类中方法之外定义的。实例属性属于实例（对象），只能通过对象名访问；类属性属于类，可通过类名访问（尽管也可通过对象访问，但不建议这样做，因为这样做会造成类属性值不一致）。类属性还可以在类定义结束之后，在程序中通过类名增加，如 Car. name="QQ"。下面举例说明实例属性和类属性。

【例 8-1】　实例属性和类属性。

程序：

```
#Exp8_1.py
class Car:
    price=100000                    #定义类属性
    def __init__(self, c):
        self.color=c                #定义实例属性

#主程序
car1=Car("Red")
car2=Car("Blue")
print car1.color, Car.price
Car.price=110000                    #修改类属性
Car.name='QQ'                       #增加类属性
car1.color="Yellow"                 #修改实例属性
print car2.color, Car.price, Car.name
print car1.color, Car.price, Car.name
```

程序运行结果：

```
Red 100000
Blue 110000 QQ
Yellow 110000 QQ
```

如果属性名以 __ 开头则是私有属性，否则是公有属性。私有属性在类外不能直接访问。Python 提供了访问私有属性的方式，可用于程序的测试和调试，访问方法如下：

　　　　对象名._类名+私有成员名

【例 8-2】　公有属性和私有属性。

```
#Exp8_2.py
class Fruit:
    def __init__(self):
        self.__color='Red'
        self.price=1

#主程序
apple=Fruit()
apple.price=2
print apple.price, apple._Fruit__color         #访问私有成员
apple._Fruit__color="Blue"      #访问私有成员
print apple.price, apple._Fruit__color
#print(apple.__color )           #不能直接访问私有属性
peach=Fruit()
print peach.price, peach._Fruit__color
```

程序运行结果：

```
2 Red
2 Blue
1 Red
```

8.2.3　类的方法

类有 3 种方法：公有方法、私有方法和静态方法。公有方法、私有方法都属于对象，每个对象都有自己的公有方法和私有方法；公有方法通过对象名调用，私有方法不能通过对象名调用，只能在属于对象的方法中通过 self 调用；静态方法属于类，静态方法只能通过类名调用，静态方法中不能访问属于对象的成员，只能访问属于类的成员。原因很简单，因为通过类名调用静态方法时，并没有对象存在。

【例 8-3】 公有方法、私有方法和静态方法的定义和调用。

程序：

```
#Exp8_3.py
class Fruit:
    price=0
    def __init__(self):
        self.__color='Red'              #定义和设置私有属性 color
        self.__city='Kunming'           #定义和设置私有属性 city
    def __outputColor(self):            #定义私有方法 outputColor
        print(self.__color)             #访问私有属性 color
    def __outputCity(self):             #定义私有方法 outputCity
        print(self.__city)              #访问私有属性 city
    def output(self):                   #定义公有方法 output
        self.__outputColor( )           #调用私有方法 outputColor
        self.__outputCity( )            #调用私有方法 outputCity
    @ staticmethod
    def getPrice():                     #定义静态方法 getPrice
        return Fruit.price
    @ staticmethod
    def setPrice(p):                    #定义静态方法 setPrice
        Fruit.price=p
#主程序
apple=Fruit()
apple.output()
print(Fruit.getPrice( ))
Fruit.setPrice(9)
print(Fruit.getPrice( ))
```

程序运行结果：

```
Red
Kunming
0
9
```

思考： 能否添加公有方法，以便能通过对象名访问私有成员变量__color？

【例 8-4】 动态增加公有方法。

程序：

```
#Exp8_4.py
```

```
class Demo:
    def hello(self):
        print("hello world!")

Instance1 = Demo()
def hello2(self):
    print ("hello again!")
Demo.hello2 =hello2              #为该类增加公有方法 hello2
Instance1.hello( )              #调用对象的 hello 方法
Instance1.hello2( )            #调用对象的 hello2 方法

@ staticmethod
def hello3( ):
    print("hello once more!")
Demo.hello3=hello3              #为该类增加静态方法 hello3
Demo.hello3( )                 #调用该类的静态方法 hello3
```

程序运行结果：
```
hello world!
hello again!
hello once more!
```

8.2.4　构造函数

Python 中类的构造函数是__init__，用来为属性设置初值，在建立对象时自动执行。如果用户未设计构造函数，Python 将提供一个默认的构造函数。构造函数属于对象，每个对象都有自己的构造函数。

8.2.5　析构函数

Python 中类的析构函数是__del__，用来释放对象占用的资源，在 Python 收回对象空间之前自动执行。如果用户未设计析构函数，Python 将提供一个默认的析构函数。析构函数属于对象，每个对象都有自己的析构函数。

【例 8-5】 构造函数和析构函数。
程序：
```
#Exp8_5.py
class Car :
    def __init__(self, n):
        self.num=n
        print'编号为', self.num, '的对象出生了...'
    def __del__(self):
        print'编号为', self.num, '的对象死了...'
car1=Car(1)
car2=Car(2)
del car1
del car2
```

程序运行结果：
```
编号为 1 的对象出生了...
编号为 2 的对象出生了...
编号为 1 的对象死了...
编号为 2 的对象死了...
```

8.2.6 运算符的重载

在 Python 中可通过重载运算符来实现对象之间的运算。Python 把运算符与类的方法关联起来，每个运算符都对应一个函数，因此重载运算符就是实现函数。常见运算符与函数的对应关系见表 8-1。

表 8-1 常见运算符重载方法

方法	重载	说明	调用举例
__add__	+	对象加法	Z=X+Y，X+=Y
__sub__	-	对象减法	Z=X-Y
__mul__	*	对象乘以实数	Z=X*f
__div__	/	对象除以实数	Z=X/f
__le__	比较	对象比较	X==Y，X!=Y
__lt__	比较	对象比较	X >Y，X<Y，X>=Y, X<=Y
__str__	输出	输出对象时调用	print X
get_len	长度	对象长度	len(X)

注意：

（1）表 8-1 的 X、Y 都是对象；

（2）__lt__ 与 __le__ 都实现之后，才能使用>=和<=。

【例 8-6】 定义一个类 Vector2 代表二维向量，使用运算符重载完成向量的常用运算。

程序：

```
#Exp8_6.py
import math
class Vector2(object):
    '''
        类内完成所有向量的运算，分量是x,y
        需要把对象当位置时，调用getpos()返回元组。
    '''
    def __init__(self, x=0.0, y=0.0):
        (self.x,self.y)=(x,y)
    def __getitem__(self,i):    #成员的索引器
        if i==0:
            return self.x
        if i==1:
            return self.y

    def __str__(self):      #按元组输出
        return"(%s,%s)"%(self.x,self.y)

    def get_len(self):      #向量的长度
        return math.sqrt(self.x**2+self.y**2)
    def normalize(self):    #标准化为单位向量
        magnitude=self.get_len()
        self.x/=magnitude
        self.y/=magnitude
```

```
    def __add__(self,other):    #向量的加法
        third=Vector2()
        third.x=self.x+other.x
        third.y=self.y+other.y
        return third
    def __sub__(self,other):    #向量的减法
        third=Vector2()
        third.x=self.x-other.x
        third.y=self.y-other.y
        return third
    def __mul__(self,a):        #向量与实数相乘
        return Vector2(a*self.x,a*self.y)
    def __div__(self,a):        #向量除以实数
        if a!=0:
            return Vector2(self.x/a,self.y/a)
        else:
            return Vector2(self.x,self.y)

    def getpos(self):           #返回元组
        return (self.x,self.y)
```

【例 8-7】 使用类 Vector2 进行向量运算。

程序：

```
#Exp8_7.py
from Exp8_6 import Vector2
#向量运算
v1=Vector2(1,2)
v2=Vector2(3,4)
v3=(v1+v2)*2
v4=v1-v2
print v1
print v2
print v3
print v4
t=v4/3.0
t=t.getpos()
print t[0],t[1]
```

程序运行结果：

```
(1,2)
(3,4)
(8,12)
(-2,-2)
-0.666666666667 -0.666666666667
```

思考题：执行 v1+=v2 后，v1 是否还是原来的对象？

8.2.7　继承

继承是为代码重用而设计的一种机制。当我们设计一个新类时，为了代码重用可以继承一个已设计好的类。在继承关系中，原来设计好的类称为父类，新设计的类称为子类。图 8-1 所示为子类 student、teacher 和父类 person 的继承关系。

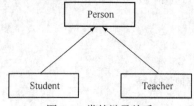

图 8-1　类的继承关系

子类继承父类时用 class 子类名（父类名）来表示。子类能继承父类的所有公有成员。

在需要的时候，在子类中可通过 super( )来调用父类的构造函数，也可通过父类名来调用父类的构造函数。

【例 8-8】　继承的实现。

程序：

```
#Exp8_8.py
class Person(object) :
    sex='male'
    def __init__(self, s1, s2):
        self.IDcard=s1
        self.name=s2
        print('__init__(self) of Person')
    def hello(self, friend):
        print 'hello, ', friend,'!'

class Student(Person):            #子类 Student，父类 Person
    def __init__(self, num):
        self.number=num

    def fun(self):
        print self.IDcard, self.name, self.number, Student.sex

class Teacher(Person):                   #子类 Teachert，父类 Person
    def __init__(self, t, s1, s2):
        self.title=t
        super(Teacher, self).__init__(s1, s2)    #调用父类的构造函数
        #Person.__init__(self, s1, s2)         #也可通过父类名来调用父类的构造函数
    def fun(self):
        print self.IDcard, self.name, self.title, Teacher.sex

stud1=Student('2012009')
stud1.IDcard='533001198006250079'
stud1.name='Wang Ming'
stud1.fun()
stud1.hello('Yang')
teach1=Teacher('professor', '533001197012130055', 'Yang Lipin')
Teacher.sex='female'
teach1.fun()
teach1.hello('Wang')
```

程序运行结果：

```
533001198006250079, Wang Ming, 2012009, male
hello,  Yang !
```

```
__init__(self) of Person
533001197012130055, Yang Lipin, professor, female
hello, Wang !
```

本章小结

本章介绍了面向对象程序设计的基本概念和基本方法。

1. 类是客观世界中事物的抽象，是一种数据类型而不是变量，对象是类实例化后的变量。

2. 属性有 2 种：一种是实例属性，属于实例（对象），通过对象名访问；另一种是类属性，属于类，通过类名访问。

3. 类有 3 种方法：公有方法、私有方法和静态方法。

4. Python 类的构造函数是 __init__。

5. Python 类的析构函数是 __del__。

6. 在 Python 中重载运算符就是实现函数。

7. 子类继承父类时用 class 子类名（父类名）表示。子类能继承父类的所有公有成员。

习　　题

1. 设计 1 个类代表花，其中含 2 个对象属性、2 个方法。建立 2 个花的对象并使用。

2. 设计 1 个类代表长方形，其中有 1 个类属性 n 能统计用户建立的对象个数。

3. 设计 1 个类代表机动车，设计小车类继承于机动车类。

4. 在习题 1 的基础上，重载对象的+和比较运算。

第9章
图形用户界面程序设计

到目前为止,本书中所有的输入和输出都只是 IDLE 中的简单文本(也可以说是命令行模式)。现代计算机和程序都会使用大量的图形,因而,我们从本章开始学习建立一些简单的 GUI,使得所编写的程序看上去像大家平常熟悉的那些程序一样,有窗体、按钮之类的图形界面。

9.1　图形用户界面的选择和安装

GUI 是 Graphical User Interface(图形用户界面)的缩写。用户可以使用 GUI 与程序进行交互。GUI 使程序具有特别的"外观"和"感觉"。通过为程序提供一致的界面组件,稍有 GUI 程序常识的用户即可快速熟悉一个新程序,减少了用户学习操纵程序所需的时间,提高了他们使用程序的能力,从而有效地改进了工作效率。

9.1.1　常用 GUI 工具介绍

1. Tkinter

Tkinter 是 Python 配备的标准 GUI 库。Tkinter 可用于 Windows/Linux/Unix/Macintosh 操作系统,而且显示风格是本地化的。Tkinter 用起来非常简单,Python 自带的 IDLE 就是采用它编写的。此外,Tkinter 在一些小型的应用程序开发上也是很有用的,而且开发速度也很快。

2. wxPython

wxPython 是近几年比较流行的 GUI 跨平台开发技术,其功能要强于 Tkinter。wxPython 提供了超过 200 个类,采用面向对象的编程风格,设计的框架类似于 MFC。对于大型 GUI 应用,wxPython 具有很强的优势。

3. Jython

Jython 可以认为是另外一个基于 Java 的 Python 开发环境,我们可以在 Jython 环境下像使用 Java 一样通过 Python 的语法来调用 Java 语言。

4. IronPython

如果要想开发.NET 应用程序的话,那么 IronPython 就是比较好的选择。与 Jython 有点类似,IronPython 同样支持标准的 Python 模块,但同样增加了对.NET 库的支持,可以理解为另一个 Python 开发环境。用户可以非常方便地使用 Python 语法进行.NET 应用程序的开发。

综上所述,对 Java 用户而言,Jython 是比较好的选择,除了可以享受 Python 的模块功能及语法外,你可以找到许多 Java 的影子;如果是.NET 用户,那么就用 IronPython 吧;如果你对 Visual C++很熟悉,那么你可以使用 wxPython;当然,Tkinter 是每一个用 C 语言的人都应该了解和学习的 GUI 库,其轻便,比较适合小型应用。本章主要介绍 wxPython 的简单使用。

9.1.2　wxPython 下载安装

wxPython 不是默认的包，需要自己下载安装。下载地址是：http://wxpython.org/download.php。截止到 2013 年 2 月 27 日，该网站提供下载的稳定版本是 wxPython 2.8，与 Python 2.7 相适应。下载的时候应当注意自己的操作系统是 Windows（又分 32 位和 64 位两种）、Mac OSX 还是 Linux。该网站除提供软件下载外，还有配套的 Demo（演示例子）和开发文档下载。

wxPython 下载后双击其文件名，按默认参数安装后即可使用。

9.2　图形用户界面程序设计基本问题

【问题 9-1】　创建一个窗体，该窗体中有一个文本框，当鼠标在窗体中移动时，文本框显示当前鼠标的位置。

程序：

```
#Ques9_1.py
#coding=GBK
import wx          #导入wxPython包
class Frame0(wx.Frame):
    def __init__(self,superior):
        #创建frame对象
        wx.Frame.__init__(self,parent=superior, title=u'第一个窗体', size=(300, 300))
        #创建一个wx.Panel（面板）实例以容纳框架上的所有内容
        panel=wx.Panel(self)
        #把响应鼠标移动事件wx.EVT_MOTION绑定到函数OnMove
        panel.Bind(wx.EVT_MOTION, self.OnMove)
        #在panel上放置静态文本框，以显示"Pos"提示信息
        wx.StaticText(parent=panel,label="Pos:", pos=(10, 20))
        #在panel上放置文本框，用来输出信息
        self.posCtrl = wx.TextCtrl(parent=panel,pos=(40, 20))

    def OnMove(self, event):
        #获取鼠标的位置
        pos = event.GetPosition()
        #将鼠标位置在文本框中显示出来
        self.posCtrl.SetValue("%s, %s" % (pos.x, pos.y))

#主程序
if __name__ == '__main__':
    app =wx.App()
    frame = Frame0(None)
    frame.Show(True)
    app.MainLoop()
```

程序运行效果：

使用条件 __name__ == '__main__'，可以在其他程序用 import 导入该程序模块时，阻止该主程序的执行。

图 9-1　鼠标位置显示程序

这个程序体现了图形界面程序的工作原理：

（1）当鼠标在 panel 上移动时，会发生 wx.EVT_MOTION 事件；

（2）函数 OnMove 在鼠标移动事件 wx.EVT_MOTION 发生时被调用，称为事件处理函数。

接下来学习图形界面程序设计的基础知识。

9.3　框架的创建和使用

9.3.1　wx.Frame 的格式

在 wxPython 中，框架就是用户通常所称的窗体。也就是说，框架是一个容器，用户可以将它在屏幕上任意移动，并可将它缩放，也可在字里面旋转其他控件。框架通常包含标题栏、菜单等。在 wxPython 中，wx.Frame 是所有框架的父类。当创建 wx.Frame 的子类时，应该调用父类的构造函数 wx.Frame.__init__，其格式为 wx.Frame.__init__ (parent, id, title, pos, size, style, name)。

参数说明：

（1）parent：框架的父窗体。对于顶级窗体，该值为 None。在多文档界面的情况下，子窗体被限制为只能在父窗体中移动和缩放。框架随其父窗体的销毁而销毁。

（2）id：定义新窗体的 wxPython ID 号。可以明确地传递一个 ID，也可传递-1，这时 wxPython 将自动生成一个新的 ID。

（3）title：窗体的标题。

（4）pos：一个 wx.Point 对象，它指定这个新窗体的左上角在屏幕中的位置。通常（0,0）是显示器的左上角。当将其设定为 wx.DefaultPosition 时，其值为（-1,-1），表示让系统决定窗体的位置。

（5）size：一个 wx.Size 对象，它指定这个新窗体的初始尺寸。当将其设定为 wx.DefaultSize 时，其值为（-1,-1），表示由系统决定窗体的初始尺寸。

（6）style：指定窗体的类型的常量。

（7）name：框架的名字，指定后可以使用它来寻找这个窗体。

这些参数将被传递给父类的构造函数 wx.Frame.__init__( )。当一个参数前面的所有参数都被设定的时候，该参数可以省略其名称直接填写其值，否则需要使用"参数名=值"的形式。

【例 9-1】　创建一个窗体。

程序：

```
#Exp9_1.py
```

```
#步骤1:
import wx                              #导入 wx 模块
#步骤2:
class Frame1(wx.Frame):                #程序的框架类继承于 wx.Frame 类
    def __init__(self, superior):
        wx.Frame.__init__(self, parent=superior, title="My Window", pos= (100,200), size=
(400,200))
#步骤3:
#主程序
if __name__ == '__main__':
    app = wx.App()                     #建立应用程序对象
    frame=Frame1(None)                 #建立框架类对象
    frame.Show(True)                   #显示框架
app.MainLoop()                         #建立事件循环
```

程序运行效果：如图 9-2 所示。

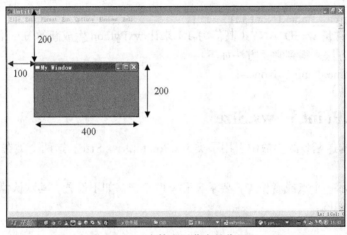

图 9-2　窗体在屏幕中的位置

上面的程序示范了建立用户图形界面的三大步骤。

（1）导入必需的 wxPython 包。

wxPython 包应该首先被导入，其名称为 wx，使用 import 语句导入即可。只有当这个包被导入后，才可以引用 wxPython 的类、函数和常量。

（2）建立框架类。

框架类的父类为 wx.Frame，在框架类的构造函数中必须调用父类的构造函数。

（3）建立主程序。

主程序通常做 4 件事：建立应用程序对象、建立框架类对象、显示框架、建立事件循环。

执行 frame.Show(True)后，框架才看得见；执行 app.MainLoop()后，框架才能处理事件。

如果需要在窗体上增加其他控件，可在构造函数中增加代码；如果需要处理事件，可增加框架类的成员函数。如问题 9-1 所做的那样。

从程序执行结果图中可以理解位置参数 pos 与尺寸参数 size 的作用。

由于 wx.Frame.__init__() 方法中，只有参数 parent 没有默认值，因而最简单的调用方式是 wx.Frame.__init__(self, parent=None)，这将生成一个默认位置、默认大小的窗体。其中 self 是按要求必须传递的参数。读者可以试一试。

9.3.2　wxPython 的 ID 参数

在 wxPython 中，ID 号是所有窗体控件的特征。每一个窗体控件都有一个窗体标识。在每一个框架内，ID 号必须是唯一的，框架间则可以重用 ID 号。但为了防止产生错误和混淆，最好在整个应用程序中保持 ID 号的唯一性。

在 wxPython 中也有一些标准的预定义的 ID 号，它们有特定的意思，如 wx.ID_OK 表示对话框中的 OK 按键的 ID 号，wx.ID_CANCEL 表示 Cancel 按键的 ID 号。

ID 号的最重要作用是在指定对象发生的事件和对应的处理事件函数之间建立唯一的关联。有3 种方法来创建一个窗体控件使用的 ID 号。

（1）明确地给构造函数传递一个正整数。使用该方法要求确保在一个框架内没有重复的 ID 或重用了一个预定义的常量。

（2）使用 wx.NewId( )函数。为了避免确保 ID 号的唯一性的麻烦，可以使用该函数让 wxPython 来创建 ID，方法如下：

id = wx.NewId( )
frame = wx.Frame.__init__(None,id)

（3）使用全局常量 wx.ID_ANY（其值为-1）来让 wxPython 生成新的 ID，你可以在需要这个 ID 时使用 GetId( )方法来得到它，方法如下：

frame = wx.Frame.__init__(None,-1)
id=frame.GetId( )

9.3.3　wx.Point 和 wx.Size

在 wx.Frame 构造函数的参数中引用了类 wx.Point 和 wx.Size。这两个类在 wxPython 编程中被频繁地使用。

wx.Point 类表示一个点或者位置，要求 x 和 y 两个值。如不设置，其默认值将为 0。x 和 y 的值可以作为属性被访问：

```
>>> import wx
>>> a=wx.Point(4, 9)
>>> x=a.x
>>> x
4
>>> y=a.y
>>> y
9
```

另外，wx.Point 的实例可以像其他 Python 对象一样作加、减和比较运算，例如：

```
>>> a=wx.Point(4,9)
>>> b=wx.Point(2,4)
>>> c=a-b
>>> print c
(2, 5)
>>> print a>b
True
```

wx.Point 的坐标值一般为整数，如需使用浮点数坐标，可以用 wx.RealPoint,其用法和 wx.Point 相同。

wx.Size 类的定义和操作与 wx.Point 几乎完全相同，只不过其实参名为 width 和 height。

当应用程序中需要使用 wx.Size 或 wx.Point 实例时，不需要显式地创建这个实例，可以将一个元组传递给构造函数，wx.Python 将隐含地创建 wx.Size 或 wx.Point 实例：

Frame = wx.Frame(parent=None, pos=(100, 100), size=(400, 200))

9.3.4　设置 wx.Frame 的样式

每个 wxPython 窗体控件都要求有一个样式参数。本小节介绍 wx.Frame 的样式，它们中的一些也适用于其他 wxPython 窗体控件。一些窗体控件还支持 SetStyle( )方法，可以在窗体控件创建后改变它的样式。

wx.Frame 的常用样式如下。

（1）wx.CAPTION：在框架上增加一个标题栏，显示该框架的标题属性。

（2）wx.DEFAULT_FRAME_STYLE：默认样式。

（3）wx.CLOSE_BOX：在框架的标题栏上显示"关闭"按钮。

（4）wx.MAXIMIZE_BOX：在框架的标题栏上显示"最大化"按钮。

（5）wx.MINIMIZE_BOX：在框架的标题栏上显示"最小化"按钮。

（6）wx.RESIZE_BORDER：使框架的边框可改变尺寸。

（7）wx.SIMPLE_BORDER：使框架的边框没有装饰（但这一样式不能在所有平台上生效）。

（8）wx.SYSTEM_MENU：增加系统菜单（有"关闭"、"移动"、"改变尺寸"等功能）。在系统菜单中"改变尺寸"和"关闭"功能的有效性依赖于 wx.MAXIMIZE_BOX、wx.MINIMIZE_BOX 和 wx.CLOSE_BOX 样式是否被应用。

（9）wx.FRAME_SHAPED：用该样式创建的框架可以使用 SetShape( )方法来创建一个非矩形的窗体。

（10）wx.FRAME_TOOL_WINDOW：给框架一个比正常小的标题栏，使框架看起来像一个工具框窗体。在 Windows 平台上，使用这个样式创建的框架不会出现在任务栏上。

对一个窗体控件可以使用多个样式，使用或（|）运算符连接即可。例如，wx.DEFAULT_FRAME_STYLE 样式就是以下几个基本样式的组合：

wx.MAXIMIZE_BOX | wx.MINIMIZE_BOX | wx.RESIZE_BORDER | wx.SYSTEM_MENU | wx.CAPTION | wx.CLOSE_BOX

要从一个组合样式中去掉个别的样式可以使用^操作符。例如要创建一个默认样式的窗体，但要求用户不能缩放和改变窗体的尺寸，可以使用这样的组合：

wx.DEFAULT_FRAME_STYLE ^ (wx.RESIZE_BORDER | wx.MAXIMIZE_BOX | wx.MINIMIZE_BOX)

下面通过例子进行演示。

【例 9-2】　演示不同样式的组合效果。

程序：

```
#Exp9_2.py
#coding=GBK                      #设置代码用 GBK 编码存储
import wx
class Frame2(wx.Frame):
   def __init__(self):
     #wx.Frame.__init__(self,None,-1,"默认样式 1",(100,200),(300,200), wx.DEFAULT_FRAME_
STYLE)
     #wx.Frame.__init__(self,None,-1,"默认样式 2", (100,200), (300,200), wx.MAXIMIZE_BOX
| wx.MINIMIZE_BOX | wx.RESIZE_BORDER | wx.SYSTEM_MENU | wx.CAPTION | wx.CLOSE_BOX)
     #wx.Frame.__init__(self,None,-1,"不能改变大小", (100,200),(300,200), wx.DEFAULT_
FRAME_STYLE ^(wx.RESIZE_BORDER | wx.MINIMIZE_BOX | wx.MAXIMIZE_BOX))
```

```
        wx.Frame.__init__(self,None,-1,"工具框样式",(100,200),(300,200), wx.DEFAULT_FRAME_
STYLE | wx.FRAME_TOOL_WINDOW)
#主程序
if __name__ == '__main__':
    app =wx.App()
    frame =Frame2()
    frame.Show()
    app.MainLoop()
```

在 def __init__(self)中，有 4 条 wx.Frame.__init__ 语句，使用第 1 条和第 2 条的效果相同，均是默认的框架样式；使用第 3 条则创建不能改变大小的框架；使用第 4 条则创建工具框样式的框架。使用各语句的运行效果如图 9-3 所示。

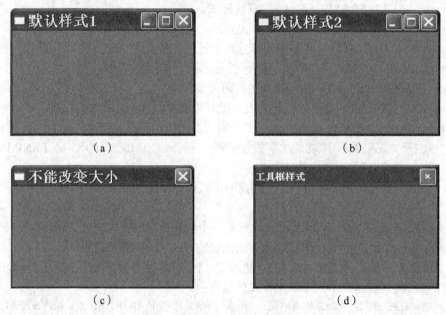

图 9-3　使用 wx.Frame.__init__ 语句效果

9.4　添加窗体控件

下面先看一个使用窗体控件的综合性例题，其功能是用文本框接收用户输入的变量 n 的值，计算从 1～n 的累加结果，再将结果显示到另一个文本框中。

【例 9-3】 计算 1+2+…+n，数据输入和输出都使用文本框。

程序：

```
#Exp9_3.py
#coding=GBK                      #设置代码用 GBK 编码存储
import wx
class Frame3(wx.Frame):
    def __init__(self, superion):
        wx.Frame.__init__(self, parent=superion, title="通过文本框输入和输出", size=(400,
200))
        panel=wx.Panel(self)

        #在 panel 上放置静态文本框
```

```
wx.StaticText(parent=panel, label="输入n: ", pos=(10, 10))

#在 panel 上放置文本框，用于接收用户输入的变量 n 的值
self.inputN=wx.TextCtrl(parent=panel, pos=(150, 10))

#在 panel 上放置静态文本框
wx.StaticText(parent=panel, label="1 累加到 n 的结果为: ", pos=(10, 50))

#在 panel 上放置文本框，用于输出计算结果
self.outSum=wx.TextCtrl(parent=panel, pos=(150, 50))

#在 panel 上放置命令按钮，用于产生单击事件
self.btnSum=wx.Button(parent=panel, label="计算", pos=(150, 100), size=(50, 30))

#将命令按钮的单击事件与 f 函数绑定。这样，单击按钮时就会调用该函数
self.Bind(wx.EVT_BUTTON, self.f, self.btnSum)

    #定义成员函数 f，计算从 1 累加到 n 的结果
    def f(self, event):
        n=self.inputN.GetValue()    #获得文本框 inputN 中的输入内容，是一个串
        n=int(n)
        i=1
        s=0
        while i<=n:
            s=s+i
            i=i+1
        self.outSum.SetValue(str(s))    #向文本框 outSum 输出一个串
#主程序
if __name__=='__main__':
    app=wx.App()
    frame=Frame3(None)
    frame.Show(True)
    app.MainLoop()
```

程序运行结果: 如图 9-4 所示。

图 9-4 求 1~n 的和的程序运行效果图

9.4.1 命令按钮

在框架上放置控件时，通常会创建一个与框架相同大小的一个 wx.Panel（面板）实例以容纳框架上的所有内容。这样做的好处是能让定制的窗体内容与其他工具栏和状态栏分开，且通过 Tab 按键，可以遍历 wx.Panel 中的元素，若直接放置在 wx.Frame 上则不能。

下例在框架中放置了一个 wx.Panel，在其上又放置了一个 wx.Button（按钮）。在程序运行中，单击该按钮时，窗体将关闭且应用程序将退出。

【例 9-4】 在窗体上放置"关闭"按钮。

程序：

```
#Exp9_4.py
#coding=GBK                      #设置代码用 GBK 编码存储
import wx
class Frame4(wx.Frame):
    def __init__(self, superion):
        wx.Frame.__init__(self, parent=superion, title='窗体按钮',size=(400, 200))
        #创建一个面板，以便容纳按钮
        panel = wx.Panel(self)
        #设置面板的背景色
        panel.SetBackgroundColour('Yellow')
        '''将按钮添加到面板，按钮标签显示"Close"，左上角位于面板的（100,50）处，
        大小为150像素宽，50像素高'''
        self.btnClose = wx.Button(panel, label="Close", pos=(100, 50),size=(150, 50))
        #将命令按钮的单击事件与OnCloseMe函数绑定。这样，单击按钮时就会调用该函数
        self.Bind(wx.EVT_BUTTON, self.OnCloseMe, self.btnClose)
    #关闭窗体的成员函数
    def OnCloseMe(self, event):
        self.Destroy()

#主程序
if __name__ == '_main__':
    app = wx. App()
    frame = Frame4(None)
    frame.Show()
    app.MainLoop()
```

程序运行结果： 如图 9-5 所示。

图 9-5 命令按钮

程序说明：

（1）wx.Panel 没有定义位置和大小，因为在 wxPython 中，如果只有一个子窗体的框架被创建，那么子窗体（即 wx.Panel）将被自动调整尺寸去填满该框架的客户区域。

（2）按钮 Close 是 panel 的元素，而不是框架的，需要指定尺寸和位置。若没有指定将使用默认的位置（panel 的左上角）和基于按钮标签的长度的尺寸。

（3）当用户调整窗体大小时，子窗体（如 wx.Button）的位置和大小不能作相应调整。wxPython 使用 sizers 对象来管理子窗体以实现复杂的布局和解决上述问题。

9.4.2 文本控件

1. 静态文本框

在所有可视化用户界面中，在屏幕上显示纯文本是最基本的任务。只在屏幕上显示、不影响

鼠标操作、也不能由用户来改变显示的文本通常叫作静态文本或标签。在 wxPython 中，可以通过 wx.StaticText 类来实现静态文本。

在 wx.StaticText 中，可以改变文本的对齐方式、字体和颜色，还可以通过使用带换行符（\n）的字符串来实现多行文本。wx.StaticText 的构造函数格式如下：

　　wx.StaticText(parent, id, label, pos, size, style, name)
　　其中，参数的意义和作用如下。

（1）parent：父窗体控件。

（2）id：标识符。使用-1 可以自动创建一个唯一的标识。

（3）label：想显示在控件中的文本（使用带换行符的字符串可实现多行文本）。

（4）pos：一个 wx.Point 或一个 Python 元组，表示窗体控件的位置。

（5）size：一个 wx.Size 或一个 Python 元组，表示窗体控件的尺寸。

（6）style：样式标记。wx.StaticText 没有定义自己的方法，使用的都是从父类 wx.Window 继承的方法，下面是一些专用于 wx.StaticText 的样式：

- wx.ALIGN_CENTER：文本位于静态文本框的中心。
- wx.ALIGN_LEFT：文本在静态文本框中左对齐。这是默认的样式。
- wx.ALIGN_RIGHT：文本在静态文本框中右对齐。

当创建一个居中或右对齐的单行静态文本时，应该显式地设置控件的尺寸。因为 wxPython 的默认尺寸是刚好包容了文本的矩形尺寸，此时居中或右对齐的效果看不出来，也就没有设置的必要了。

（7）name：对象的名字，用于查找对象。

下面通过一个例子来说明 wx.StaticText 的用法。

【例 9-5】　使用静态文本框。

程序：

```
#Exp9_5.py
#coding=GBK                      #设置代码用 GBK 编码存储
import wx
class Frame5(wx.Frame):
    def __init__(self, superior):
        wx.Frame.__init__(self, superior, -1, '示范静态文本框', size=(450, 320))
        panel = wx.Panel(self, -1)

        #静态文本 1：文本左对齐，不带特殊格式
        wx.StaticText(panel, -1, "Text1:这是一个静态文本框的例子", (100, 10))

        #静态文本 2：文本左对齐，重新设置前景色和背景色
        rev = wx.StaticText(panel, -1, "Text2:反向显示的静态文本框", (100, 30))
        rev.SetForegroundColour('white')
        rev.SetBackgroundColour('black')

        #静态文本 3：文本居中
        center = wx.StaticText(panel, -1, "Text3:文本居中", (100, 50), (260, -1), wx.ALIGN_
CENTER)
        center.SetForegroundColour('white')
        center.SetBackgroundColour('black')

        #静态文本 4：文本右对齐
```

```
      right = wx.StaticText(panel, -1, "Text4:文本右对齐", (100, 70), (260, -1), wx.ALIGN_
RIGHT)
      right.SetForegroundColour('white')
      right.SetBackgroundColour('black')

      #静态文本 5: 设置文本字体
      str = "Text5:还可以改变字体字号! "
      text = wx.StaticText(panel, -1, str, (20, 100))
      font = wx.Font(16, wx.DECORATIVE, wx.ITALIC, wx.NORMAL)
      text.SetFont(font)

      #静态文本 6: 多行文本
      wx.StaticText(panel, -1, "Text6:\n 文本\n 还可以\n 换行\n\n 中间还可以有空行", (30,150))

      #静态文本 7: 多行右对齐文本
      MultLines=wx.StaticText(panel, -1, "Text7:\n 多行文本\n 也可以右对齐", (290,150),
style=wx.ALIGN_RIGHT)
      MultLines.SetForegroundColour('white')
      MultLines.SetBackgroundColour('black')

if __name__ == '__main__':
    app = wx.App()
    frame = Frame5(None)
    frame.Show()
    app.MainLoop()
```

程序运行结果： 如图 9-6 所示。

图 9-6　静态文本框

2.　文本框

在可视化编程中，程序经常需要接收用户通过键盘输入的信息，这时可通过文本框来实现。wxPython 的文本域窗体控件的类是 wx.TextCtrl，它允许单行和多行文本输入，也可以作为密码输入控件，也经常用来输出信息。wx.TextCtrl 类的构造函数格式为：

wx.TextCtrl(parent, id, value, pos, size, style, validator, name)

其中，参数 parent、id、pos、size、style 和 name 与 wx.StaticText 构造函数的参数相同。value 是显示在该控件中的初始文本。validator 参数通常用于过滤数据以确保只能输入要接受的数据。

用于单行文本控件的样式标记有：

（1）wx.TE_CENTER：控件中的文本居中。

（2）wx.TE_LEFT：控件中的文本左对齐（默认为该值）。

（3）wx.TE_RIGHT：控件中的文本右对齐。

（4）wx.TE_NOHIDESEL：文本始终高亮显示，但该样式只适用于 Windows。

（5）wx.TE_PASSWORD：不显示所输入的文本，以星号代替显示。

（6）wx.TE_PROCESS_ENTER：如果使用了这个样式，那么当用户在控件内按下回车键时，就会触发一个文本输入事件。

（7）wx.TE_READONLY：文本控件为只读，用户不能修改其中的文本。

像其他样式标记一样，它们可以使用 | 符号来组合使用。

下面通过一个简单的例子来说明 wx.TextCtrl 的简单用法。

【例 9-6】 使用文本框。

程序：

```python
#Exp9_6.py
#coding=GBK                      #设置代码用 GBK 编码存储
import wx
class Frame6(wx.Frame):
    def __init__(self, superior):
        wx.Frame.__init__(self, parent=superior, title='文本框测试', size=(280, 110))
        panel = wx.Panel(self)
        basicLabel = wx.StaticText(parent=panel, label="Basic Control:")
        #文本框 1：
        basicText = wx.TextCtrl(parent=panel, value="Python 程序设计", size=(175, -1))
        basicText.SetInsertionPoint(0)

        pwdLabel = wx.StaticText(parent=panel, label="Password:")
        #文本框 2：密码样式
        pwdText = wx.TextCtrl(parent=panel, value="password", size=(175, -1), style=wx.TE_PASSWORD)

        #使用 sizer 控件来布置控件
        sizer = wx.FlexGridSizer(rows=2, cols=2, hgap=6, vgap=18)
        sizer.AddMany([basicLabel, basicText, pwdLabel, pwdText])
        panel.SetSizer(sizer)

#主程序
if __name__ == '__main__':
    app = wx.App()
    frame = Frame6(None)
    frame.Show()
    app.MainLoop()
```

程序运行结果： 如图 9-7 所示。

图 9-7　文本框使用示例

程序中用了 wx.FlexGridSizer 来布置控件，该控件把框架中的控件按行、列显示，其构造函数为__init__(self, rows=1, cols=0, vgap=0, hgap=0)，参数的含义如下：

rows：行数；

cols：列数；

vgap：控件间的垂直间隔；

hgap：控件间的水平间隔。

9.4.3 菜单栏、工具栏和状态栏

下面用一个例子来演示菜单栏、工具栏、状态栏的添加和事件响应程序的编写。

【例 9-7】 菜单栏、工具栏、状态栏的添加和事件响应。

程序：

```python
#Exp9_7.py
import wx
class Frame7(wx.Frame):
    def __init__(self, superior):
        wx.Frame.__init__(self, superior,-1, 'Menubars',size=(400, 300))
        panel = wx.Panel(self)
        self.statusBar = self.CreateStatusBar( )    #1 创建状态栏
        toolbar = self.CreateToolBar( )            #2 创建工具栏
        toolbar.AddSimpleTool(11,wx.Image('open.png',
                wx.BITMAP_TYPE_PNG).ConvertToBitmap(),"Open",
                "Click it to Open a file.")  #3 在工具栏上添加一个工具
        toolbar.Realize()        #4 准备显示工具栏
        #5 为 Open 工具栏添加一个事件处理函数
        wx.EVT_TOOL(self, 11, self.OnToolOpen)

        menuBar = wx.MenuBar()      #创建菜单栏
        menu1 = wx.Menu()           #创建名为 menu1 的菜单
        #6 在 menu1 下添加几个子菜单、分隔条
        menu1.Append(101, "&New", "Creat a New File")
        menu1.Append(102, "&Open", "")
        menu1.Append(103, "C&lose", "")
        menu1.AppendSeparator()
        menu1.Append(104, "Close All", "Close All Opened File")
        menu1.Append(105, "Exit", "")
        menuBar.Append(menu1, "&File")#将 menu1 添加到菜单栏上，显示为 File

        menu2 = wx.Menu()           #创建名为 menu2 的菜单
        menuBar.Append(menu2, "&Edit")#将 menu1 添加到菜单栏上

        self.SetMenuBar(menuBar)#在框架上附上菜单栏
        #为 Exit 菜单项添加一个事件处理函数
        wx.EVT_MENU(self,105,self.OnMenuExit)

    def OnToolOpen(self, event):  #响应工具栏的操作
        self.statusBar.SetStatusText( 'You open a file!' )

    def OnMenuExit(self, event):   #响应菜单栏 Exit 的操作
        self.Close(True)

    def OnCloseMe(self, event):
        self.Close(True)

    def OnCloseWindow(self, event):
```

```
        self.Destroy( )

if __name__ == '__main__':
    app = wx.App( )
    frame = Frame7(None)
    frame.Show( )
    app.MainLoop( )
```

程序运行结果： 如图 9-8 所示。

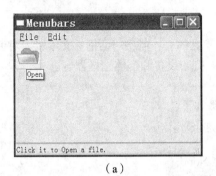
（a）

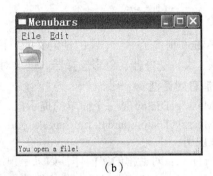
（b）

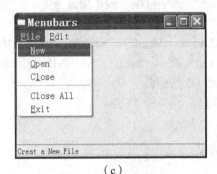
（c）

图 9-8　打开 File 菜单且选中 New 子菜单

程序说明：

（1）#1 语句创建了一个状态栏，它是 wx.StatusBar 类的实例。它被自动放在框架的底部，宽度与框架相同，高度由操作系统决定。状态栏的作用是显示在应用程序中被各种事件所设置的文本，一般为提示信息。

（2）#2 语句创建了一个工具栏，它是 wx.ToolBar 类的实例，被自动放在框架的顶部。

（3）#3 语句为工具栏添加了一个工具，使用的是 AddSimpleTool( )，其参数分别是：ID、位图、该工具的短提示文本（当鼠标定位在该工具上时显示的提示信息）、在状态栏中显示的该工具的长帮助文本信息。

由于 wxPython 只能把位图用于菜单，所以需要用 wx.Image 将 PNG 图片转换为 bitmap 格式。

（4）#4 语句中的 Realize( )方法告诉工具栏这些工具按钮应该被放置在哪里。

（5）#5 语句中，当用户选择了某个工具栏或菜单项时，就产生了一个事件。因此必须提供一个事件处理函数，用它响应相应的事件。例如为 Open 工具栏添加一个事件处理函数用下列语句即可：

```
wx.EVT_TOOL(self, 11, self.OnToolOpen)
```

在此需要提供 3 个信息：要把事件处理函数绑定到的那个对象，这里是 self，程序的主对象；与之相匹配的工具栏的 id；以及处理事件的方法的名称。

对用户的动作做出响应的方法需要 2 个参数：第 1 个是方法定义于其中的那个对象；第 2 个是产生的事件。本例中，点击 Open 工具栏后只是在状态栏显示相应的提示信息：

```
def OnToolOpen(self, event):   #响应工具栏的操作
    self.statusBar.SetStatusText( 'You open a file!' )
```

（6）#6 语句用于创建菜单的项目（子菜单），其参数分别为：ID、选项的文本（可用"&"来定义该项目的访问键）、当鼠标位于其上时显示在状态栏中的文本。

9.4.4　对话框

wxPython 提供了一套丰富的预定义的对话框，常见的有：消息对话框、文本输入对话框、单选对话框、文件选择器、色彩选择器、进度对话框、打印设置和字体选择器等。

1.　消息对话框

wx.MessageDialog 是一个简单的提示框，其参数如下：

wx.MessageDialog(parent, message, caption, style, pos)

参数说明：

（1）parent：对话框的父窗体，如果是顶级则为 None；

（2）message：显示在对话框中的字符串（提示信息）；

（3）caption：显示在对话框标题栏上的字符串；

（4）style：对话框中按钮的样式，常见的有 wx.YES_NO 表示有 2 个按钮（"是"和"否"）；wx.CANCEL 表示"取消"；wx.OK 表示"确定"；wx.ICON_QUESTION 表示在提示信息前显示一个问号图标。其他样式请读者自行查询。

（5）pos：对话框出现的位置。

【例 9-8】　显示对话框。

程序：

```
#Exp9_8.py
#coding=GBK                      #设置代码用 GBK 编码存储
import wx
class Frame8(wx.Frame):
    def __init__(self, superior):
        wx.Frame.__init__(self, superior, -1, '使用对话框',size=(400, 275))
        panel=wx.Panel(self)
        self.btnExit=wx.Button(parent=panel,label='退出',pos=(330,200),size=(50,30))
        self.Bind(wx.EVT_BUTTON,self.OnExit,self.btnExit)
    def OnExit(self, event):
        dlg = wx.MessageDialog(self, '真的要退出程序吗？',
                      'MessageDialog', wx.CANCEL | wx.OK | wx.ICON_QUESTION)
        result =dlg.ShowModal( )
        print result        #观察返回值
        if result==wx.ID_OK:
            dlg.Destroy( )
            self.Destroy( )
if __name__ == '__main__':
    app = wx. App( )
    frame = Frame8(None)
    frame.Show( )
    app.MainLoop( )
```

程序运行结果：如图 9-9 所示。

图 9-9 对话框

其中，ShowModal( )方法将对话框以模式框架的方式显示，即在对话框关闭之前，应用程序中的其他窗体不能响应用户事件。ShowModal( )方法的返回值是一个整数。wx.MessageDialog 的返回值是下面常量之一：wx.ID_YES、wx.ID_NO、wx.ID_CANCEL 和 wx.ID_OK。

2. 文本输入对话框

当需要从用户那里得到输入的一行文本时，除了使用文本框之外，还可以使用文本输入对话框 wx.TextEntryDialog。其参数分别是：父窗体、显示在窗体中的文本标签（提示信息）、窗体标题（默认为 "Please enter text"）、输入框中的默认值、样式参数（默认为 wx.OK | wx.CANCEL）。

与 wx.MessageDialog 一样，ShowModal( )方法返回所按下的按钮的 ID。GetValue( )方法得到用户在文本框中输入的值。

【例 9-9】 文本输入对话框的使用。

程序：

```
#Exp9_9.py
#coding=GBK                    #设置代码用 GBK 编码存储
import wx
class Frame9(wx.Frame):
    def __init__(self, superior):
        wx.Frame.__init__(self, superior, -1, '使用文本输入对话框',size=(400, 300))
        dlg = wx.TextEntryDialog(None, "请输入您的姓名?",'TextEntryDialog', '张三')
        if dlg.ShowModal( ) == wx.ID_OK:
            response = dlg.GetValue( )
            print response       #观察输入的值
            dlg.Destroy( )
            self.Destroy( )

if __name__ == '__main__':
    app = wx.App( )
    frame = Frame9(None)
    frame.Show( )
    app.MainLoop( )
```

程序运行结果： 如图 9-10 所示。

图 9-10 文本输入框

3. 单选对话框

如果想让用户只能在提供的列表中选择，使用 wx.SingleChoiceDialog 类即可。其参数与文本输入对话框类似，只是以字符串的列表代替了默认的字符串文本。要得到所选择的结果有 2 种方法：GetSelection( )方法返回用户选项的索引；GetStringSelection( )方法返回用户选择的字符串。

【例 9-10】 单选对话框的使用。

程序：

```
#Exp9_10.py
#coding=GBK                      #设置代码用 GBK 编码存储
import wx
class Frame10(wx.Frame):
    def __init__(self, superior):
        wx.Frame.__init__(self, superior, -1, '使用单选对话框',size=(400, 300))
        dlg = wx.SingleChoiceDialog(None,
                '您所用的 Python 版本号是?', 'Single Choice',
                ['2.0', '2.1.3', '2.2', '2.3.1','2.7.3','3.3.0'])
        if dlg.ShowModal() == wx.ID_OK:
            response = dlg.GetStringSelection( )
            print response  #观察选择的值
        dlg.Destroy( )
        self.Destroy( )

if __name__ == '__main__':
    app = wx.App()
    frame = Frame10(None)
    frame.Show( )
    app.MainLoop( )
```

程序运行结果： 如图 9-11 所示。

图 9-11　列表选择

9.4.5　复选框

复选框是一个带有文本标签的开关按钮。即使有多个复选框，每个复选框的开关状态也是独立的。复选框的构造函数及使用举例如下：

```
wx.CheckBox(parent, id=-1, label=wx.EmptyString, pos=wx.DefaultPosition, size=wx.DefaultSize, style=0, name="checkBox")
```

label 参数是复选框的标签文本。图 9-12 使用了 3 个复选框。

图 9-12 复选框的使用

常用事件：

EVT_CHECKBOX--单击复选框时触发该事件。

常用方法：

GetValue( )--返回布尔值，复选框被选中时返回 True，否则返回 False。

SetValue(True)--使复选框被选中。

SetValue(False)--取消复选框的选中状态。

9.4.6 单选按钮

单选按钮可向用户提供两种或两种以上的选择以便选择其一。与复选框不同，当选择了新的选项时，上次的选项就取消了。单选按钮的构造函数及使用举例如下：

```
wx.RadioButton(parent, id=-1, label=wx.EmptyString, pos=wx.DefaultPosition, size=
wx.DefaultSize, style=0, validator=wx.DefaultValidator, name="radioButton")
```

在需要时，单选按钮可分组使用，每一组内最多只能有一个被选择，如图 9-13 所示。

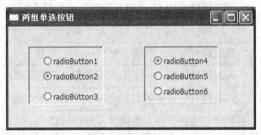

图 9-13 两组单选按钮

程序中使用了 wx.SashWindow 控件的两个对象 wx.SashWindow1 和 wx.SashWindow2 进行分组，第一组单选按钮的 parent 都设置为 wx.SashWindow1，第二组单选按钮的 parent 都设置为 wx.SashWindow2。用 wx.Panel 控件的对象也能进行分组。

还可用样式进行分组，每组的第一个元素使用 wx.RB_GROUP 样式，而其他元素不使用该样式。

常用事件：

EVT_RADIOBOX--单击单选按钮时触发该事件。

常用方法：

GetValue( )--返回布尔值，单选按钮被选中时返回 True，否则返回 False。

SetValue(True)--使按钮被选中。

SetValue(False)--取消按钮的选中状态。

9.4.7 列表框

列表框可用来放置若干元素提供给用户进行选择，每个元素都是字符串。列表框的构造函数及使用举例如下：

```
wx.ListBox(parent, id, pos=wx.DefaultPosition, size=wx.DefaultSize, choices=None,
style=0,validator=wx.DefaultValidator, name="listBox")
```

下列代码创建一个具有 7 个元素的列表框：

```
li=['Monday','Tuesday','Wednesday','Thursday','Friday','Saturday', 'Sunday']
lstBox= wx.ListBox( self. panel, choices=li)
```

创建的列表框如图 9-14 所示。

图 9-14　列表框

列表框的常用样式如表 9-1 所示。如 9.3.4 小节所述，多个样式可通过运算符（|）连接。列表框的常用方法如表 9-2 所示。

表 9-1　　　　　　　　　　　　　　列表框的常用样式

样式名	说明
wx.LB_EXTENDED	用户可以使用 Shift 键和鼠标配合选择连续一块元素
wx.LB_MULTIPLE	可以进行多选，选项可以是不连续的
wx.LB_SINGLE	只能进行单选，最多只能选择一个元素
wx.LB_ALWAYS_SB	列表框始终显示一个垂直滚动条，不管有没有必要
wx.LB_HSCROLL	列表框只在需要的时候显示一个垂直滚动条。这是默认样式
wx.LB_SORT	使得列表框中的元素按字母顺序排序

表 9-2　　　　　　　　　　　　　　列表框的常用方法

方法名	例子	功能及说明
Append( )	lstBox.Append(s)	在列表框尾部增加一个元素
Clear( )	lstBox.Clear( )	删除列表框中的所有元素
Delete( )	lstBox.Delete(n)	删除列表框中索引为 n 的元素。列表框中元素的索引从 0 开始
FindString( )	i=lstBox.FindString('Friday')	返回元素的索引，如果没有找到元素则返回-1
GetCount( )	n=lstBox.GetCount( )	返回列表框中元素的个数
GetSelection( )	i=lstBox.GetSelection( )	返回当前选择项的索引，仅对单选列表有效
SetSelection( )	lstBox. SetSelection(n, select)	用布尔值 select 改变索引为 n 的元素的选择状态
GetStringSelection( )	s=lstBox.GetStringSelection()	返回当前选择的元素，仅对单选列表有效
GetString( )	s=lstBox.GetString(i)	获得索引为 n 的元素
SetString(n, string)	lstBox.SetString(n, s)	把索引为 n 的元素设为 s

续表

方法名	例子	功能及说明
GetSelections( )	t= lstBox.GetSelections()	返回包含所选元素索引的元组
InsertItems( )	lstBox. InsertItems(items, pos)	插入参数 item 中的字符串到列表中 pos 参数所指定位置前
IsSelected()	lstBox.IsSelected(n)	返回索引为 n 的元素的选择状态的布尔值
Set( )	lstBox.Set(choices)	使用 choices 的内容重新设置列表框

列表框有两个常用事件，EVT_LISTBOX 事件在列表中的一个元素被选择时触发；EVT_LISTBOX_DCLICK 事件在列表被双击时触发。

9.4.8 组合框

组合框是文本框与列表框的组合体，既有文本框的特点与方法，也有列表框的特点与方法，适用于单选列表框的方法几乎都适用于组合框。组合框的构造函数如下：

```
wx.ComboBox(parent, id=-1, value="", pos=wx.DefaultPosition, size=wx.DefaultSize,
choices=[], style=0, validator=wx.DefaultValidator, name= "comboBox")
```

下列代码可以创建一个组合框：

```
cmbBox=wx.ComboBox(self.panel,value="",choices=["abc","123"],pos=(150,10),
size=(60,100))
```

组合框及操作如图 9-15 所示。

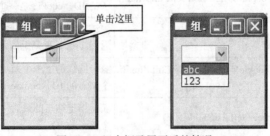

图 9-15　组合框及展开后的情况

9.4.9 树型控件

树型控件可用来显示有层次关系的数据，十分有用。树型控件的构造函数为：

```
wx.TreeCtrl(parent, id= -1 , pos=DefaultPosition, size=DefaultSize,
style=TR_DEFAULT_STYLE, validator=DefaultValidator, name=TreeCtrlNameStr)
```

下列代码可以创建一个树型控件：

```
tree = wx.TreeCtrl(self.panel)
```

图 9-16 显示了一个简单的树型控件，已经插入了 6 个结点。

图 9-16　树型控件

下面列出树型控件的常用方法和常用事件。

表 9-3   树型控件的常用方法

方法名	例子	功能及说明
AddRoot( )	root=tree.AddRoot("Root Node")	增加根结点。返回值 root 是增加的结点 ID，树型控件最多只能有一个根结点
AppendItem( )	child=tree.AppendItem(item, "child1")	为结点增加下级（孩子）结点。item 是结点 ID，返回值 child 是所增加结点的 ID
SetItemText( )	tree.SetItemText(item, "Parent")	设置结点的显示文本
GetItemText( )	s= tree.GetItemText(item)	获得结点的显示文本
SetItemPyData( )	tree.SetItemPyData(item, obj)	设置结点的数据
GetItemPyData( )	obj= tree.GetItemPyData(item)	获得结点的数据
Expand( )	tree.Expand(item)	展开指定结点，但不展开下级结点。item 是结点 ID
ExpandAll( )	tree.Expand( )	展开所有结点
Collapse( )	tree.Collapse(item)	折叠指定结点
CollapseAndReset( )	tree.CollapseAndReset(item)	折叠指定结点并删除其下级结点。
GetRootItem( )	root=tree.GetRootItem( )	获得根结点的 ID
GetFirstChild( )	(child, cookie)=tree.GetFirstChild(item)	获得指定结点的第一个孩子结点。child 是第一个孩子的 ID，cookie 是一个标志
IsOk( )	flag=child.IsOk( )	测试结点 ID 是否有效。当 child 为有效的结点 ID 时返回 True，否则返回 False
GetNextChild( )	(item, cookie)=tree.GetNextChild(item, cookie)	获得同级的下一个结点。返回值 item 是同级的下一个结点的 ID，cookie 是一个标志
GetLastChild( )	child=tree.GetLastChild(item)	获得指定结点的最后一个孩子结点。child 是最后一个孩子的 ID
GetPrevSibling( )	item=tree.GetPrevSibling(item)	获得同级的上一个结点。返回值 item 是上一个结点的 ID
GetNextSibling( )	item=tree.GetNextSibling(item)	获得同级的下一个结点。返回值 item 是下一个结点的 ID
GetItemParent( )	parent=tree.GetItemParent(item)	获得父结点的 ID
ItemHasChildren( )	flag=tree.ItemHasChildren(item)	测试结点是否有孩子
SetItemHasChildren( )	tree.SetItemHasChildren(item, hasChildren=True)	把一个结点设置为有子项。即使该项没有实际子项，它也会显示有子项标记
GetSelection( )	item=tree.GetSelection( )	获得单选树中当前被选结点的 ID
GetSelections( )	li=tree.GetSelections( )	获得多选树中所有被选结点 ID 的列表
SelectItem( )	tree. SelectItem(item, select=True)	把结点的被选状态改为真。也可改为假 select=False
IsSelected( )	flag=tree. IsSelected(item)	测试结点的被选状态。被选则返回 True 否则返回 False

思考题： 能否写出插入上图 6 个结点的代码？

表 9-4　　　　　　　　　　　　　　树型控件的常用事件

事件名	说明
wx.EVT_TREE_SEL_CHANGING	当树型控件中发生选择变化前触发该事件
wx.EVT_TREE_SEL_CHANGED	当树型控件中发生选择变化后触发该事件
wx.EVT_TREE_ITEM_COLLAPSING	折叠一个结点之前触发该事件
wx.EVT_TREE_ITEM_COLLAPSED	折叠一个结点之后触发该事件
wx.EVT_TREE_ITEM_EXPANDING	展开一个结点之前触发该事件
wx.EVT_TREE_ITEM_EXPANDED	展开一个结点之前触发该事件

9.5　使用 Boa-constructor 开发图形用户界面程序

在本章前几节的内容中，部署界面上的控件完全依靠代码来完成。在界面较为简单时，这样做没有任何问题；在界面较为复杂时，这样做就很费时了。比较好的办法是使用图形界面工具软件来完成界面的设计，以提高界面设计的效率。Boa-constructor 是一款优秀的界面设计软件，同时还是功能强大的 IDLE，它的优点在于设计界面时可通过鼠标调整控件的大小和位置。该软件可从 http://sourceforge.net/projects/boa-constructor/?source=dlp 下载。

9.5.1.　Boa-constructor 的安装

Windows 系统下的安装文件是 Boa-constructor-0.6.1.src.win32.exe，安装界面如图 9-17 所示。

图 9-17　Boa-constructor 的安装界面

运行 Boa.py 文件与安装其他的软件不同，Boa-constructor 安装后，没有可执行文件可用，开始菜单和桌面上都没有可用的快捷方式。运行 Boa.py 文件才能启动该软件。Boa.py 位于 Python2.7 的安装目录的下级分枝内，如 C:\Python27\Lib\site-packages\boa-constructor\Boa.py。最好是为 Boa.py 文件建立一个快捷方式，然后复制到桌面上，以方便打开。用 Python2.7 的 Idle 打开 Boa.py 并运行，或直接运行 Boa.py，就启动了 Boa-constructor，如图 9-18 所示。

图 9-18　Boa-constructor 启动界面

图 9-18 由三个窗口组成，上方是控件窗口，包含了界面设计用到的各种控件；右下方是编辑器，可管理用户文件，包含交互式窗口 Shell，错误信息和运行信息显示窗口；左下方是检视器，可用来修改控件的属性。

9.5.2　使用 Boa-constructor 开发图形用户界面程序

下面以一个例子来说明开发过程。

【例 9-11】分别用两个文本框来输入运算数，用一个组合框来选择运算符，用一个文本框来输出运算结果，添加一个"确定"按钮来计算，在按钮的事件处理函数中编写进行计算的代码。
完成例题的步骤如下：

1.　启动 Boa-constructor
如图 9-18 所示。

2.　新建 wx.Frame
在"编辑器"的"文件"中"新建"一个"wx.Frame"，操作方法如图 9-19 所示。

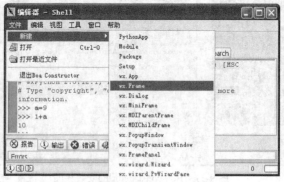

图 9-19　新建一个"wx.Frame"

3.　添加主程序
在编辑器窗口中单击"源"页，显示出代码。在显示出的代码未尾增加下列主程序：

```
#主程序
if __name__=="__main__":
    app=wx.App()
```

```
frame=Frame1(None)
frame.Show(True)
app.MainLoop( )
```

为了能在程序中正常使用汉字，还需要在程序的最前面加上下面这行代码：

```
#coding=GBK
```

4. 保存文件

单击编辑器窗口工具栏上的"保存"按钮，或使用"文件"菜单中的"保存"菜单条，也可使用快捷键 Ctrl+S。在弹出的新窗口中，选择目录，输入文件名 Exp9_11.py，单击文件名旁的"保存"按钮，就保存了文件，如图 9-20 所示。

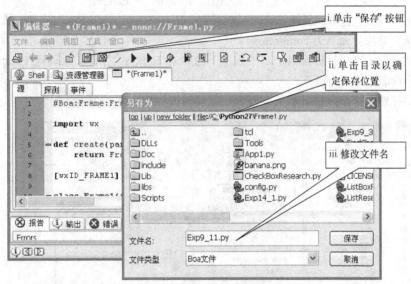

图 9-20　保存文件的操作步骤

5. 显示框架设计器

默认情况下，框架设计器是看不到的，因而无法设计界面。只有框架设计器显示出来才能设计界面，单击编辑器窗口工具栏上的"框架设计器"按钮就能显示框架设计器，如图 9-21 所示。

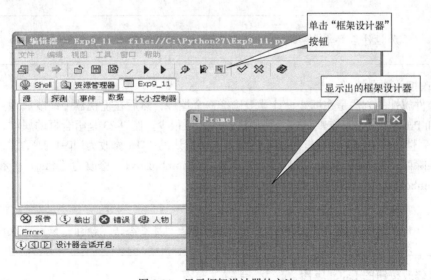

图 9-21　显示框架设计器的方法

6. 添加控件

框架设计器显示出来之后，就可以把控件窗口上的控件添加上来。添加的方法是先单击一个控件，然后单击框架设计器，则该控件就添加到了框架设计器上。如此反复就能添加所需要的所有控件。控件的大小、位置都可以通过鼠标操作进行改变。下例中各控件的添加过程如下：

（1）添加 panel：选择控件窗口上"容器/设计"下的"wx.Panel"控件，放置到 Frame1 窗口中，系统自动为其命名为 panel1。调整 Frame1 窗口的大小时，panel1 自动缩放其大小使之填充满整个窗口。

（2）添加文本框：连续选择三次控件窗口上"基础控件"下的"wx.TextCtrl"控件，放置到 Frame1 窗口中，系统自动为它们命名为 textCtrl1、textCtrl2、textCtrl3。

（3）添加组合框：选择控件窗口上"基础控件"下的"wx.ComboBox"控件，放置到 Frame1 窗口中，系统自动为其命名为 comboBox1。

（4）添加按钮：选择控件窗口上"按钮"下的"wx.Button"控件，放置到 Frame1 窗口中，系统自动为其命名为 button1。

添加所需控件并调整好位置后的框架设计器和检视器如图 9-22 所示。

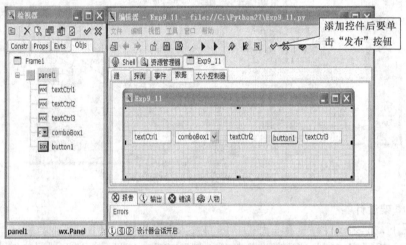

图 9-22　添加控件后的框架设计器和检视器

　　添加控件后要单击编辑器窗口工具栏上的"发布"按钮，添加才生效。

7. 修改控件的属性

修改控件属性的方法是在框架设计器上选择一个控件，然后在检视器中修改属性。属性有两组 Constr 和 Props，几乎都有默认值，需要修改的属性很少。图 9-23 是组合框的属性，作者修改了 Choices 属性（其对应了组合框中显示的元素，由默认的"[]"修改为"['+','-','*','/']"，使组合框包含加减乘除四个列表项）、Name 属性（由默认的"comboBox1"修改为"cmb1"）和 Value 属性（由"comboBox1"修改为"+"）。

　　修改属性后要单击检视器窗口工具栏上的"提交会话"按钮，修改才生效。

接下来修改按钮的 Label 属性，改为"="。

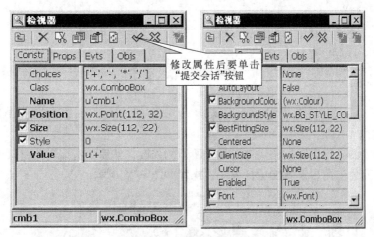

图 9-23　组合框的两组属性

8. 为按钮添加单击事件处理函数

为按钮添加单击事件处理函数也称为添加事件，在框架设计器上选择按钮控件，在检视器窗口上展开 Evts 页（事件页），选择 ButtonEvent，然后双击 wx.EVT_BUTTON 就添加了按钮的单击事件处理函数。最后，还需要单击检视器工具栏中的"提交会话"按钮来确认该操作。以上操作步骤如图 9-24 所示。

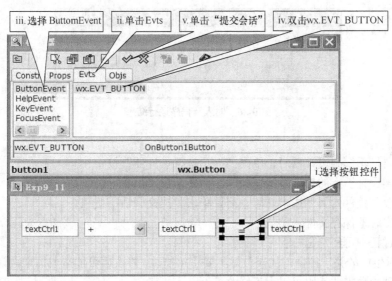

图 9-24　为按钮添加事件处理函数的步骤

9. 在按钮的事件处理函数中编写代码

在编辑器窗口中单击"源"页，显示出代码。在刚才添加的事件处理函数 OnButton1Button( ) 内用下列代码替换该处的"event.Skip()"语句：

```
operator=self.cmb1.GetValue( )     #获得组合框 cmb1 中的字符串
x=self.textCtrl1.GetValue( )       #获得文本框 textCtrl1 中的字符串
y=self.textCtrl2.GetValue( )       #获得文本框 textCtrl2 中的字符串
x=float(x)
y=float(y)
if operator=='+':
```

```
        z=x+y
if operator=='-':
        z=x-y
if operator=='*':
        z=x*y
if operator=='/':
        z=x/y
self.textCtrl3.SetValue(str(z))      #在文本框 textCtrl3 内显示计算结果
```

10. 运行程序

单击编辑器中的"保存"按钮保存对程序所做的修改，然后单击编辑器窗口工具栏上的"运行模块"按钮（蓝色三角形）就能运行程序，操作如图 9-25 所示。

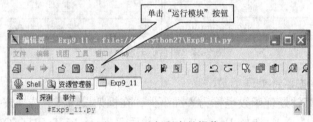

图 9-25　运行程序的操作

输入及程序运行结果：

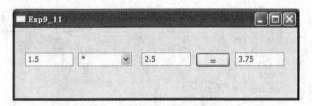

图 9-26　输入及程序运行结果

说明：

（1）当需要显示框架设计器时，单击"显示框架设计器"按钮；

（2）当框架设计器上的控件发生变化时，需要单击"发布"按钮；

（3）当修改了控件的属性或事件时，需要单击"提交会话"按钮；

（4）需要实时地保存文件；

（5）设计过程中可经常运行程序以观察设计效果。

（6）设计时生成的关于控件的代码最好不要手工修改，修改后可能造成框架设计器无法显示；生成的事件处理函数中的代码可以手工修改。

9.6　图形界面程序设计基础知识的应用

【例 9-12】 设计一个窗体，通过窗体上的操作来显示 Frame3 和 Frame5。

分析： 要显示另外的窗体，首先要导入窗体所在的模块，然后可通过菜单或按钮来显示，这里使用按钮，如图 9-27 所示。

程序：

```
#Exp9_11.py
```

```
#coding=GBK                          #设置代码用 GBK 编码存储
import wx
import Exp9_3
import Exp9_7
class Frame11(wx.Frame):
    def __init__(self, superior):
        wx.Frame.__init__(self, superior, -1, '显示子窗体',size=(300, 150))
        self.panel=wx.Panel(self)
        self.btnFrm3=wx.Button(parent=self.panel,label='显示 Frame3',size=(100,30));
        self.btnFrm7=wx.Button(parent=self.panel,label='显示 Frame7',size=(100,30));
        #使用 sizer 控件来布置控件
        sizer = wx.FlexGridSizer(rows=2, cols=1, hgap=30, vgap=20)
        sizer.AddMany([self.btnFrm3, self.btnFrm7])
        self.panel.SetSizer(sizer)
        #把事件 wx.EVT_BUTTON、事件处理函数 self.OnDplFrm、按钮 self.btnFrm3 三者绑定
        self.Bind(wx.EVT_BUTTON,self.OnDplFrm3,self.btnFrm3)
        #把事件 wx.EVT_BUTTON、事件处理函数 self.OnDplFrm7、按钮 self.btnFrm3 三者绑定
        self.Bind(wx.EVT_BUTTON,self.OnDplFrm7,self.btnFrm7)
    def OnDplFrm3(self,event):
        fame3= Exp9_3.Frame3(self)     #生成对象
        fame3.Show(True)              #显示对象

    def OnDplFrm7(self,event):
        fame7=Exp9_7.Frame7(self)       #生成对象
        fame7.Show()                    #显示对象


#主程序
if __name__ == '__main__':
    app = wx.App()
    frame = Frame11(None)
    frame.Show( )
    app.MainLoop( )
```

程序运行结果：如图 9-27 所示。

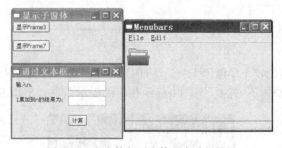

图 9-27　主窗体与子窗体程序动行效果

本章小结

1. 一个 wxPython 程序必须包含 3 个基本步骤：导入必须的 wxPython 包、建立框架类、建立

主程序。主程序通常做 4 件事：建立应用程序对象、建立框架类对象、显示框架、建立事件循环。

2. 当要在框架中显示文本、按钮、菜单等时，还需要定义 Frame 类作为 wx.Frame 的子类。

3. wxPython 程序的实现基于 2 个必要的对象：应用程序对象和顶级窗体。任何 wxPython 应用程序都需要去实例化一个 wx.App，并且至少有一个顶级窗体。

4. 一个 wxPython 应用程序通常至少有一个 wx.Frame 的子类。一个 wx.Frame 对象可以使用 style 参数来创建组合的样式。每个 wxPython 对象（包括框架）都有一个 ID，这个 ID 可以被应用程序显式地赋值或由 wxPython 生成。子窗体是框架的内容，框架是它的父元素。

5. 通常一个框架包含一个单一的 wx.Panel，更多的子窗体被放置在这个 Panel 中。框架的唯一的子窗体的尺寸自动随其父框架的尺寸的改变而改变。框架有明确的关于管理菜单栏、工具栏和状态栏的机制。

6. 在 Python 中可以添加窗体控件：一般使用静态文本框显示提示性的信息；使用文本框来接收用户的输入和显示计算结果；使用命令按钮响应用户的鼠标点击操作；使用菜单栏和工具栏实现复杂的程序；使用状态栏显示系统的一些提示信息；当我们想简单而快速地得到来自用户的信息时，可以为用户显示一个标准的对话窗体。对于很多任务都有标准的对话框，包括警告框、简单的文本输入框和列表选择框等。

7. 可以通过导入其他程序来实现 Python 程序间的调用。

8. Boa-constructor 是一款优秀的界面设计软件，同时还是功能强大的 Idle，它的优点在于设计界面时可通过鼠标调整控件的大小和位置。

习　　题

1. 将本章中的所有例题在 Python 中输入、调试并运行。

2. 按本章教材中的介绍来更改例题中的一些参数，比较更改后运行效果与例题中的异同。

3. 按图 9-28 的示例在框架中放置 3 个相同大小的命令按钮，且在窗体中等距离分布。

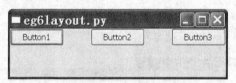

图 9-28　命令按钮

4. 按图 9-29 的示例创建 1 个包含 4 个工具的工具栏，工具分别为：New、Open、Save 和 Exit。当单击前 3 个工具时在窗体下方的状态栏中显示相应的提示信息，单击 Exit 工具时退出程序。

图 9-29　工具栏

5. 按图 9-30 的示例创建菜单：

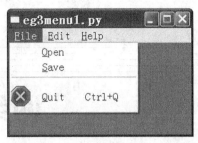

图 9-30 菜单

6. 修改例 9-3，实现让"1 累加到 n 的结果为："中的 n 随输入的值变化。如"1 累加到 100 的结果为："。

7. 使用 Boa-constructor 建立一个窗体，添加 5 个按钮分别完成下列题目，使用不同的文本框完成输入和输出。

（1）第 1 章习题 6；

（2）第 2 章习题 4；

（3）第 3 章习题 5；

（4）第 4 章习题 5；

（5）第 5 章习题 6。

第10章
网络程序设计

    Socket 是计算机之间进行网络通信的一套程序接口，最初由 Berkeley 大学开发。目前 Socket 编程已经成为了网络编程的标准，计算机之间通信都必须遵守 Socket 接口的相关要求。Socket 对象是网络通信的基础，字相当于一个管道连接了发送端和接收端，并在两者之间相互传递数据。Python 语言对 Socket 进行了二次封装，简化了程序开发步骤，大大提高了开发的效率。

    本章主要介绍 Socket 程序的开发，讲述常见的两种通信协议 TCP 和 UDP 的发送和接收的代码实现。

10.1　问题的引入

    网络的通信模型和现实生活中的邮件投递有很多相同之处。完成一个邮件的投递，需要发送方和接收方的互相配合。发送邮件之前，发送方需要在包裹上写清楚收件人的地址和姓名，邮件包裹到达目的地后，邮递员再根据收件人的地址和姓名将邮件送给接收者。

    通过上面的例子可以发现邮件发送时需要指明接收者的地址和姓名。在网络通信模型中，也需要类似的两个重要的信息才能完成数据的传输：IP 地址和端口号。IP 地址相当于邮件通信中的地址；端口号相当于邮件通信中的收件人姓名。在接收端，主机负责接收所有发给自己的数据包，并将这些数据放到操作系统的数据传输线上，再由相应的应用程序在传输线上根据端口号分别拿取各自所需的数据。这要求应用程序在数据到达之前就必须在线路上进行等待，如图 10-1 所示，应用程序 IE、QQ、MSN 都已经启动，而且都在准备接收来自网络的数据，一旦传输总线上有数据到达，这些应用程序会按照数据包上的端口标识分别拿取自己的数据；但是如果数据到达传输总线时，相应的应用程序还没有启动，那么该数据将被操作系统丢弃。

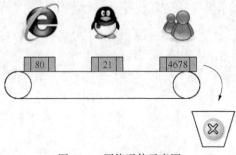

图 10-1　网络通信示意图

上面的例子说明：

（1）网络数据包中需要有接收者的信息，即 IP 地址和端口号；

（2）接收者必须在数据到达前，做好接收数据的准备；

（3）不同的应用程序，依靠不同的端口号来识别自己的数据。

10.2 一个简单邮寄过程

Alice 要邮寄一封信给 Tom，信的内容是 Hello。发信人 Alice 首先必须找到信签纸，写上问候的内容 "Hello"，然后将信签装入信封，并在信封上注明收信人地址和姓名，如图 10-2 所示。

图 10-2　邮件发送过程

收信人 Tom 接收到信后，必须先查看地址和收信人的姓名，确认无误后才能拆开信封（邮递员送信有时候也是会出错的，所以收信人要核对一下信息），查看里面的内容。计算机的通信过程和邮件的发送非常的类似，对于发送方和接收方来说，它们在通信的过程中都要按照一定的顺序完成各自的处理过程。它们的工作流程如图 10-3 所示。

框图：

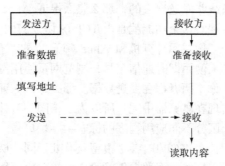

图 10-3　发送和接收流程图

10.3 TCP/IP 协议簇简介

当你向其他人发送聊天消息时，看上去消息很快而且直接传到了对方的计算机上。实际上数据在 Internet 网络中传输时经过了很多的处理，这些处理包括在你发送的消息填上对方的地址、打包和转换为电信号等一系列的过程。而接收方又将电信号转换为数据包，再拆包，最终才能看到你发送的原始消息。

这些复杂的过程是由 TCP/IP 协议簇完成的，它包含了一系列网络通信的基础协议。每个协议完成不同的功能，比如有的协议负责地址的填写和读取，有的协议负责数据与电信号的转换。

图 10-4 是 TCP/IP 参考模型，它描述了这些协议是如何配合完成数据的传输的。在 TCP/IP 参考模型中总共分为 5 层：应用层、传输层、网络层、数据链路层和物理层。在通信的时候只有处

于同一层的硬件或软件才能互相识别数据，也就是说应用层只和应用层进行会话，不会发生一边是应用层另一边是传输层的两个硬件或软件互相会话的情况。

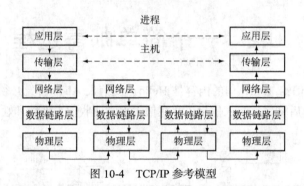

图 10-4　TCP/IP 参考模型

回顾前面的知识，IP 地址和端口号是通信中两个非常重要的元素。在 TCP/IP 参考模型中，IP 地址是网络层的要素，端口号是应用层的要素。IP 地址保证你的数据发送到正确的计算机上，而端口号保证了数据被不同的应用程序接收到。

平时使用计算机时，你可能在浏览网页，同时还和别人聊天，虽然有多个程序在使用网络，但是你只需要一条网线就可以联通整个互联网络，你所运行的程序都共享这个连接来发送数据。这就是 Internet 的基本特征之一：通过共享线路来交换数据。

那么这就带来问题了：所有程序都是由一条线路来交换数据，怎么区分不同的数据发送到不同的远程机器上呢？例如你给 Alice 发送了一条"你好"的信息，给 Tom 发送了一条"吃饭了吗？"的信息。而这些信息是由一条线路发送出去的，那么怎么保证 Alice 收到"你好"的信息，而不是收到"吃饭了吗？"的信息呢？这个功能就是由 TCP/IP 协议簇的 IP 地址来完成的。

再次仔细分析上面的例子，你在用计算机和 Alice 聊天，同时还在浏览网页，而聊天和浏览网页使用的是不同的程序（聊天使用即时通信工具，浏览网页使用浏览器）。Alice 在给你发送消息，同时网站也把网页传送给你，两者都在发送数据。那么怎么保证 Alice 发送给你的消息出现在即时通信工具中，而不会出现在浏览器中呢？所以为了将同一台计算机收到的数据分别传递给不同的应用程序，还需要一个区分不同应用程序的标志——端口号。

好了，这下你应该明白为什么 TCP/IP 参考模型只有处于同一层的硬件或软件才能互相通信了。因为它们完成的功能是不一样的，将数据传输给主机或程序所用的地址是不同的。

可是新问题又产生了，你在发送数据时，可没有填入 IP 地址和端口号啊，它们是怎么加进去的呢？TCP/IP 参考模型中有那么多层，每一层有什么作用呢？

其实你的数据在经过每一层的时候，都会被加入一些额外的信息，这些信息被称为头部。加入头部的过程被称为数据的封装。在应用层你的原始数据是"你好，Alice"，当被传入到传输层处理时，为了区分是哪个应用程序的数据，传输层就会将数据加入一个 TCP 头部，里面包含了端口号。当传入到网络层的时候，IP 地址被加入了传输层的数据中，形成了 IP 头部，如图 10-5 所示。

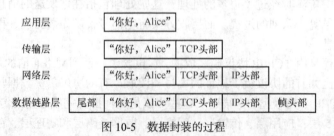

图 10-5　数据封装的过程

为了理解每一层的作用和数据封装的过程，我们用一个现实中邮政通信的例子来解释一下。在这个例子中，有两个家庭，一个位于北京，家里有 Alice 和 Anna 两姐妹；另一个家庭在昆明，有 Tom 和 Bob 两兄弟。这两个家庭会经常寄信联络感情，如图 10-6 所示。

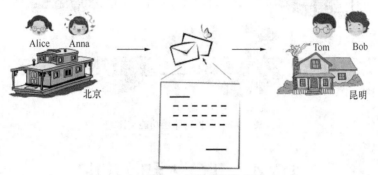

图 10-6　应用层功能类比

那么信件的内容就是 TCP/IP 参考模型中的应用层，信的内容可以是询问身体情况、联络感情等。信的内容千变万化，应用层的协议也就会很多。所以我们今天看到了丰富的网络应用，例如浏览网页、聊天等。

那么这两个家庭收到一封信后，怎么知道这封信该给谁呢？所以 Anna 在写完信后要把信装在信封里，写上 Bob 收，还要写上 Bob 家的通信地址，这样 Bob 才能收到信，如图 10-7 所示。是不是很像前面说的 IP 地址和端口号？而且把信装进信封的过程就是所谓的数据封装了。事实上就是这样，应用层的数据传输给了传输层，传输层加上端口号，再发给网络层的时候，网络层加上 IP 地址。

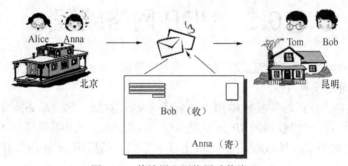

图 10-7　传输层和网络层功能类比

邮递员投递信件的时候，只是按照通讯地址把信件送到 Bob 家，就像网络层将数据送到正确的主机上。而某个数据具体该给哪个应用程序，就要靠端口号了，如图 10-7 所示。

到目前为止，我们解释了图 10-4 中的应用层、传输层和网络层的功能，还有一个数据链路层，这一层的作用就是负责将数据从链路的一端传到链路的另一端。

在 Anna 和 Bob 寄信的例子中，Anna 将写好的信放入邮筒中，邮递员可能开着汽车将邮筒中的信件送到北京的邮政中心。北京的邮政中心通过飞机将寄往昆明的信件送到昆明的邮政中心。昆明的邮递员骑着自行车，把信件从昆明的邮政中心送到 Bob 家。整个过程使用了 3 种交通工具，每次只是将信件从一个地方搬运到另一个地方。

数据链路层的功能就如同邮递员，把数据从链路的一端搬运到另一端，整个过程如图 10-8 所示。回想一下你在家用笔记本通过无线路由器上网的过程。笔记本的数据链路层将你聊天的数据发送给无线路由器，而无线路由器再将数据通过有线方式传输出去。

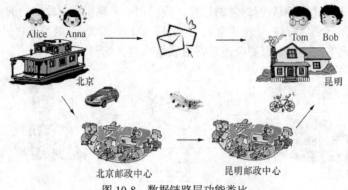

图 10-8　数据链路层功能类比

10.4　TCP 和 UDP

通过观察现实生活中的邮件投递，不难发现邮件有时候会丢失，而像 EMS 这样的特殊邮件很少会发生丢失。在网络中也是这样，有 2 种传输数据的方式，不会出现数据丢失的是 TCP 传输，而 UDP 在传输过程中会发生数据的丢失。

大多数情况下，网络中使用可靠的 TCP 方式传输数据。因为人们总是期望得到完整的数据，比如下载一首歌曲的时候，出现某部分数据丢失的情况，那么可能整首歌曲都无法使用。

但无论哪种方式，整个发送和接收的工作流程都要经历图 10-3 所示的几个步骤。

10.5　UDP 网络编程

【问题 10-1】编写 UDP 通信程序，发送端发送字符串 "Hello world"。接收端在计算机的 5005 端口进行接收，并显示接收内容。

分析：为了通信，发送端和接收端都必须创建 Socket 对象。发送端必须知道接收端的 IP 地址和所用的端口号，假设接收端的 IP 地址是 192.168.0.246，所用端口号是 5005。发送端利用 Socket 发送数据到网络上，接收端从 Socket 上读取数据，然后用 print 函数显示在屏幕上。

框图：

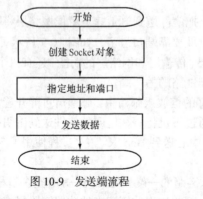

图 10-9　发送端流程

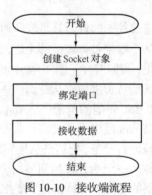

图 10-10　接收端流程

程序：

接收端代码：

```
#udpRecv.py
import socket
s=socket.socket(socket.AF_INET, socket.SOCK_DGRAM)
s.bind(("", 5005))
data, addr=s.recvfrom(1024) # buffer size is 1024 bytes
print ' received message:%s' % data
s.close( )
```
发送端代码:
```
#udpSender.py
import socket
s=socket.socket(socket.AF_INET, socket.SOCK_DGRAM)
s.sendto("Hello, world" , ("192.168.0.246" ,5005))  #192.168.0.246是接收端机器的IP地址
s.close( )
```

程序运行结果:

网络通信程序在运行时,需要先启动接收端,后启动发送端。代码的运行效果如下。

发送端:

```
$ python udpSender.py
$
$
```

接收端:

```
python udpRecv.py
received message:Hello world
$
```

10.6　UDP 代码解释

1. 发送端代码

在问题 10-1 的代码 udpSender.py 中,第一行代码 import socket 用来引入网络通信的必要模块 socket。该模块包含了进行网络通信时所需要的各种功能函数,它把复杂的网络通信过程进行了封装,极大地简化了开发的难度,提高了开发效率。

```
s = socket.socket(socket.AF_INET, socket.SOCK_DGRAM)
```

代码的第 2 行用来创建 1 个 socket 对象。socket.socet( )表示调用 socket 模块中的 socket 函数,该函数有 2 个参数,第 1 个表示协议族 family;第 2 个表示协议类型 type,详见表 10-1 和表 10-2。函数的返回值是一个 socket 对象,存放在变量 s 中,若 socket 创建成功,则可以利用 s 来进行数据的发送和接收;若 socket 创建失败,则返回一个小于 0 的错误号。

```
s.sendto("Hello, world" , ("192.168.0.246" ,5005))
```

sendto()是发送数据的函数,s.sendto()表示使用之前创建的 socket 对象 s 进行数据发送。该函数需要 2 个参数,第 1 个是需要发送的字符串;第 2 个是 1 个元组,元组的第 1 个元素表示接收方的 IP 地址,元组的第 2 个元素是接收方所用的端口。

程序执行到此处的时候,Python 就会启动 socket 的发送功能来发送数据,将字符串"Hello, World"发送到目标计算机 192.168.0.246 的 5005 号端口上。为了保证数据能够被正常接收,接收端程序应该提前启动,并在计算机的 5005 号端口上进行监听。

2. 接收端代码

接收端程序的主要功能是接收发送端发送来的数据并显示。为了和发送端的 socket 保持一致,接收端程序在调用 socket.socket( )的时候,使用了相同的参数,即发送端从 5005 端口发送数据,

那么接收端也应该从 5005 端口接收数据。

```
s.bind(("", 5005))
```

bind( )函数用来将 socket 绑定到指定的端口，只有接收端才需要调用该函数，发送端不需要使用。bind( )函数有 2 个参数，第 1 个是 IP 地址；第 2 个是端口。

第 1 个参数可以使用空字符串，表示使用本机的任何可用 IP。意味着如果接收端计算机有多个 IP 地址，那么发送端在发送数据的时候可以向接收端的任何一个 IP 地址发送，接收端就可以收到数据。

如果第 1 个参数使用了某一个指定的 IP，那么客户端只能向这个指定的 IP 地址发送，双方才能进行通信。

当然不论是上面哪种方式，都有一个前提，就是通信双方的网络是连通的，有兴趣的同学可以查阅计算机网络中有关 IP 地址和子网掩码的知识。

第 2 个参数指定监听端口，在指定端口的时候一定要保证该端口没有被其他应用程序占用。在网络通信中，计算机的 1 个端口只能被 1 个应用程序使用，可用的端口范围是 1～65536。其中 1～1024 之间的端口大多被操作系统和一些常用软件使用，为了避免发送冲突，所以这些端口尽量不要使用，开发用户程序时尽量使用 1024 以后的端口。

```
data, addr = s.recvfrom(1024) # buffer size is 1024 bytes
```

函数 recvfrom( )用来接收网络中的数据。该函数必须在 bind( )之后调用，两者结合起来意思就是在指定的端口进行监听，等待接收网络数据（图 10-1）。如果此时该端口没有数据到达，程序就一直等待，称为组塞；如果有数据则接收数据、对数据进行解析并返回。

recvfrom( )返回的第 1 个值是接收到的数据，这是用户发送过来的字符串；第 2 个返回值是发送方的 IP 地址。

recvfrom( )有 1 个参数，用来指定接收缓冲区的大小。该参数如果太小，发送方的数据在保存时将会溢出，所以建议设置大一些比较好，一般情况下不要小于 1024。但是也不要设置得太大，大了浪费计算机的内存。

关于 recvfrome( )函数更多的知识，请查阅相关的书籍和网站。

```
print 'received message:%s' % data
```

在终端显示接收到的数据，此行代码只有成功接收数据后才会调用。如果没有接收到数据，程序就一直在 recvfrom( )处等待（阻塞）。

发送端也称客户端，接收端也称服务器端。

10.7　UDP 函数介绍

Python 中的 socket 模块提供了网络通信中所需的各种 API，它是一个庞大的集合，可以满足网络开发者的各种需求。此处主要介绍其中几个经常用到的函数，更详细的资料请查阅 Python 的文档（http://docs.python.org/2/library/socket.html）。

10.7.1　socket

函数原型：socket.socket([family[, type[, proto]]])

用来创建一个 socket 对象，参数 family 指定通信的协议簇，参数 type 指定协议的类型，参数 proto 通常都设为 0 或者不指定。

family 只能从几个常量中选择，见表 10-1。

表 10-1   family 参数介绍

Family	描述
socket.AF_INET	IPV4
socket.AF_INET6	IPV6

type 取值参见表 10-2。

表 10-2   type 参数介绍

type	描述
SOCK_STREAM	TCP 协议
SOCK_DGRAM	UDP 协议

10.7.2　sendto

函数原型：socket.sendto(string, address)

用来发送字符串 string 到 address 指定的主机。其中 address 是一个元组，在 address 中需要指明 IP 地址和端口号，可以使用下面的格式进行赋值。

address=(接收端的 IP 地址,5005)

问题 10-1 中的代码也可以改写成下面的样子。

发送端代码：

```
#udpSender-2.py
import socket
s=socket.socket(socket.AF_INET, socket.SOCK_DGRAM)
address=("192.168.0.246" ,5005)
s.sendto("Hello, world" , address)
```

10.7.3　recvfrom

函数原型：socket.recvfrom(bufsize[, flags])

用来从网络上接收 UDP 数据包，并将接收到的数据存放到 bufsize 定义的内存空间里面。参数 flags 通常使用默认值，或者不设置，该参数取值比较复杂，详见 Unix 手册中有关 recv2 的介绍，或者访问 http://www.kernel.org/doc/man-pages/online/pages/man2/recv.2.html。

如果 bufsize 的值小于接收到的数据包的大小，那么数据将会溢出。

通常情况下，系统发送数据时，每次发送的数据包都小于 1024 字节。

10.8　TCP 网络编程

【问题 10-2】编写 TCP 通信程序，发送端发送字符串"Hello, world"。接收端在计算机 127.0.0.1 的 5005 端口进行接收，并显示接收内容。同时接收端将收到的内容加上 "-收到" 后发送给发送端，发送端接收并显示。

分析：为了通信，发送端和接收端都必须创建 socket 对象。发送端利用 socket 发送数据到网络上，接收端从 socket 上读取数据，然后用 print 函数显示在屏幕上。由于使用 TCP 编程，发送端需要调用 connect( )函数来连接接收端计算机。此外在一些函数的使用上与 UDP 编程也有所不同。

框图：

图 10-11　发送端流程　　　　　图 10-12　接收端流程

程序：

发送端代码：

```
#tcpSender.py
import socket

s = socket.socket(socket.AF_INET,socket.SOCK_STREAM)
s.connect( ("192.168.0.246", 5005) )    #与接收端建立连接
s.send('Hello, world' )                 #向接收端发送信息

data = s.recv(1024)                     #收取从接收端发来的信息
print 'received sendback:', data
s.close( )
```

接收端代码

```
#tcpRecv.py
import socket
s = socket.socket(socket.AF_INET, socket.SOCK_STREAM)
s.bind(("", 5005) )                #绑定所用的端口号
s.listen(5)                        #进行监听，最多可接收 5 个发送端的连接

clientsock, clientaddr = s.accept( )
data = clientsock.recv(1024)
print ' received message:', data

clientsock.send(data+"-收到")
clientsock.close( )
```

程序运行结果：

　　网络通信程序在运行时，需要先启动接收端，后启动发送端。代码的运行效果如下。

发送端：

```
$ python tcpSender.py
$ received sendback:Hello, world
$
```

接收端：

```
python tcpRecv.py
received message:Hello, world
$
```

10.9　TCP 代码详解

问题 10-2 中的代码 tcpSender.py 是一个 TCP 的发送端程序，与 UDP 代码不同之处是 socket 的创建过程，TCP 在创建 socket 时使用的参数为 SOCK_STREAM。

1．发送端

```
s = socket.socket(socket.AF_INET, socket.SOCK_STREAM)
```

socket 函数的第 2 个参数表示该 socket 使用 TCP 协议来发送数据，接收方在收到数据后会自动给发送方一个回应，用以说明数据是否成功接收。使用 TCP 发送数据可以保证数据的可靠性，但是因为每一次数据发送都要等待对方回应，因此传输过程花费的时间更多。

```
s.connect( ("192.168.0.246", 5005) )
```

connect 是 TCP 协议必须使用的一个函数。在 TCP 数据通信中，收发双方在通信之前必须先建立连接。建立连接相当于为后续的数据寻找一条可"通行"的路径，后续的数据将直接使用该路径进行数据传输，不再重新寻找路径。在 socket 中，connect( )函数仅需要调用一次即可。

```
s.send('Hello, world')
```

send 函数用来向接收方发送数据。与 UDP 的发送函数不同，TCP 使用 send 发送数据，函数中只有 1 个参数，即需要发送的字符串；而在 UDP 中使用 sendto 函数，sendto 需要 2 个参数，1个是需要发送的字符串，另外 1 个是接收方的地址。

```
data = s.recv(1024)
```

recv 用来接收数据，接收的缓冲区为 1024 字节。接收成功后数据将被保存在变量 data 中，如果没有数据到达，程序将被阻塞在该行代码处，直到有数据到达或者程序退出。

2．接收端

无论是 UDP 协议还是 TCP 协议，收发双方的协议必须保持一致才能进行通信，因此接收方的 socket 函数也必须使用 SOCK_STREAM 参数。

```
s = socket.socket(socket.AF_INET, socket.SOCK_STREAM)
```

接收方的主要工作是接收数据，并根据接收到的内容做出响应。接收方是被动接收消息的一方，因此需要绑定一个接口。

```
s.bind(("", 5005))
s.listen(5)
```

listen( )函数是让接收端程序处于接收状态，准备接收数据。listen 函数的参数表示同时可以连接的数目。示例中的参数 5 表示接收端同时可以接收 5 个客户端的连接，如果第 6 个客户端要连接本程序，将会被拒绝。

```
clientsock, clientaddr = s.accept( )
```

accept( )函数用来响应发送端的请求，从在该端口排队的对象中取出一个对象。Accept( )函数有 2 个返回值，第 1 个 clientsock 是监听 socket 为接收端新创建的一个通信 socket，接收端如果要给发送端发送数据，可以直接利用 clientsock；第 2 个返回值 clientaddr 是对方的通信地址。

```
data = clientsock.recv(1024)
print ' received message:', data
```

recv 函数用来接收对方发送过来的数据，接收成功后数据将被存放在 data 变量中。接收完成后使用 print 函数打印接收到的数据。

```
clientsock.send(data)
clientsock.close()
```

clientsock 是监听 socket 创建的新的接口对象，利用该 socket 可以直接和对方进行数据通信。上面的 2 行代码表示将接收到的数据 data 利用 clientsock 发送出去，然后关闭 clientsock。

10.10 TCP 函数介绍

10.10.1 connect

函数原型：socket.connect (address)

这是一个 address 发送端函数，用来连接远程的计算机。远程计算机的位置和端口用参数 address 来表示。address 参数是一个元组类型，第 1 个值是远程计算机的 IP 地址，第 2 个值是端口号。

10.10.2 send

函数原型：socket.send(bytes[, flags])

向 socket 接口中发送数据，bytes 参数是要发送的内容。在 TCP 编程中，要使用 send( )函数来发送数据，不能再使用 UDP 编程中的 sendto( )函数。

10.10.3 recv

函数原型：socket.recv(bufsize [, flags])

recv( )函数用来接收对方发送过来的数据，bufsize 和 flags 参数的定义与 recvfrom( )的相同。

10.10.4 bind

函数原型：socket.bind(address)

这是一个接收端的函数，表示 socket 对象是在 address 参数指定的主机和端口上进行通信的。address 参数的定义与 connect ( )的相同。

10.10.5 listen

函数原型：socket.listen(backlog)

这也是一个接收端的函数，表示 socket 对象是在 bind(address)方法的 address 参数指定的主机和端口上进行监听的，也就是等待客户端的连接。

10.10.6 accept

函数原型：socket.accept( )

accept( )函数用来响应发送端的请求，从在该端口排队的对象中取出一个对象。accept( )函数的返回值是一个元组--(conn, address)，其中 conn 是一个新的 socket 对象，用来发送和接收数据，address 包含了发送端的地址信息。

10.11　局域网聊天室

本节将讲解一个稍大一点的程序——局域网聊天室，该软件涉及前面章节中的很多知识，如 wxPython 编程、字符编码等，并且涉及软件工程的一些知识。

在实际软件开发中，通常会使用工程化的思想来指导软件开发，这样使得软件开发变得有条不紊，保证软件开发的成功率。在软件工程中，软件的开发可以分成几大步骤：需求分析、概要设计、详细设计、编码和测试。本节将按照软件工程开发的这几个步骤来开发这个局域网聊天室。

10.11.1　需求分析

需求分析是软件开发的第 1 步，所谓需求分析就是了解客户想要做一个什么功能的软件。在这个过程中，系统分析员、软件工程师以及客户需要在一起讨论软件的各种功能，以及每种功能要做成什么样子。通过这个阶段，会产生软件需求说明书，上面会详细记录软件的功能点，接下来程序员就根据软件需求说明书开始编写软件了，逐步完成各个功能点。

本节中的局域网聊天室要求完成以下功能。

（1）该软件要能让多人同时在局域网内使用，大家发送的消息能够互相看到，实现多人同时文字聊天。

（2）每个人使用昵称作区分，昵称可以更改；为了避免用户不输入昵称，软件在启动的时候随机生成 6 个字符长度的字符串作为用户的昵称。

（3）每个人发送的消息展示方式为：用户昵称+空格+时间+换行+用户消息；其中时间精确到秒。

（4）后启动软件的用户自动加入到聊天室中，也就是后来用户发送的消息前面的用户也可以看到。

10.11.2　概要设计

概要设计是软件工程中的第 2 个阶段，该阶段主要将软件按照功能划分成一个一个的模块，每个模块独立实现不同的功能，同时确定各个模块互相配合的接口。如果是复杂的软件，还要确定软件如何组织和管理数据、系统运行的环境等功能。

根据软件的需求，局域网聊天室的界面设计如图 10-13 所示。

在上图的界面中，主要分为 3 个部分：昵称显示及修改部分、聊天消息展示窗口和聊天消息发送部分。而且在聊天消息展示窗口中，每个人发送的消息展示方式为：用户昵称+空格+时间+换行+用户消息，而且时间精确到秒。

局域网聊天室软件的功能主要分成 3 个模块：用户界面、消息接收和消息发送。其中用户界面负责显示收到的

图 10-13　局域网聊天室原型设计界面

消息和与用户交互；消息接收模块负责从网络中接收其他用户发送的消息；发送模块将该用户的消息发送到网络中。根据这个划分方式，软件的结构如图 10-14 所示。

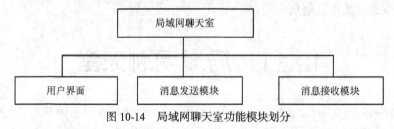

图 10-14　局域网聊天室功能模块划分

10.11.3　详细设计

在概要设计中，软件被划分成了一个一个的功能模块，还没有考虑每个模块的内部实现。而在详细设计阶段，设计者的对象是每个模块，需要将概要设计中确定的模块功能具体化，表达出每个模块的算法、流程等详细的内容。

局域网聊天室软件的 3 个模块的流程图如图 10-15 所示。

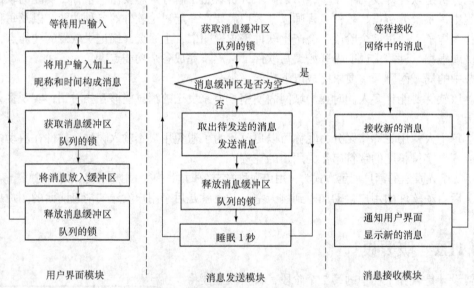

图 10-15　局域网聊天室三大模块流程图

每个模块的功能都比较独立，而且每个模块都要一起运行，所以涉及多线程编程。所谓线程就是独立运行的程序片断。如果一个程序拥有好几个线程一起运行，那么这个程序就称为多线程程序。而本书前面的程序都可以称为单线程程序，因为那些程序在执行的时候只有一个代码段在运行。

从局域网聊天室的 3 个模块的流程图可以看出，每个模块都是要一直运行的。例如，用户界面模块要接收用户的输入，如果不采用多线程的方式，程序在接收数据或发送数据的时候用户就无法输入消息了。再者，如果是单线程的方式，三个模块只能依次运行。当用户在输入消息的时候，这时其他人发送了新的消息，那么程序就无法接收到这个消息了，因为还没运行到接收模块的代码。

而多线程程序中经常会发生线程相互交换数据的情况。例如，在这个局域网聊天室中，用户界面模块会把消息放入消息缓冲区，而消息发送模块从缓冲区中读取消息并发送。因为两个模块是同时运行的，而消息缓冲区只有一个，为了防止数据发生错误，所以在访问缓冲区时需要用加上锁，保证缓冲区只有一个线程对它操作。锁的作用就像只有一个门的房间，当有人进入房间时，这个人就将门锁上，防止其他人进入；离开房间时，需要将门打开，这时其他人才能进入。

10.11.4　编码和测试

局域网聊天室主要使用了 Python 的 wxPython、threading、socket 和 time 等库，所以需要将这些库一一引入：

```
#myChartRoom.py
import wx
import time
import threading
import Queue
import socket
import struct
import random
```

用户界面模块使用 wxPython 实现，具体代码如下：

```
#myChartRoom.py
class MyChatRoomFrame(wx.Frame):

    def __init__(self, parent, title):
        wx.Frame.__init__(self, parent, title=title, size=(640,480))
        self.tcMsgEnt=None
        self.btnSendMsg=None
        self.tcMsgDis=None
        self.tcNickname=None

        #等待发送消息的队列和队列上的锁
        #锁用于保证在某一时刻只有一个线程对队列进行操作
        self.sendMsgQueue=Queue.Queue(100)
        self.sendMsgQueueLock=threading.Lock()

        self.recvMsgThread=None
        self.sendMsgThread=None

        self.InitUI()
        self.BindEvent()
        self.StartSendRecvMsgThread()
        self.Centre()
        self.Show()

def InitUI(self):
    #用于产生随机的昵称
        seed='1234567890abcdefghijklmnopqrstuvwxyz'
        randomNickname=''.join(random.sample(seed, 6))
        panel=wx.Panel(self)
        vbox=wx.BoxSizer(wx.VERTICAL)

        hboxNickname=wx.BoxSizer(wx.HORIZONTAL)
        stNickname=wx.StaticText(panel, label='Nickname:')
        hboxNickname.Add(stNickname,
                        flag=wx.RIGHT|wx.ALIGN_CENTER_VERTICAL, border=8)
        self.tcNickname=wx.TextCtrl(panel)
```

```python
        self.tcNickname.SetValue(randomNickname)
        hboxNickname.Add(self.tcNickname, proportion=1,
                        flag=wx.ALIGN_CENTER_VERTICAL)
        vbox.Add(hboxNickname,
                        flag=wx.EXPAND|wx.LEFT|wx.RIGHT|wx.TOP, border=10)
        vbox.Add((-1, 10))

        #显示聊天记录
        hboxMsgDis=wx.BoxSizer(wx.HORIZONTAL)
        self.tcMsgDis=wx.TextCtrl(panel, style=wx.TE_MULTILINE)
        hboxMsgDis.Add(self.tcMsgDis, proportion=1, flag=wx.EXPAND)
        vbox.Add(hboxMsgDis, proportion=1, flag=wx.LEFT|wx.RIGHT|wx.EXPAND,
                border=10)
        vbox.Add((-1, 25))

        #接收用户输入内容的 TextCtrl 控件
        hboxMsgEnt=wx.BoxSizer(wx.HORIZONTAL)
        self.tcMsgEnt=wx.TextCtrl(panel, style=wx.TE_MULTILINE, size=(530, 80))
        hboxMsgEnt.Add(self.tcMsgEnt,
                        flag=wx.EXPAND|wx.ALIGN_CENTER_VERTICAL, border=8)
        self.btnSendMsg=wx.Button(panel, label="Send")
        hboxMsgEnt.Add(self.btnSendMsg,
                    flag=wx.EXPAND|wx.ALIGN_CENTER_VERTICAL|wx.RIGHT, border=8)
        vbox.Add(hboxMsgEnt, flag=wx.EXPAND|wx.LEFT|wx.RIGHT, border=10)
        vbox.Add((-1, 25))

        panel.SetSizer(vbox)


#绑定界面的事件处理程序
    def BindEvent(self):
        self.btnSendMsg.Bind(wx.EVT_BUTTON,  self.btnEvtSendMsg)
        self.Bind(wx.EVT_CLOSE, self.OnExit)

    def OnExit(self, evt):
        self.StopSendRecvMsgThread()
        self.Close()

#单击发送按钮时的事件，需要取得用户输入的消息，放入发送队列中
    def btnEvtSendMsg(self, evt):
        evt.Skip()
        n=self.tcNickname.GetValue()
        t=time.strftime('%Y-%m-%d %H:%M:%S',time.localtime(time.time()))
        m=self.tcMsgEnt.GetValue()
        msg=' %(n)s (%(t)s) said:\n%(m)s\n\n' % {'n': n, 't': t, 'm': m}
        self.tcMsgEnt.Clear()

        self.sendMsgQueueLock.acquire()
        self.sendMsgQueue.put(msg.encode('gbk'))
        self.sendMsgQueueLock.release()

#程序启动时，启动消息发送线程和消息接收线程
    def StartSendRecvMsgThread(self):
        self.recvMsgThread=RecvMsgThread(self)
```

```
    self.sendMsgThread=SendMsgThread(self.sendMsgQueue, self.sendMsgQueueLock)
    self.recvMsgThread.start()
    self.sendMsgThread.start()
```

#程序结束时，结束消息发送线程和消息接收线程
```
def StopSendRecvMsgThread(self):
    #self.exitFlag=True
    self.recvMsgThread.stop()
    self.sendMsgThread.stop()
    self.recvMsgThread.join()
    self.sendMsgThread.join()
```

#刷新聊天记录的显示
```
def RefreshTCMsgDis(self, msg):
        self.tcMsgDis.AppendText(msg)
```
用户界面模块定义了 MyChatRoomFrame 这个类，它继承了 wx.Frame，主要成员变量如下：

（1）self.tcMsgEnt=None

（2）self.btnSendMsg=None

（3）self.tcMsgDis=None

（4）self.tcNickname=None

这 4 个成员变量是与用户界面相关的：self.tcMsgDis 是一个 wx.TextCtrl 控件，用于显示聊天的消息；self.tcMsgEnt 也是一个 wx.TextCtrl 控件，用户在这个控件中输入消息；self.tcNickname 是一个单行的 wx.TextCtrl 控件，用户可以在这里输入新的昵称；self.btnSendMsg 是一个 wx.Button 控件，点击它时，程序将会读取 self.tcMsgEnt 控件中用户的消息，放到消息缓冲区队列中，如图 10-16 所示。

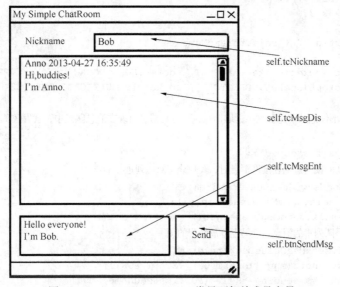

图 10-16　MyChatRoomFrame 类界面相关成员变量

其他的成员变量还有：

（1）self.sendMsgQueue=Queue.Queue(100)：初始化一个大小为 100 的消息缓冲区队列。

（2）self.sendMsgQueueLock=threading.Lock()：消息缓冲区队列的锁，保证用户界面模块的线程和消息发送模块的线程同时只有一个对 self.sendMsgQueue 进行操作。

（3）self.recvMsgThread=None：保存消息接收线程的变量。

（4）self.sendMsgThread=None：保存消息发送线程的变量。

MyChatRoomFrame 类中主要成员函数有。

（1）__init__()：MyChatRoomFrame 的构造函数，负责初始化相关的成员变量，同时调用其他成员函数初始界面和绑定图像界面的事件。

（2）InitUI()：用 wxPython 的控件构造用户界面。

（3）BindEvent()：主要绑定 Send 按钮的发送消息事件。

（4）OnExit()：关闭程序时，关闭消息发送者模块和接受者模块的线程。

（5）btnEvtSendMsg()：单击 Send 按钮的事件。

（6）StartSendRecvMsgThread()：开启接收线程和发送线程。

（7）StopSendRecvMsgThread()：停止接收线程和发送线程。

消息发送模块的具体代码如下：

```python
#myChartRoom.py
class SendMsgThread (threading.Thread):

    def __init__(self, sendMsgQueue, sendMsgQueueLock):
        threading.Thread.__init__(self)
        self.threadName='SendMsgThread'
        self.exitFlag=threading.Event()

        self.sendMsgQueue=sendMsgQueue
        self.sendMsgQueueLock=sendMsgQueueLock

    #发送线程的 run()函数，该函数继承于 threading.Thread，当线程启动时，就从该函数开始运行
    def run(self):
        MCAST_GRP='224.0.0.1'
        MCAST_PORT=9999

        print "Starting " + self.threadName

        sock=socket.socket(socket.AF_INET, socket.SOCK_DGRAM, socket.IPPROTO_UDP)
        sock.setsockopt(socket.IPPROTO_IP, socket.IP_MULTICAST_TTL, 32)

        #发送线程需要不停地从消息队列中读取消息，一旦有消息出现在消息队列中，就发送队列中的消息，直到线程被停止
        while not self.stopped():
            #获取队列的锁，避免在读取消息时，其他线程对队列进行操作
            self.sendMsgQueueLock.acquire()
            if not self.sendMsgQueue.empty():
                msg=self.sendMsgQueue.get()
                #取得队列中的消息后就马上释放队列的锁
                self.sendMsgQueueLock.release()
                sock.sendto(msg, (MCAST_GRP, MCAST_PORT))
                print "%s sending %s" % (self.threadName, msg)
            else:
                self.sendMsgQueueLock.release()
            time.sleep(1)

        sock.close()
        print "Exiting " + self.threadName

    def stop(self):
```

```
            self.exitFlag.set()

    def stopped(self):
        return self.exitFlag.isSet()
```

消息发送模块由 SendMsgThread 类实现，它继承于 threading.Thread。主要成员变量有。

（1）self.threadName ：消息发送线程的名字。

（2）self.exitFlag ：消息发送线程的退出标志，如果此标记被设置，消息发送线程将退出循环。

（3）self.sendMsgQueue ：消息队列。

（4）self.sendMsgQueueLock ：消息队列的锁。

主要成员函数有。

（1）__init__()：初始化 SendMsgThread 的成员函数。

（2）run()：该函数继承于 threading.Thread 类，当调用 threading.start()函数时，该函数就会执行。在该函数中创建了 socket 对象用于发送数据，发送数据的 IP 地址和端口号分别为 224.0.0.1 和 9999。224.0.0.1 是一个多播地址，表示向一群主机发送消息。

（3）stop()：用户界面线程调用此函数来终止消息发送线程的工作。

（4）stopped()：用户界面线程通过此函数来判断该线程是否结束工作。

消息接收模块的具体代码如下：

```python
#myChartRoom.py
class RecvMsgThread (threading.Thread):

    def __init__(self, mainThread):
        threading.Thread.__init__(self)
        self.threadName='RecvMsgThread'
        self.mainThread=mainThread
        self.exitFlag=threading.Event()

    def run(self):
        MCAST_GRP='224.0.0.1'
        MCAST_PORT=9999

        print "Starting " + self.threadName

        sock=socket.socket(socket.AF_INET,
socket.SOCK_DGRAM, socket.IPPROTO_UDP)
        try:
            sock.seckopt(socket.SOL_SOCKET, socket.SO_REUSEADDR, 1)
        except AttributeError:
            pass

        sock.setsockopt(socket.IPPROTO_IP, socket.IP_MULTICAST_TTL, 32)
        sock.setsockopt(socket.IPPROTO_IP, socket.IP_MULTICAST_LOOP, 1)

        sock.bind(('', MCAST_PORT))
        host=socket.gethostbyname(socket.gethostname())
        sock.setsockopt(socket.SOL_IP,
socket.IP_MULTICAST_IF, socket.inet_aton(host))
        sock.setsockopt(socket.SOL_IP, socket.IP_ADD_MEMBERSHIP,
                    socket.inet_aton(MCAST_GRP) + socket.inet_aton(host))


#接收线程需要不停地从网络中接收消息，一旦接收到消息，就将消息显示出来，直到线程被停止
```

```
    while not self.stopped():
        try:
            #用 sock.recvfrom()函数从网络中接收消息
            msg, addr=sock.recvfrom(1024)
            wx.CallAfter(self.mainThread.RefreshTCMsgDis, msg)
        except socket.error, e:
            print 'receiving expection'

        time.sleep(1)

    sock.close()
    print "Exiting " + self.threadName

def stop(self):
    self.exitFlag.set()

def stopped(self):
    return self.exitFlag.isSet()
```

消息接收模块由 SendMsgThread 类实现，它继承于 threading.Thread。主要成员变量有：

（1）self.threadName：消息接收线程的名字。

（2）self.exitFlag：消息接收线程的退出标志，如果此标记被设置，消息接收线程将退出循环。

（3）self.mainThread：保存用户界面线程的变量，当收到新消息时，通过该变量调用用户界面模块的 RefreshTCMsgDis()函数显示消息。

主要成员函数有：

（1）__init__()：初始化 SendMsgThread 的成员函数。

（2）run( )：该函数继承于 threading.Thread 类，当调用 threading.start()函数时，该函数就会执行。在这个函数中，scok 对象循环从 9999 号端口上接收数据，然后调用用户界面模块的 RefreshTCMsgDis()函数显示消息。

（3）stop()：用户界面线程调用此函数来终止消息发送线程的工作。

（4）stopped()：用户界面线程通过此函数来判断该线程是否结束工作。

在程序最后，使用下列代码运行整个局域网聊天室程序：

```
#myChartRoom.py
if __name__ == '__main__':
    app=wx.App()
frame=MyChatRoomFrame (None, title='My Simple Chatroom')
frame.Show(True)
    app.MainLoop()
```

本章小结

网络通信过程类似于现实生活中的物流，同样都是把东西从一个地方运输到另外一个地方。对于物流公司来说它们的规模有大有小，运输工具有快有慢，对于计算机来说，它们的处理能力有强有弱，对于网络环境来说有快有慢。所以在数据的传输过程中就有可能存在运输能力不对称的可能：发送端发送机器性能很好，发送了一个很大的数据包，而接收端计算机的性能较差，接收的能力有限，一次无法接收这么大的数据包。也可以理解为接收方一次只能搬运（处理）一手推车的数据给系统，但是发送方发送过来的却有一集装箱的数据。面对这么多的数据，接收方该怎么办？

本章主要介绍 Python 中 socket 通信的流程和基本程序开发步骤。在实际的网络通信过程中还会有很多的异常情况，编程时可根据实际情况对异常进行捕捉和处理，以提高程序的健壮性。本章主要需要掌握以下知识点：

1. socket 通信的基本流程。要明白 socket 中各个函数之间的前后关系；接收和发送要相互配合，双方使用的地址和协议类型要统一，否则将无法通信。

2. 掌握相关函数的用法。socket 函数中的很多参数都是系统定义的变量，在调用时需要明确知道常用参数的含义。

习　　题

1. 两同学合作编写 UDP 通信程序，同学甲编写接收端程序，并把自己机器的 IP 地址告诉同学乙，双方商定一个端口号，如 5005。同学乙编写发送端程序，并向同学甲发送信息。

2. 两同学合作编写 UDP 通信程序，同学乙编写接收端程序，并把自己机器的 IP 地址告诉同学甲，双方商定一个端口号，如 5005。同学甲编写发送端程序，并向同学乙发送信息。要求：

（1）双方的程序启动后，能多次发送和接收信息；

（2）当同学甲发送"再见"时，双方的程序都能退出。

3. 为什么 TCP 的 send()函数不用像 UDP 的 sendto()函数一样要指定接收端的 IP 和端口？没有接收端的 IP 和端口，发送端怎么知道要向哪个主机发送数据呢？

4. 在 TCP 编程中，如果有多个发送端，怎么让接收端知道是哪个发送端在和自己通信呢？提示：accept( )返回 2 个值，尝试查看第 2 个值的类型，并把它打印显示出来。

第11章
异常处理

异常（Exception）是指程序中的例外、违例、出错等情况。例如，当你想要读某个文件而该文件不存在，或者序列下标超界、做除法时除数为 0、空引用等，遇到这些情况，程序通常会终止执行，使用条件语句可减少出错情况，但不能完全解决问题，异常处理才是完美的解决方案。Python 提供了强大的异常处理机制，程序员通过捕获异常能够提高程序的健壮性，异常发生时，系统不会强行终止程序，执行程序编写的处理异常的代码后，程序能继续执行下去，同时编译器还能提供更多更有用的诊断信息，帮助程序员尽快解决问题。因此，程序员用代码来处理异常是很重要的。

11.1　什么是异常

在深入了解异常之前，我们先来看看什么是错误。程序的错误可以分为三类：语法错误、运行错误和逻辑错误。下面分别说明。

（1）语法错误是由于编程中输入了不符合语法规则的信息而导致的。例如，表达式不完整、缺少必要的符号、数据类型不匹配、关键字不匹配等。在程序进行解释或编译时，解释器或编译器会对程序中的语法错误进行诊断，这些错误必须在程序执行之前纠正。这不属于异常。

（2）运行错误是指在程序运行过程中出现的错误。例如，除法运算时除数为零、元组下标越界、文件打不开、磁盘空间不够等。这属于异常。

（3）逻辑错误是指程序运行后，没有得到设计者预期的结果。例如，使用了不正确的变量、指令次序错误、算法考虑不周全、循环条件不正确等。这不属于异常。

当 Python 检测到一个错误时，解释器就会指出当前流已无法继续执行下去，这时候就出现了异常。异常是指因为程序出错而在正常控制流以外采取的行为。

异常分为 2 个阶段：第 1 个阶段是引起异常发生的错误；第 2 个阶段是检测并处理阶段。

11.2　Python 中的异常类

Python 用异常对象（exception object）来表示异常情况。如果异常出现时没有捕捉或者处理，在程序中用回溯（Traceback）来终止执行。

观察下面一段代码，运行到 "print A" 语句时出错，程序终止，系统输出出错信息。

```
>>> x, y = 10, 5
>>> a = x / y
>>> print A
```

```
Traceback (most recent call last):
  File "<pyshell#2>", line 1, in <module>
    print A
NameError: name 'A' is not defined
```

我们可以观察到有一个 NameError 被引发，语句"print A"中使用了未定义的变量"A"，处理器检测到该错误并输出错误所在的位置。以上错误发生时，程序终止运行，如果对错误进行捕捉并对其进行处理，将不至于使整个程序失败。

异常和异常处理同样存在于 C++、Java 等语言中。和其他支持异常处理的语言类似，Python 采用了尝试（try）和异常（exception）块的概念。Python 是面向对象语言，所以程序抛出的异常也是类。常见的 Python 异常类有以下几个（见表 11-1）。

表 11-1   Python 的一些内建异常类

异常类名	描 述
Exception	所有异常的基类
NameError	尝试访问一个没有申明的变量
ZeroDivisionError	除数为 0
SyntaxError	语法错误
IndexError	索引超出序列范围
KeyError	请求一个不存在的字典关键字
IOError	输入输出错误（如你要读的文件不存在）
AttributeError	尝试访问未知的对象属性
ValueError	传给函数的参数类型不正确
EOFError	发现一个不期望的文件或输入结束

11.3   捕获和处理异常

异常可以通过 try 语句来检测，放在 try 语句块中的代码会被监测，看是否有异常发生。对异常处理的语句则放在 except 语句块中。

try 语句可以有两种形式：try-except 和 try-finally。其中 1 个 try 语句可以对应 1 个或多个 except 子句，但只能对应 1 个 finally 子句。

11.3.1   try...except...语句

最常见的 try...except...语句的形式如下所示，它由 try 块和 except 块组成。try...except...用于处理问题语句，捕获可能出现的异常。try 子句中的代码块放置可能出现异常的语句，except 子句中的代码块处理异常。

try:
      try 块   #被监控的语句
except Exception[, reason]:
      except 块   #处理异常的语句

在对列表、序列等表格结构进行处理时，需要通过下标方式进行元素的引用，如果下标超过范围（即下标越界）时，程序会被强行结束。先看下面一段有错误的代码：

```
>>> a_list = ['China', 'America', 'England', 'France']
>>> print a_list[4]

Traceback (most recent call last):
  File "<pyshell#10>", line 1, in <module>
    print a_list[4]
IndexError: list index out of range
```

如果在对列表元素引用时，使用 try…except…语句检测下标值是否越界，如果下标越界（即引发 IndexError 异常时），我们让解释器输出一条诊断信息，程序继续执行后续代码，而不是一发生错误就强行终止程序。下面代码显示了使用 try…except…语句诊断异常的过程。

```
>>> a_list = ['China', 'America', 'England', 'France']
>>> try:
    print a_list[4]
except IndexError:
    print '列表元素的下标越界'
```

运行结果是：

```
列表元素的下标越界
```

在上面的例子中，我们捕获了 IndexError 异常。程序运行时，解释器尝试执行 try 块中的代码，如果代码块完成后没有发生异常，则流程跳过 except 语句继续向下执行；但是如果发生了 except 语句指定的异常，流程就不会再执行 try 块中的后续语句（如果还有的话），而立即跳转到 except 块。本例中，try 块中的语句"print a_list[4]"出现了下标越界的异常，于是流程转去执行 except 块中的语句"print '列表元素的下标越界'"。

11.3.2　try...except...else...语句

我们已经见过 else 语句用在 Python 的其他语句中，如用在条件语句和循环语句中，else 语句也可用于 try…except…语句中，构成 try…except…else…的结构。如果在 try 范围内捕获了异常，就执行 except 块；如果在 try 范围内没有捕获异常，就执行 else 块。

【例 11-1】修改以上例子，引入循环结构，可以实现重复输入字符串序号，直到检测序号不越界时输出相应的字符串。

```
a_list = ['China', 'America', 'England', 'France']
print '请输入字符串的序号'
while True:
  n = input( )
  try:
    print a_list[n]
  except IndexError:
    print '列表元素的下标越界，请重新输入字符串的序号'
  else:
    break;
```

程序运行结果：

```
>>>
请输入字符串的序号
5
列表元素的下标越界，请重新输入字符串的序号
4
列表元素的下标越界，请重新输入字符串的序号
2
England
```

以上例子执行时，前 2 次输入的字符序号分别为 5、4，序号值超过了列表元素的下标范围，于是流程进入 except 块执行，输出提示信息。直到第 3 次输入的序号值为 2，该序号值没有超过列表元素的下标范围，未引发异常，于是流程进入 else 块执行 break 语句结束循环。

11.3.3　带有多个 except 的 try 语句

以上例子中，使用 1 个 except 语句检测了 IndexError 类型的异常，如果希望检测不同类型的异常，就可以使用多个 except 语句，来处理 1 个 try 块中可能发生的多种异常。语句格式为：

try:
　　try 块　　　　　　　#被监控的语句
except Exception1[, reason1]:
　　except 块 1　　　　　#处理异常 1 的语句
except Exception2[, reason2]:
　　except 块 2　　　　　#处理异常 2 的语句

【例 11-2】请看以下例子，输入 2 个数，求 2 个数相除的结果。在数值输入时应检测输入的被除数和除数是否是数值，如果输入的是字符则视为无效。在进行除操作时，应检测除数是否为零。

```
try:
  x=input('请输入被除数: ')
  y=input('请输入除数: ')
  z=x / y
except ZeroDivisionError:
  print '除数不能为零'
except NameError:
  print '被除数和除数应为数值类型'
else:
  print x, '/', y, '=', z
```

如果输入的被除数或者除数不是数值类型，则给出错误提示信息，并取消除法操作。

运行效果 1：
请输入被除数: 10
请输入除数: a
被除数和除数应为数值类型

如果输入的除数为零，给出错误提示信息，并取消除法操作。

运行效果 2：
请输入被除数: 10
请输入除数: 0
除数不能为零

如果输入的被除数和除数都正确，没有引发异常，则执行除法操作，并输出运算结果。

运行效果 3：
请输入被除数: 10
请输入除数: 5.2
10 / 5.2 = 1.92307692308

11.3.4　捕获所有异常

通过查询异常继承的树形结构，可以发现 BaseException 是在最顶层，KeyboardInterrupt、SystemExit 和 Exception 平级。其中，KeyboardInterrupt 和 SystemExit 不是通常意义上的错误条件，KeyboardInterrupt 代表用户按下 CTRL+C，想要关闭 Python；SystemExit 是由于当前 Python 应用程序要退出。

```
BaseException
   ├── KeyboardInterrupt
   ├── SystemExit
   └── Exception
```

当需要捕获所有异常时，可以使用 BaseException，代码格式如下：

```
try:
……
except BaseException, e:
      ……            #处理所有错误
```

【例 11-3】　编写一个函数，将输入的参数值转换为 float 类型，转换时检测参数的有效性。

```
def safe_float(obj):
    try:
        retval=float(obj)
    except BaseException, e:
          retval=e
    return retval

print safe_float('xyz')
print safe_float(1)
print safe_float("123")
print safe_float({})
```

运行结果如下：

```
could not convert string to float: xyz
1.0
123.0
float( ) argument must be a string or a number
```

11.3.5　finally 子句

finally 子句是指无论异常是否发生，是否被捕获都一定会执行的一段代码。finally 子句可以和 try 配合使用，也可以和 try-except 一起使用。如当读一个文件时，无论异常是否发生都希望关闭文件，该怎么做呢？这时就可以使用 finally 子句来完成。下面是 try-finally 的语法格式：

```
try:
    ……
finally:
    ……            #无论如何都会执行
```

查看以下程序段，当在读取 text.txt 中的文本时可能引发异常，并且在执行 readline( )时也可能失败，出现错误时会导致文件不能正常关闭。

```
try:
    f = open('test.txt', 'r')
    line = f.readline( )
    f.close( )
except IOError:
```

```
     log.write('read file error')
```
此时可以通过添加 try-finally 语句段来改进以上代码。

【例 11-4】 通过 try-finally 语句使得无论文件打开是否正确或是 readline( )调用是否正确，都能够正常关闭文件。

```
try:
     f = open('test.txt', 'r')
     line = f.readline( )
     print line
finally:
     f.close( )
```

以上代码段尝试打开文件并读取数据，如果在此执行过程中发生一个错误，会执行 finally 语句块，正常关闭文件。如果在此过程中没有发生错误，也会执行 finally 语句块，正常关闭文件。

11.4　两种处理异常的特殊方法

11.4.1　断言语句（assert 语句）

断言语句的语法是：

assert expression[, reason]

当判断表达式 expression 为真时，什么都不做；如果表达式为假，则抛出异常。例如：

```
>>> assert 1==1
>>> assert 2*1==2+1

Traceback (most recent call last):
    File "<pyshell#5>", line 1, in <module>
        assert 2*1==2+1
AssertionError
```

可见，当 assert 后面的表达式为假时，抛出 AssertionError 异常，而且传进去的字符串会作为异常类的实例的具体信息。

【例 11-5】 以下程序段举例说明 assert 语句的用法。

```
Exp11_5.py
try:
assert 1 == 3 , "1 is not equal 2!"
except AssertionError,reason:
    print "%s:%s"%(reason.__class__.__name__,reason)
```

运行结果为：

```
>>>
AssertionError:1 is not equal 2!
```

11.4.2　上下文管理（with 语句）

with 语句的目的是从流程图中把 try、except、finally 关键字和与资源分配释放相关的代码全部去掉，而不是像 try-except-finally 那样仅仅简化代码使之易于使用。with 语句的语法如下：

with context_expr [as var]:
　　with 块

【例 11-6】以下程序段举例说明 with 语句的用法。假设在 D:盘根目录下有一个 test.txt 文件，该文件里面的内容是

How are you?

Fine, thank you.

执行以下程序段，观察运行结果，体会 with 语句的作用。

```
with open('d:\\test.txt') as f:
  for line in f:
print line
```

运行结果为：

```
>>>
How are you?

Fine, thank you.
```

以上程序的功能是：（1）打开文件 d:\test.txt；（2）将文件对象赋值给 f；（3）依次输出文件中的所有行；（4）无论代码是否出现异常，都关闭 test.txt 文件。

with 语句看起来如此简单，但是背后还做了一些工作。然而，并不是所有的对象都可以使用 with 语句，只有支持上下文管理协议（context management protocol）的对象才可以。支持该协议的对象如下所示：

file

decimal.Context

thread.LockType

threading.Lock

threading.RLock

threading.Condition

threading.Semaphore

threading.BoundedSemaphore

11.5 引发异常（raise 语句）

之前提及的异常都是由解释器引发的，如果我们想要在自己编写的程序中主动抛出异常，该怎么办呢？Python 提供了一种自行引发异常的机制——raise 语句。在 raise 语句中指明错误或异常的名称即可，可以引发的错误或异常应该分别是 Error 类或 Exception 类或它们的间接导出类。raise 语句的基本语法如下：

raise [SomeException [, args [,traceback]]

第 1 个参数 SomeException 必须是 1 个异常类，或异常类的实例。

第 2 个参数 args 是传递给 SomeException 的参数，必须是 1 个元组。这个参数用来传递关于这个异常的有用信息。

第 3 个参数 traceback 很少用，主要是用来提供 1 个跟踪记录对象（traceback）。

下面举例说明：

```
>>> raise NameError

Traceback (most recent call last):
  File "<pyshell#0>", line 1, in <module>
    raise NameError
NameError
```

```
>>> raise NameError,("There is a name error","in test.py")

Traceback (most recent call last):
  File "<pyshell#2>", line 1, in <module>
    raise NameError,("There is a name error","in test.py")
NameError: ('There is a name error', 'in test.py')
```

```
>>> raise NameError,NameError("There is a name error","in test.py")   #注意跟上面一个例
子的区别
Traceback (most recent call last):
File "<stdin>", line 1, in <module>
NameError: ('There is a name error', 'in test.py')
```

【例 11-7】 下面是一个使用 raise 语句自行引发异常的例子。

```
class ShortInputException(Exception):
    '''你定义的异常类。'''
    def __init__(self, length, atleast):
        Exception.__init__(self)
        self.length=length
        self.atleast=atleast

try:
    s=raw_input('请输入 --> ')
    if len(s) < 3:
        raise ShortInputException(len(s), 3)    # raise 引发一个自定义的异常
except EOFError:
    print '你输入了一个结束标记 EOF'
except ShortInputException, x:                   # x 这个变量被绑定到了错误的实例
    print 'ShortInputException: 输入的长度是 %d, 长度至少应是 %d' % (x.length, x.atleast)
else:
    print '没有异常发生.'
```

运行输出如下：

```
请输入 -->
你输入了一个结束标记 EOF

请输入 --> ab
ShortInputException: 输入的长度是 2, 长度至少应是 3

请输入 --> abcd
没有异常发生.
```

上面我们创建了一个自定义的异常类型，这个新的异常类型名为 ShortInputException，它有两个域：lenth 是给定输入的长度，atleast 是程序期望的最小长度。

当输入结束标志 "Ctrl+D" 时，except 捕获了 EOFError 类异常；当输入字符串的长度小于 3 时，由 raise 引发自定义的 ShortInputException 类异常。

11.6　采用 sys 模块回溯最后的异常

```
import sys
try:
    block
except:
    tuple = sys.exc_info()
    print tuple
```

sys.exc_info()的返回值 tuple 是一个三元组(type, value/message, traceback)，三元组的元素说明如下：

type——异常的类型。

value/message——异常的信息或者参数。

traceback——包含调用栈信息的对象。

从这点上可以看出此方法涵盖了 traceback。

【例 11-8】 使用 sys 模块的例子。

程序：
```
#Exp11_8.py
import sys
try:
    1/0
except:
    tuple = sys.exc_info()
    print tuple
```

程序运行结果：
```
(<type 'exceptions.ZeroDivisionError'>, ZeroDivisionError('integer division or modulo by
zero',),
<traceback object at 0x01222940>)
```

本章小结

本章介绍了 Python 中的异常处理机制，Python 中常见的异常类，捕获和处理异常的语句 try…except…语句、try---except…else…语句、finally 子句等，两种处理异常的特殊方法——assert 语句、with 语句，如何自行引发异常的 raise 语句，以及通过 sys 模块中的 exc_info( )函数获取异常信息等内容。

习　题

1. try-except 和 try-finally 有什么不同？

2. 改进内建函数 open( )，封装一个 safe_open( )函数，使得文件成功打开后，返回文件句柄；如果打开失败则返回给调用者 None，而不是生成一个异常，这样在打开文件时就不需要额外的异常处理语句。

3. 改进内建函数 raw_input( )，封装一个 safe_input( )函数，使得输入发生异常时返回 None。raw_input( )函数会生成两种异常 EOFError（文件末尾 EOF，在 Windows 下是由于按下了 Ctrl+D 组合键，在 DOS 下是按下了 Ctrl+Z 组合键）或是 KeyboardInterrupt（取消输入，一般是由于按下了 Ctrl+C 组合键）。

第12章
数据库应用程序开发

开发管理信息系统是所有高级语言的主要目标之一。所有的管理信息系统都需要用到数据库，而 Python 对数据库有良好的支持，能对多种数据库进行访问。使用 Python 能够高效地开发出管理信息系统，可以是网站程序，还可以是桌面应用程序。本章以开发一个通讯录为例，介绍开发管理信息系统的基础知识和基本技术。本章主要内容有：
1. 数据库应用程序的问题描述；
2. SQLite 简介；
3. SQLite 的基本功能；
4. SQLite 的可视化工具；
5. 数据库应用程序开发。

12.1　数据库应用程序的问题描述

【问题 12-1】　开发一个基于数据库的通讯录管理小软件。其界面如图 12-1 所示，能够实现通讯录的新增、删除、修改和查询。

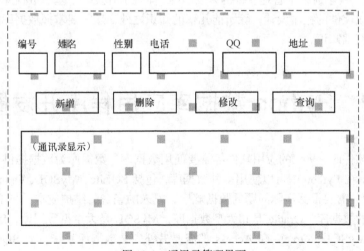

图 12-1　通讯录管理界面

分析：
　　要实现基于数据库的通讯录管理，首先需要在 SQLite 中建立一个数据库，并在数据库中建立一个表，表中的记录就是一条通讯录；然后设计一个图形用户界面，在按钮的事件处理函数中编写相应的代码，以便在软件运行时单击按钮就能执行对应的函数。

框图：如图 12-2 所示。

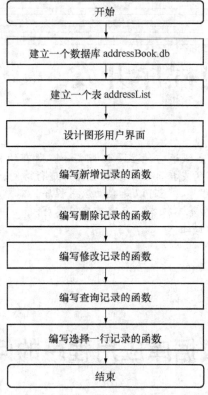

图 12-2　通讯录管理小软件的开发步骤

图 12-2 描述了一个通讯录管理软件的开发步骤，体现了开发一个基于数据库管理信息系统的基本逻辑。要完成软件的程序设计，除了前几章的知识之外，还需要掌握数据库的基础知识。下面介绍数据库的基础知识。

12.2　Python 数据库应用程序开发概述

在开发应用软件时，90%的应用软件都需要使用数据库，数据库为数据提供了安全、可靠、完整的存储方式。在 Python 中可以使用多种数据库，包括 SQLite、MySQL、Oracle 和 Access 等。在 Python 开发中，需要根据实际问题的数据规模、投入的经费、维护成本、与 Python 的集成度等因素选择不同的数据库。Oracle 是超大型数据库，MySQL 是大中型数据库，SQLite 和 Aceess 是小型数据库。MySQL、Oracle 和 Access 都需要另外安装数据库系统，而 SQLite 已经内嵌在 Python 中，不需要另外安装。在 Python 中只需要导入不同的模块就能使用不同的数据库，使用 SQLite 需要导入 sqlite3 模块。本书选用不需要经费投入、维护成本低、与 Python 集成度高的数据库 SQLite。

12.3　SQLite 简介

SQLite 是 D.Richard Hipp 用 C 语言编写的开源嵌入式数据库引擎，它是完全独立的，不需要数据库服务器。SQLite 支持多数 SQL92 标准，可以在所有主要的操作系统上运行，并且支持大多数计算机语言。SQLite 非常健壮，SQLite 对 SQL92 标准的支持包括索引、限制、触发和查看。SQLite 不支持外键限制，但支持原子的、一致的、独立和持久（ACID）的事务。这意味着事务是原子的，因为它们要么完全执行，要么根本不执行；事务也是一致的，因为在不一致的状态中，该数据库从未被保留；事务还是独立的，所以，如果在同一时间在同一数据库上有两个执行操作的事务，那么这两个事务是互不干扰的；而且事务是持久性的，所以，该数据库能够在崩溃和断电时幸免于难，不会丢失数据或损坏。SQLite 通过数据库级上的独占性和共享锁定来实现独立事务处理。这意味着当多个进程和线程在同一时间从同一数据库读取数据时，只有一个可以写入数据。在某个进程或线程向数据库执行写入操作之前，必须获得独占锁定。在发出独占锁定后，其他的读或写操作将不会再发生。

在内部，SQLite 由以下几个组件组成：SQL 编译器、内核、后端以及记录集。SQLite 通过利用虚拟机和虚拟数据库引擎（VDBE），使调试、修改和扩展 SQLite 的内核变得更加方便。所有 SQL 语句都被编译成易读的、可以在 SQLite 虚拟机中执行的程序集。

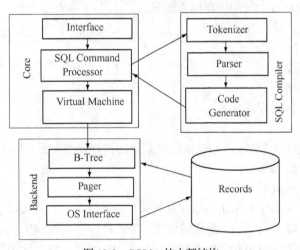

图 12-3　SQLite 的内部结构

SQLite 支持大小高达 2TB 的数据库，每个数据库完全存储在单个磁盘文件中。这些磁盘文件可以在不同字节顺序的计算机之间移动。这些数据以 B+树（B+tree）数据结构的形式存储在磁盘上。SQLite 根据该文件系统获得其数据库权限。

由于资源占用少、性能良好和管理成本低，嵌入式数据库有了它的用武之地，它将为那些以前无法提供用作持久数据的后端的数据库的应用程序提供高效的性能。SQLite 已经被多种软件和产品所使用：

（1）Apple 的 Mac OS X 操作系统；

（2）Safari Web 浏览器；

（3）Mail.app 的电子邮件程序、RSS 的管理；

（4）Apple 的 Aperture 照片软件；

（5）Adobe 的 AIR；

（6）Google 的 Android。

在 Python 中只要导入 sqlite3 模块就能使用 SQLite 数据库。

12.4 SQLite 基本功能

SQLite 的功能非常强大。开发基于数据库的管理信息系统，首先要掌握有关数据库的一些基本功能。这些基本功能包括建立一个数据库、建立一个表、新增记录（插入记录）、删除记录、修改记录和查询记录。下面依次介绍它们的功能及操作。

1. 创建数据库或打开数据库

通过调用 connect 函数来创建数据库或打开数据库，一般格式为：

连接对象=sqlite3.connect(数据库文件名)

该函数返回一个数据库的连接对象，程序员通过连接对象访问数据库，例如：

conn=sqlite3.connect("D:/address.db")

在调用 connect 函数的时候，指定库名称，如果指定的数据库存在就直接打开这个数据库，如果不存在就新创建一个再打开。SQLite 的一个数据库就是一个文件，可以通过复制进行备份。

数据库的连接对象可以进行的主要操作如下。

execute(SQL 语句)：执行 SQL 语句。

cursor( )：创建一个游标。

commit( )：事务提交。

rollback( )：事务回滚。

close( )：关闭一个数据库连接。

2. 创建游标

游标是通过调用连接对象的 cursor( )函数来创建的，创建游标的一般格式为：

游标对象=连接对象. cursor( )

例如，cur=conn.cursor( )

游标提供了一种对从表中检索出的数据进行操作的灵活手段，其实际上是一种能从包括多条数据记录的结果集中，每次提取一条记录的机制。游标总是与 1 条 SQL 选择语句相关联。游标由结果集（可以是 0 条、1 条或由相关的选择语句检索出的多条记录）和结果集中指向特定记录的游标位置组成。当决定对结果集进行处理时，必须声明一个指向该结果集的游标。

游标可以进行的主要操作如下。

execute(SQL 语句)：执行一个 SQL 语句，通常执行查询语句。

fetchall( )：返回一个列表，其中包含查询结果集中所有尚未取回的行。

fetchone( )：以元组的方式返回查询结果集的下一行，结果集用尽则返回 None。

Description：以 7 元组的方式返回结果集的列名，每个列名包含在一个 7 元组中，列名是首元素。

3. SQLite 主要 SQL 语句

在 Python 中操作 SQLite 的 SQL 语句是通过连接对象的 execute( )方法或游标的 execute( )方法来执行的，语句以字符串的形式传递。

SQLite 支持多数 SQL92 标准，并有一些扩充，主要 SQL 语句如下。

（1）建立数据库

前面已介绍。

（2）建立表

create table <表名>(<字段名 1> <字段选项 1>, <字段名 2> <字段选项 2>, ...)

（3）删除表

drop table <表名>

（4）插入记录

insert into　表名[(<字段名列表>)] values (<值列表>)

当字段名列表中含所有字段名时，可省略字段名列表，值列表中的值要与表中的字段一一对应。

（5）修改记录

update　<表名>　set 字段名 1=值 1 [, 字段名 2=值 2, ...]　where <修改条件>

（6）查询记录

select <字段名列表| *>　from <表名>　[where <条件>]

（7）删除记录

delete from <表名> where <删除条件>

（8）查询数据库中所有表

select * from sqlite_master where type='table'

（9）查询表结构

PRAGMA table_info(<表名>)

（10）增加字段

alter table <表名>　add <字段名> <字段选项>

（11）修改表名

alter table　<表名>　rename to <新表名>

下面对 SQLite 的重点知识进行演示，在演示过程中将建立问题 12-1 所需要的数据库和表，并在表中插入几条记录，然后删除。

```
>>> import sqlite3
>>> conn=sqlite3.connect('D:/addressBook.db')
>>> cur=conn.cursor()
>>>cur.execute( '''create table addressList(
ID integer primary key autoincrement,
name varchar(10),
sex varchar(6) NULL,
phon varchar(11) NULL,
QQ varchar(11) NULL,
address varchar(30) NULL)''' )
>>> cur.execute( '''insert into addressList(name , sex , phon , QQ , address) values('
王小明' , '男' , '13888997011' , '66735' , '天津市' ) ''' )
>>> cur.execute( "insert into addressList(name, sex, phon, QQ, address)  values('李莉
', '女', '15808066055', '675797', '天津市' )" )
>>> cur.execute( "insert into addressList(name, sex, phon, QQ, address)  values('李星
草', '男', '15912108090', '3232099', '天津市' )" )
>>>cur.execute( "update  address set QQ='666888', phone='120' where id==2 " )
>>>conn.commit()
>>> cur.execute( 'delete from addressList where address=="天津市" ' )
```

```
>>> conn.commit()
>>> conn.close()
```

为什么在交互式状态插入的记录要删除？因为在交互式状态中插入记录时，Python 2.7.3 版本使用的是操作系统的默认编码，如果在 Windows 中，其默认编码是 CP936，而在读记录时 Python 2.7.3 版本使用的是 UTF-8 编码。编码不统一会造成显示的记录是乱码，还会造成程序出错的问题。如果在 Ubuntu 中不会出现这种问题。幸运的是，通过运行程序插入记录，或使用可视化工具插入记录，都可以让 Python2.7.3 使用 UTF-8 编码。

【例 12-1】 编写程序插入一条记录，插入的记录使用 UTF-8 编码。

分析：要让插入的记录使用 UTF-8 编码，有两点要做到。

（1）代码中必须有一行语句#coding=utf-8，告诉 Python 使用 UTF-8 编码；

（2）通过菜单 Options->configure IDLE...设置 Default Source Encoding 为 UTF-8。

设置如图 12-4 所示，程序如下。

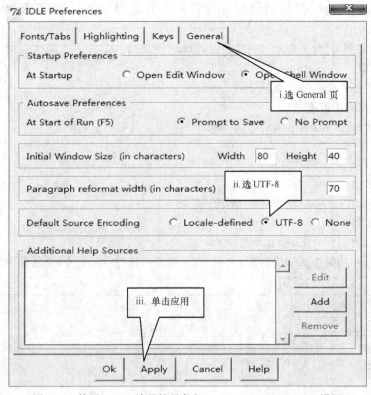

图 12-4　使用 UTF-8 编码的程序和 Default Source Encoding 设置

程序：

```
#Exp12_1.py
#coding=utf-8
import sqlite3
conn=sqlite3.connect("D:/addressBook.db")
cur=conn.cursor()
cur.execute( "insert into addressList (name, sex)  values('王明', '男') ")
conn.commit( )
conn.close( )
```

说明

（1）第 2 行代码告诉 Python 使用 UTF-8 编码；

（2）第 6 行代码是执行插入记录的 SQL 语句。由于建立表 addressList 时，有 4 个字段都允许空值 NULL，因此在插入记录时，这些字段可以不指定值，也可以指定值，该语句只为 name 和 sex 字段指定了值；

（3）第 7 行代码是事务提交。如果没有事务提交，则插入的记录将不会写入磁盘文件中。

【例 12-2】 编写程序插入 3 条记录，插入的记录使用 UTF-8 编码。

程序：

```
#Exp12_2.py
#coding=utf-8
import sqlite3
conn=sqlite3.connect("D:/addressBook.db")
cur=conn.cursor()
cur.execute('''insert into addressList
(name , sex , phon , QQ , address)
values('王小丫' , '女' , '13888997011' , '66735' , '北京市' )''')
cur.execute('''insert into addressList
(name, sex, phon, QQ, address)
values('李莉', '女', '15808066055', '675797', '天津市')''')
cur.execute('''insert into addressList
(name, sex, phon, QQ, address)
values('李星草', '男', '15912108090', '3232099', '昆明市')''')
conn.commit()
conn.close()
```

【例 12-3】 查询表 addressList，显示查出的记录。

分析： 查询使用 select 语句，查询后用游标的 fetchall( )方法取出查询到的记录并放到一个列表中，然后显示列表。

框图： 如图 12-5 所示。

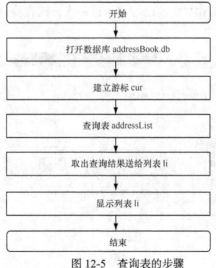

图 12-5　查询表的步骤

程序：

```
#Exp12_3.py
```

```
import sqlite3
conn=sqlite3.connect('D:/addressBook.db')
cur=conn.cursor()
cur.execute('select * from addressList')
li=cur.fetchall()
for line in li:
    for item in line:
        if type(item)!=unicode:
            s=str(item)
        else:
            s=item
        print s+'\t',
    print
conn.close()
```

程序运行结果：

1	王小丫	女	13888997011	66735	北京市
2	李莉	女	15808066055	675797	天津市
3	李星草	男	15912108090	3232099	昆明市
4	李江	男	13900700900	3355680	上海市

12.5 SQLite 的可视化工具

使用一个可视化工具来管理数据库对于提高管理效率以及学习数据库知识来说都是一个不错的选择。SQLite 的可视化管理工具有很多，名称为 SQLiteManager 的工具也有多个，其中之一的官网地址是 www.sqlabs.com，可通过该网站下载可视化管理工具。下载后进行安装就能使用。下面简要介绍 SQLiteManager 的使用。

1. 启动 SQLiteManager

安装后，单击开始菜单中"SQLiteManager"启动 SQLiteManager。启动后，会要求打开一个数据库文件，或打开当前数据库（如果之前已经使用过一次，则直接打开上次打开过的数据库），如图 12-6 所示。

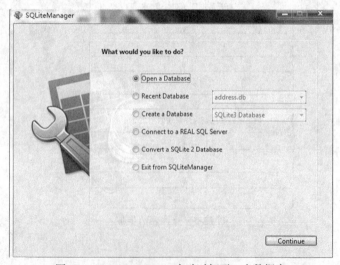

图 12-6 SQLiteManager 启动时打开一个数据库

打开一个数据库后，进入 SQLiteManager 的操作界面，如图 12-7 所示。

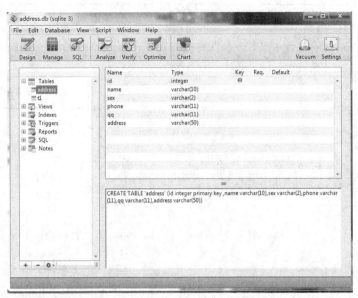

图 12-7　SQLiteManager 的操作界面

2．建立新表

展开"Database"菜单，选择"Create Table"菜单项，打开建立新表对话框，其中包含如图 12-8 所示的 3 个按钮。

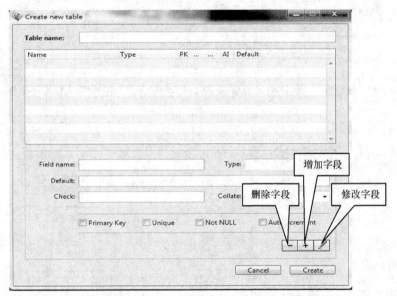

图 12-8　建立新表对话框

增加字段的操作如图 12-9 所示，先填写字段名，并选择字段类型，然后单击"+"按钮，就增加了一个字段。重复这个过程，即可完成一个表的设计。

下面以设计成绩表 score 为例进行演示。

（1）首先增加主关键字段 ID，类型为整型 integer，其值设为自动增长。

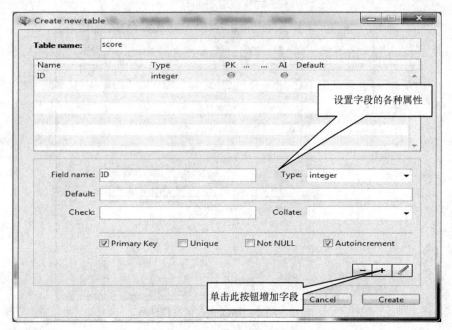

图 12-9　增加字段的操作界面

（2）增加字段 Python（Python 语言）、C_language（C 语言）和 Remark（备注），如图 12-10 所示，最后单击"Create"按钮完成新表的建立。

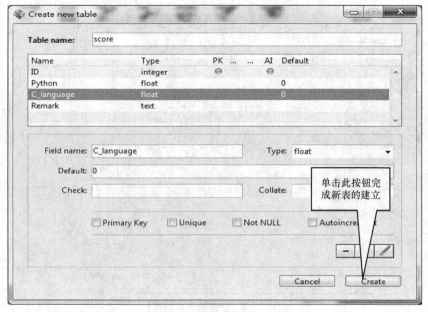

图 12-10　建立新表并完成

3. 修改记录

方式 1：右击要修改记录的表，选择"Query"（查询），如图 12-11 所示，进入修改界面。双击需要修改的字段就能进行修改，如图 12-12 所示。

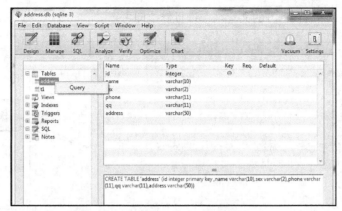

图 12-11　修改记录的第 1 步操作

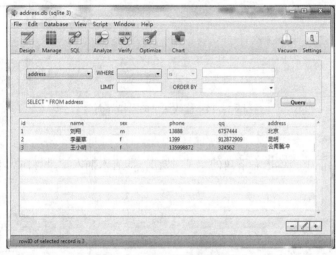

图 12-12　修改记录的操作界面

　　方式 2：使用编辑表功能。展开"Database"菜单，选择"Edit Table"菜单项，如图 12-13 所示。选择一个表，即可进入修改记录界面，如图 12-14 所示。

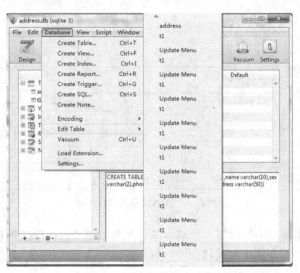

图 12-13　选择编辑表功能

选择一个字段，然后在下方的文本框中进行修改即可。

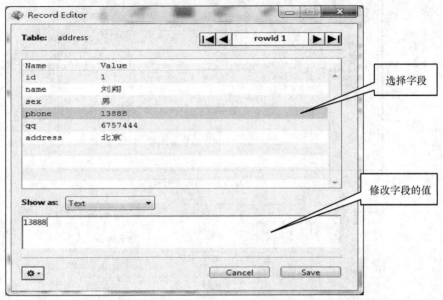

图 12-14　修改记录的操作界面

4. 插入记录

在修改记录的界面上，单击右下角的"+"按钮，即进入插入记录界面。单击"+"按钮后的界面如图 12-15 所示。

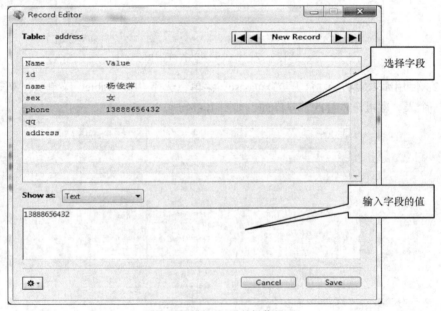

图 12-15　插入记录的操作界面

在上方的列表框中选择一个字段，然后在下方的文本框中输入字段的值。

单击左下角的按钮，可插入当前日期、空值，还可以从文件中读取数据、把当前字段数据存入文件。

12.6　数据库应用程序开发

【例 12-4】 完成问题 12-1 的程序设计。

程序：

```python
#Exp12_4.py
import sqlite3
import wx
import wx.grid
class MyFrame(wx.Frame):
#界面设计代码开始...
    def __init__(self):
        self.m=0
        x0=22
        y0=20
        w=90
        dx=20
        dy=20
        wx.Frame.__init__(self, None, -1, "通讯录管理小软件", size=(700, 400))
        panel=wx.Panel(self)#,pos=(0,0),size=(1360,100))

        wx.StaticText(panel, -1, "编号", pos=(x0, y0))
        self.num=wx.TextCtrl(panel, -1, "", pos=(x0, y0+dy),size=(w, 20))
        self.num.SetEditable(False)

        wx.StaticText(panel, -1, "姓名", pos=(x0+w+dx, y0))
        self.name=wx.TextCtrl(panel, -1, "", pos=(x0+w+dx, y0+dy),size=(w, 20))
        wx.StaticText(panel, -1, "性别", pos=(x0+2*(w+dx), y0))
        self.sex=wx.TextCtrl(panel, -1, "", pos=(x0+2*(w+dx), y0+dy),size=(w, 20))
        wx.StaticText(panel, -1, "电话", pos=(x0+3*(w+dx), y0))
        self.phone=wx.TextCtrl(panel, -1, "", pos=(x0+3*(w+dx), y0+dy),size=(w, 20))
        wx.StaticText(panel, -1, "QQ", pos=(x0+4*(w+dx), y0))
        self.qq=wx.TextCtrl(panel, -1, "", pos=(x0+4*(w+dx), y0+dy),size=(w, 20))
        wx.StaticText(panel, -1, "地址", pos=(x0+5*(w+dx), y0))
        self.address=wx.TextCtrl(panel, -1, "", pos=(x0+5*(w+dx), y0+dy),size=(w, 20))

        self.insert=wx.Button(panel, label="新增", pos=(6*x0, y0+3*dy),size=(w, 25))
        self.insert.SetToolTipString("新增记录方法:\n1.在文本框中输入数据;\n2.单击此按钮以增加
记录。")

        self.delete=wx.Button(panel, label="删除", pos=(6*x0+w+dx, y0+3*dy),size=(w, 25))
        self.delete.SetToolTipString("删除记录方法:\n1.选择一行;\n2.单击此按钮以删除。")

        self.update=wx.Button(panel, label="修改", pos=(6*x0+2*(w+dx), y0+3*dy),size=(w,25))
        self.update.SetToolTipString("修改记录方法:\n1.选择一行;\n2.在文本框中进行修改;\n3.
单击此按钮以保存修改。")

        self.select=wx.Button(panel, label="查询", pos=(6*x0+3*(w+dx), y0+3*dy),size=(w,25))
        self.select.SetToolTipString("查询所有记录")
```

```
            self.Bind(wx.EVT_BUTTON, self.OnInsert, self.insert)
            self.Bind(wx.EVT_BUTTON, self.OnDelete, self.delete)
            self.Bind(wx.EVT_BUTTON, self.OnUpdate, self.update)
            self.Bind(wx.EVT_BUTTON, self.OnSelect, self.select)

            self.grid=wx.grid.Grid(panel,pos=(10,140),size=(550,200))
            self.grid.Bind(wx.grid.EVT_GRID_RANGE_SELECT, self.OnGridSelect)

            self.conn=sqlite3.connect("D:/addressBook.db")
            self.cur=self.conn.cursor()

            self.res=[]
#...界面设计代码结束
#事件处理函数设计开始...
    def OnGridSelect(self,event):  #选择一行记录的事件处理函数
            li=self.grid.GetSelectedRows()
            if len(li)>=1:
                print li[0]     #向控制台输出选中行的 ID，帮助理解所进行的操作
                tu=self.res[li[0]]
                self.num.SetValue('%s'%tu[0])
                self.name.SetValue(tu[1])
                self.sex.SetValue(tu[2])
                self.phone.SetValue(tu[3])
                self.qq.SetValue(tu[4])
                self.address.SetValue(tu[5])


    def OnInsert(self,event):       #新增按钮的事件处理函数
            #encoding=utf-8
            s=" '"+self.name.GetValue()+"','" +self.sex.GetValue()+"','"\
                +self.phone.GetValue()+"','"+self.qq.GetValue()+"','"\
                +self.address.GetValue()+"' "
            #注意：这里的串用一对双引号表示，串中含有单引号
            #上面使用了代码续行符\
            sql="insert into addressList(name,sex,phon,qq,address) values("+s+")"
            self.conn.execute(sql)
            self.conn.commit()


    def OnDelete(self,event):        #删除按钮的事件处理函数
            if len(self.num.GetValue())>0:
                dlg=wx.MessageDialog(None,"是否真要删除，删除后无法恢复！" ,"删除",wx.YES_NO
|wx.ICON_QUESTION)
                if dlg.ShowModal()!=wx.ID_YES:
                    return
                sql="delete from addressList where ID="+self.num.GetValue()
                self.conn.execute(sql)
                self.conn.commit()


    def OnUpdate(self,event):        #修改按钮的事件处理函数
            #encoding=utf-8
            if len(self.num.GetValue())>0:
                sql="update addressList set name= '"+self.name.GetValue()+"',sex='"\
                    +self.sex.GetValue()+"',phon='"+self.phone.GetValue()+"',QQ='"\
                    +self.qq.GetValue()+"',address='"+self.address.GetValue()+\
                    "' where ID="+self.num.GetValue()
```

```
        #注意：这里的串用一对双引号表示，串中含有单引号
        self.conn.execute(sql)
        self.conn.commit()
        #注意：更新语句中的条件 where 部分不可缺，如果缺少，则会把所有记录的数据都更改了
    def OnSelect(self,event):    #查询按钮的事件处理函数
        self.cur.execute("select * from addressList ")
        self.res=self.cur.fetchall()
        rowNum=len(self.res)
        colNum=len(self.cur.description)
        if self.m==1:
            self.grid.DeleteRows(0,self.grid.GetNumberRows())
            self.grid.AppendRows(rowNum)
        if self.m==0:
            self.grid.CreateGrid(rowNum,colNum)

        i=0
        for line in self.res:
            j=0
            for f in line:
                s="%s"%f
                self.grid.SetCellValue(i,j,s)
                self.grid.SetReadOnly(i,j)
                j=j+1
            i=i+1
        for col in range(colNum):
            self.grid.SetColLabelValue(col,self.cur.description[col][0])

        self.m=1
#...事件处理函数设计结束
#主程序代码开始...
if __name__ == "__main__":
    app=wx.PySimpleApp()
    frame=MyFrame()
    frame.Show(True)
    app.MainLoop()
#...主程序代码结束
```

程序运行结果： 如图 12-16 和图 12-17 所示。

图 12-16　程序运行中的"查询"结果

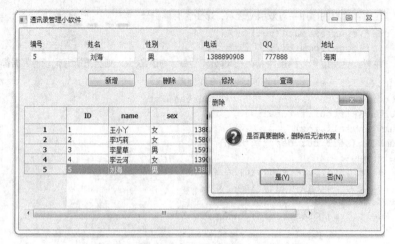

图 12-17　程序运行中的"删除"操作过程

单击"是"则删除选中的记录，单击"否"则不删除而返回。

例 12-1 是一个图形界面程序，用到了面向对象程序设计的思想，其重点在于如下几个方面。

1. 设计界面

根据实际问题，对功能、界面进行设计，并在框架上放置所需的窗口部件。

2. 设计事件处理函数

根据功能的要求来编写代码，编写出能实现所需功能的函数。

3. 理解图形界面程序的执行

通过图形界面程序的执行流程来理解程序的设计思想。该图形界面程序执行的流程如下。

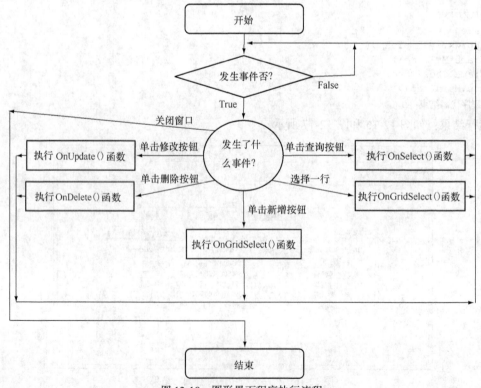

图 12-18　图形界面程序执行流程

通常，多分支结构是用菱形表示的双分支嵌套来表示的，本书用圆形来表示多分支结构，简化了框图，使读者更容易理解程序的执行情况。。

本章小结

本章介绍了数据库的基础知识和开发基于数据库的应用程序的基础知识，围绕通讯录管理小软件的开发，向读者展示了既使用数据库又使用图形界面的应用程序设计的基本原理、基本方法和一些技巧。学习本章，应掌握以下知识与技能。

1. SQLite 是一个小型的、嵌入式的数据库，没有商业成本。
2. 在 Python 中可以使用多种数据库。
3. 打开数据库或新建数据库使用形如 conn=sqlite3.connect("D:/address.db") 的语句。
4. 操作数据库是通过 SQL 语句实现的，SQL 语句以字符串的形式传入连接对象或游标的 execute( )函数中执行。
5. 对表进行插入记录、修改记录或删除记录后，都要执行连接对象的 commit( )方法提交事件，才能实现磁盘上数据的更改。
6. 插入记录时，尽可能使用 UTF-8 编码。
7. 通过 SQLite 的可视化工具可以方便地管理数据库。
8. 设计图形界面的程序时，重点如下：
（1）设计合理的数据库，如果用不到数据库，这一步可以省略；
（2）设计界面；
（3）设计事件处理函数；
（4）理解图形界面程序的执行。
9. 用圆形来表示多分支。

习　　题

1. 在交互式编程状态中建立一个数据库，在该数据库中建立一个表，执行 12.4 节中的 SQL 语句。
2. 编写一个程序，在表中插入 5 条记录。
3. 编写一个程序，查询表中满足某种条件的记录。
4. 编写一个程序，删除表中满足某种条件的记录。
5. 使用可视化工具建立一个数据库，在其中建立一个表，并进行插入记录、修改记录和删除记录的操作。
6. 仿照【例 12-1】，设计个人消费记录管理小软件。

第13章
游戏开发

一想到要自己动手编写游戏程序，就会让喜欢挑战的程序员激动不已。由于程序员的不断创新和努力，越来越多的游戏被开发出来。编写游戏程序是一件有趣的工作，也是一件有成就感的工作；编写游戏程序能加深程序员对语言的理解，能更快地提高程序员的编程水平。

本章介绍用 Pygame 软件包开发游戏的基础知识和基本方法。

本章主要内容有：

1. 图形化的问候问题；
2. Pygame 基础知识；
3. Pygame 基础知识的应用。

13.1　图形化的问候问题

编程初学者写的第一个程序往往是显示问候语 "Hello World!"，那么游戏开发初学者能不能用漂亮的图形进行问候呢？看下面的问题。

【问题】　编写小游戏，让鹰随鼠标移动。

分析：需要载入鹰图片、背景图片，需要建立窗口，要让鹰随鼠标移动需要管理鼠标事件，这些都能用 Pygame 做到。

框图：如图 13-1 所示。

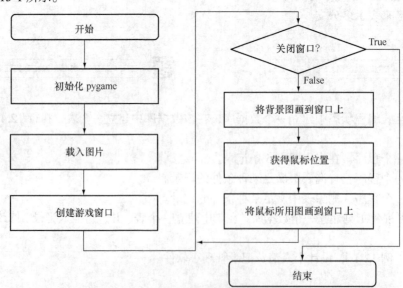

图 13-1　让鹰随鼠标移动的小游戏流程

程序：

```
#Ques13_1.py
#导入pygame库
import pygame
#导入一些常用的函数和常量
from pygame.locals import *
#指定图像文件名称
background_image_filename='火星的干冰迹.jpg'
mouse_image_filename='鹰3.gif'


#初始化pygame，为使用硬件做准备
pygame.init()
#加载图像
background=pygame.image.load(background_image_filename)
mouse_cursor=pygame.image.load(mouse_image_filename)
#按图像的宽、高创建一个窗口
screen=pygame.display.set_mode((int(background.get_width()),int(background.get_height(
))),0, 32)
#设置窗口标题
pygame.display.set_caption("Hello,World!   From pygame")
pygame.mouse.set_visible(False)
#游戏主循环
flag=1
while flag==1:
    for event in pygame.event.get( ):
        if event.type==QUIT:
            #接收到关闭窗口事件后退出程序
            pygame.quit()
            flag=-1
            break
    if flag==-1:
        break
    #将背景图像画上去
    screen.blit(background, (0,0))
    #获得鼠标位置
    x, y=pygame.mouse.get_pos()
    #计算放置鼠标所用图像的左上角位置
    x-= mouse_cursor.get_width() / 2
    y-= mouse_cursor.get_height() / 2
    #把鼠标所用图像画上去
    screen.blit(mouse_cursor, (x, y))
    #刷新屏幕，以使新的变化显示出来
    pygame.display.update()
```

程序运行结果：如图 13-2 所示。

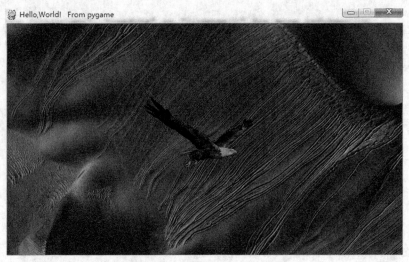

图 13-2　鹰在火星的干冰迹上空飞翔

移动鼠标时，鹰就会随之移动。

13.2　Pygame 基础知识

　　Pygame 是建立在 SDL（Simple Direct Media Layer，简易直控媒体层）的基础之上的软件包。SDL 是 Sam Lantinga 在为 Loki Software 工作时，为了简化游戏移植而编写的，它提供了一种简单的方式来控制媒体信息，而且能够跨平台使用。Pete Shinners 在 SDL 的基础上开发了 Pygame。Pygame 是跨平台的 Python 模块，专为电子游戏设计，包含图像、声音功能。Pygame 能把游戏研发者从低级语言如 C 语言的束缚中解放出来，专注于游戏逻辑本身。使用 Pyagme 开发游戏时，所有的游戏资源都可以由高级语言提供，如 Python。由于 Pygame 很容易使用且跨平台，因此其在游戏开发中十分受欢迎。

　　Pygame 和 SDL 已经活跃很多年了，因为它们是开放源代码的软件，也促使一大批游戏开发者为完善和增强它而努力。

13.2.1　Pygame 的安装

　　可以到 www.pygame.org 网站下载并安装。一旦安装了 Pygame，就可以在交互模式中输入以下语句检验是否安装成功：

```
>>> import pygame
>>> print pygame.ver
```

　　如果安装成功，就会显示如下内容：

1.9.2pre

在编写本书的时候，1.9.2 是 Pygame 的最新版本，读者也可以找一找其他更新的版本。

13.2.2　Pygame 的模块

Pygame 有大量可以被独立使用的模块。对于计算机的常用设备，都有对应的模块来进行控制。另外还有其他一些模块，例如，pygame.display 是显示模块；pygame.keyboard 是键盘模块；pygame.mouse 是鼠标模块，如表 13-1 所示。

表 13-1　　　　　　　　　　　　　Pygame 软件包中的模块

模块名称	说　　明
pygame.cdrom	CD 访问控制驱动
pygame.cursors	载入鼠标指针文件
pygame.display	控制显示
pygame.draw	画形状、线、点
pygame.event	管理事件
pygame.font	使用系统字体
pygame.image	载入和保存图像
pygame.joystick	使用操纵杆和类似设备
pygame.key	读取键盘按键
pygame.mixer	载入和播放声音
pygame.mouse	管理鼠标
pygame.movie	播放视频文件
pygame.music	管理声音
pygame.overlay	访问高级视频层
pygame.contains	高级 Pygame 函数
pygame.rect	管理矩形区域
pygame.sndarray	处理声音数据
pygame.sprite	管理移动图像
pygame.surface	管理屏幕
pygame.surfarray	处理图像像素数据
pygame.time	管理定时器
pygame.transform	修改和移动图像

Pygame 模块会自动导入其他的模块，所以如果在程序的首部放置了 import pygame 语句的话，就能自动访问其他的模块了，如 pygame. display 和 pygame. font。

init( )函数是 Pygame 游戏的核心，它必须在进入游戏的主件循环之前被调用。这个函数会自动初始化其他所有模块（如 font 和 image），通过它载入驱动和硬件请求，游戏程序才可以使用计算机上的所有设备，比较费时间。如果只使用少量模块，应该分别初始化这些模块以节省时间。下面是 sound 模块初始化的例子。

```
pygame.sound.init( )
```

并不是所有的模块都可以在所有的平台使用，有可能读者的硬件和游戏不兼容，或者请求的驱动程序没有安装。如果是那样，Pygame 就会将模块设置为 None，这种情况很容易测试。下面的语句测试字体是否载入，如果没有则退出 Pygame 的应用环境。

```
if pygame.font is None:
    print "The font module is not available!"
    pygame.quit()
```

下面对常用的模块进行简要说明：

1. surface

pygame 模块包含 surface( )函数（和其他工具），surface( )函数的一般格式为：

pygame.surface((width, height), flags=0, depth=0, masks=None)

它返回一个新的 surface 对象。这里的 surface 对象是一个有确定尺寸的空图象，可以用它来进行图象的绘制与移动。

2. locals

locals 模块中定义了 Pygame 环境中用到的各种常量，它还包括事件类型、键和视频模式等。在导入所有内容（from pygame. locals import*）时使用它是很安全的。如果知道自己需要的内容，也可以导入更加具体的内容（如 from pygame. locals import FULLSCREEN）。

3. display

display 模块包括处理 pygame 显示方式的函数，其中包括普通窗口和全屏模式。游戏程序通常需要下面的函数。

（1）flip：更新显示。一般说来，修改当前屏幕的时候要经过两步，首先需要对 get _ surface 函数返回的 surface 对象进行所需的修改，然后调用 pygame. display. flip 更新显示以反映所做的修改。

（2）update：在只想更新屏幕一部分的时候使用 update( )函数，而不是 flip( )函数。

（3）set _ mode：建立游戏窗口，返回一个 surface 对象。该函数有 3 个参数，第 1 个参数是元组，指定窗口的尺寸；第 2 个参数是类型，0 表示不需要对屏幕进行任何设置，FULLSCREEN 表示全屏，读者可根据需要选用。实际上第 2 个参数支持如表 13-2 所示的参数。第 3 个参数指定窗口使用的色彩位数，如果指定为 0，将使用和桌面一样的色彩位数。

（4）set _ caption：设定游戏程序的标题。当游戏以窗口模式（对应于全屏）运行时尤其有用，因为该标题会用作窗口的标题。

（5）get _ surface：返回一个可用来画图的 surface 对象。

4. font

字体 font 模块包括 font( )函数，用于表现不同的字体，可以用于文本。

5. sprite

sprite 模块包括两个非常重要的类：Sprite 和 Group。

Sprite 类是所有可视游戏对象的基类。为了实现自己的游戏对象，需要子类化 Sprite，并覆盖它的构造函数以设定 image 和 rect 属性（决定 Sprite 的外观和放置的位置），再覆盖 update( )方法。在 Sprite 需要更新的时候可以调用该类。

Group 类的实例（和它的子类）用作 Sprite 对象的容器。一般来说，用 Group 类还是不错的做法。在一些简单的游戏中，只需创建名为 sprites、allsprites 或其他类似的组，然后将所有 Sprite 对象添加到上面即可。当 Group 对象的 update( )方法被调用时，该类就会自动调用所有 Sprite 对象的 update( )方法。Group 对象的 clear 方法用于清理它包含的所有 Sprite 对象（使用回调函数实现清理），draw 方法用于绘制所有的 Sprite 对象。

6. mouse

用来管理鼠标。可以使用 pygame. mouse.set _ visible(False/True)来隐藏/显示鼠标光标，用

pygame. mouse get _ pos()来获取鼠标位置。

7. event

event 模块会追踪鼠标单击、鼠标移动、按键按下和释放等事件。使用 pygame.event. get( )方法可以获取最近的事件列表。

8. image

这个模块用于处理保存在 GIF、PNG 或者 JPEG 文件（还有其他的文件格式）内的图形。可用 load( )函数来读取图像文件。

表 13-2 窗口的类型参数

标　　志	说　　明
FULLSCREEN	全屏窗口
DOUBLEBUF	双缓冲区的显示
HWSURFACE	硬件加速的显示
OPENGL	使用 OpenGL 渲染的显示
RESIZABLE	使用可调整区域的显示
NOFRAME	使用无框架的显示

13.2.3 Pygame 的使用

这一节主要讲解用 Pygame 开发游戏的逻辑、鼠标事件的处理、键盘事件的处理、字体的使用、声音的播放等基础知识。最后以一个例子"滚动的字屏"来体现这些基础知识的应用。

1. 用 Pygame 开发游戏的主要流程

通过分析图 13-1，暂时去掉次要的内容，可以抽象出用 Pygame 开发游戏的主要流程，如图 13-3 所示。

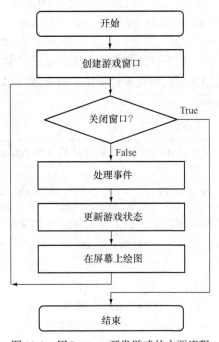

图 13-3 用 Pygame 开发游戏的主要流程

开发游戏的基础是创建游戏窗口，核心是处理事件、更新游戏状态和在屏幕上绘图。

游戏状态可理解为程序中所有变量的值的集合。在有些游戏中，游戏状态包括存放人物健康和位置数据的变量、物体或图形位置的变化，这些值可以在屏幕上显示。

物体或图形位置的变化只有通过在屏幕上绘图才能看出来。

2. 鼠标按键处理

通过鼠标事件处理来决定游戏的开始和结束、某些状态的变化。常用的处理代码如下。

```
pressed_mouse=pygame.mouse.get_pressed()      #获得鼠标的按键情况
if  pressed_mouse[0]:                          #鼠标左键按下的处理
    movement_direction=+1.
if  pressed_mouse[2]:                          #鼠标右键按下的处理
    movement_direction=-1.
x, y = pygame.mouse.get_pos()                  #获得鼠标位置
```

3. 键盘事件处理

通过键盘事件处理同样可以决定游戏的开始和结束、某些状态的变化。常用的处理代码如下。

```
pressed_keys=pygame.key.get_pressed()         #获得键盘的按键情况
if  pressed_keys[K_LEFT]:                       #左方向键按下的处理
    rotation_direction=+1
if  pressed_keys[K_RIGHT]:                      #右方向键按下的处理
    rotation_direction=-1
if pressed_keys[K_UP]:                          #上方向键按下的处理
    movement_direction=+1
if pressed_keys[K_DOWN]:                        #下方向键按下的处理
    movement_direction=-1
```

4. 字体的使用

使用字体可以在游戏窗口中显示不同字体的文字。使用字体的常用代码如下。

```
font = pygame.font.SysFont('stcaiyun' , 120)    #获取字体对象
text_surface=font.render(u"abc123 你好", True, (0, 125, 255)) #生成文本的 surface
screen.blit(text_surface, (x, y))               #在坐标点(x, y)处显示文字
```

获取字体对象是关键的一步，如果获取失败，将无法显示汉字。获取字体对象可通过字体名称来获取，如上面的代码。可用下列代码查看计算机中的字体名称。

```
>>> f2=pygame.font.get_fonts()
>>> f2.sort()
>>> f2
```

会显示出很多字体名称，很多是不能用的，某计算机（Windows 7，64 位）中可用的字体名称如下：

'simhei', 'simsunnsimsun', 'stcaiyun', 'stencil', 'stfangsong', 'sthupo',
'stkaiti', 'stliti', 'stsong', 'stxihei','stxingkai', 'stxinwei', 'stzhongsong',

还可通过字体文件名来获得字体对象，这需要你知道字体文件的路径，如

```
font=pygame.font.Font("C:/Windows/Fonts/STXINGKA.TTF", 60)  #华文行楷
```

5. 声音的播放

播放声音文件的常用代码如下。

```
pygame.mixer.init()                          #初始化声音设备
pygame.mixer.music.load("filename.wav")      #打开声音文件
pygame.mixer.music.play(1)                    #进行播放（1 遍）
```

【例 13-1】　在音乐声中滚动的字幕。

分析：根据上面的 Pygame 开发游戏的主流程，首先用一个图像文件建立游戏窗口，播放音乐，然后用 while 语句构成事件循环。在循环中处理事件、绘图。

程序：

```python
#Exp13_1.py
#coding=utf-8
import pygame
from pygame.locals import*
pygame.init()
font=pygame.font.SysFont('stcaiyun',60)
text_surface=font.render(u"abc123 你好",True, (200,200,250))
background_image_filename='火星 11.jpg'
background=pygame.image.load(background_image_filename)
#按图像的宽、高创建一个窗口
screen=pygame.display.set_mode((int(background.get_width()),int(background.get_height(
))),0, 32)
#设置窗口标题
pygame.display.set_caption("在音乐声中滚动的字幕......")
pygame.mixer.init()
music_filenames="atime.mp3"
pygame.mixer.music.load(music_filenames)
pygame.mixer.music.play(1)
x=1
y=1
dx=-2
dy=-5
flag=1
while flag==1:
    for event in pygame.event.get():
        if event.type == QUIT:
            #接收到关闭窗口事件后退出程序
            pygame.quit()
            flag=-1
            break
        if event.type==KEYDOWN and event.key==K_ESCAPE:
            #用户按 Esc 键后退出程序
            pygame.quit()
            flag=-1
            break
    if flag==-1:
        break
    screen.blit(background, (0,0))
    x+=dx                                  # 文字向左滚动
    if x <-text_surface.get_width():
        x=background.get_width()
    pressed_keys=pygame.key.get_pressed()        #这里获取键盘的按键情况
    pressed_mouse=pygame.mouse.get_pressed()     #这里获取鼠标的按键情况
    if pressed_keys[K_UP ]:                       #上方向键按下，则文字向上移动 dy
        y+=dy
    if pressed_keys[K_DOWN]:                      #下方向键按下，则文字向下移动 dy
        y-=dy
```

```
        if pressed_mouse[0]:                      #鼠标左键盘按下，则改变文字的位置
            x, y = pygame.mouse.get_pos()
            pygame.mixer.music.play(1)            #使音乐从头播放
        screen.blit(text_surface, (x, y))
        pygame.display.update()
```

程序运行结果：如图 13-4 所示。

图 13-4　滚动的字幕

字幕在滚动过程中可通过键盘和鼠标改变位置。

13.3　游戏开发

学习了 Pygame 的基础知识之后，该如何编写计算机游戏呢？编写游戏的过程和编写其他计算机程序类似，但是在编写游戏程序之前，首先要对游戏本身进行设计，如游戏的内容、目标和玩游戏的方式。这正是发挥想象和创新的地方。

【例 13-2】 被钓的鱼。

游戏背景：读过海明威的《老人与海》吗？那条被老人钓到的大鱼拖着小船在茫茫大海中游荡了几十个小时，鱼的那种挣扎、忽紧忽慢、若即若离的状态给人留下了深刻的印象。本游戏就模拟这种场景，被钓到的鱼围绕鼠标光标忽紧忽慢地游动，但始终不能断线而去。

程序：

```
#Exp13_2.py
import pygame
import pygame._view
from pygame.locals import *
from  Exp8_6 import Vector2
import random
background_image_filename='海底8.jpg'
sprite_image_filename='鱼3.gif'
'''
```

设置三个向量（对象）：v1 代表鱼的位置向量，v2 代表当前鼠标位置向量，v3 代表鱼到当前鼠标位置的向量。当需要

位置的时候，调用 getpos() 方法；运算的时候，直接用向量

```
'''
pygame.init()
background = pygame.image.load(background_image_filename)
fish      = pygame.image.load(sprite_image_filename)
w=int(fish.get_width())
h=int(fish.get_height())
#按图片的宽、高创建一个窗口
w2=int(background.get_width())
h2=int(background.get_height())
screen = pygame.display.set_mode((w2,h2),0, 32)
#设置窗口标题
pygame.display.set_caption("被钩住的鱼......")
#设置时钟
clock=pygame.time.Clock()
#鱼的初始位置设为画面中心
v1=Vector2(w2/2.0,h2/2.0)
#零向量
v3=Vector2()
flag=1
while flag==1:
    for event in pygame.event.get():
        if event.type == QUIT:
            #接收到关闭窗口事件后退出程序
            pygame.quit()
            flag=-1
          break
      if event.type==KEYDOWN and event.key==K_ESCAPE:
          #用户按 Esc 键后退出程序
          pygame.quit()
          flag=-1
          b reak
    if flag==-1:
        break

    #把背景图画上去
    screen.blit(background, (0,0))
    #把鱼画上去
    screen.blit(fish, v1.getpos())
    #画线
    pygame.draw.line(screen,(255,255,255), pygame.mouse.get_pos(), (v1.x,v1.y+h/2))
    time_passed=clock.tick()
    time_passed_seconds=time_passed/1000.0

    #实参前面加 * 意味着把列表或元组展开
    v2=Vector2(*pygame.mouse.get_pos() )
    #计算鱼儿当前位置到鼠标位置的向量
    vector_to_mouse=v2-v1
    #获得鼠标的按键情况
    pressed_mouse=pygame.mouse.get_pressed()
    #化为幺向量
```

```
vector_to_mouse.normalize()
#v3 可以看做是鱼的速度，但是由于这样的运算，鱼的速度就不断改变了
#在没有到达鼠标时加速运动，超过以后则减速。因而鱼会在鼠标附近游动。
v3=v3+(vector_to_mouse*.2)
v1+=v3*time_passed_seconds
#刷新画面
pygame.display.update( )
```

程序运行结果： 如图 13-5 所示。

图 13-5　被钩住的鱼在钓线上挣扎

程序中用到了 2 维向量运算，为此需要导入例 8-6 程序中的模块。

【例 13-3】　和顺古镇上空的遥控飞机。

游戏背景和游戏设计： 本章作者在少年时期常到和顺古镇游玩，今年故地重游时，看到依然蔚蓝的天空和曾经熟悉的景色，产生了写一个简单游戏的想法：让遥控飞机不停地在天空飞，通过移动鼠标或使用键盘方向键来改变飞行方向。在飞行方向控制中，要保证飞机不飞出可视窗口，或飞出可视窗口后能飞回来。

程序：

```
#Exp13_3.py
#coding=utf-8
import pygame
from pygame.locals import*
from  Exp8-6 import Vector2
background_image_filename='和顺1.jpg'
plane_image_filename='飞机2.gif'
from math import*
pygame.init()
background=pygame.image.load(background_image_filename)
plane = pygame.image.load(plane_image_filename)
#按图片的宽、高创建一个窗口
screen = pygame.display.set_mode((int(background.get_width()),
int(background.get_height())),0,32)
#设置窗口标题
pygame.display.set_caption("和顺上空的遥控飞机")
```

```
font=pygame.font.SysFont('stzhongsong',22)

clock=pygame.time.Clock()
plane_pos=Vector2(200,150)
plane_speed=300.
plane_rotation=0.
plane_rotation_speed=360.
rotation_direction=0.
movement_direction=0.

while True:
    flag=1
    for event in pygame.event.get():
        if event.type == QUIT:
            #接收到关闭窗口事件后退出程序
            pygame.quit()
            flag=-1
            break
        if event.type==KEYDOWN and event.key==K_ESCAPE:
            #用户按 Esc 键后退出程序
            pygame.quit()
            flag=-1
            break
    #获取键盘的按键情况
    if flag==-1:
        break
    pressed_keys=pygame.key.get_pressed()
    #获取鼠标的按键情况
    pressed_mouse=pygame.mouse.get_pressed()
    #通过移动偏移量计算转动
    rotation_direction=pygame.mouse.get_rel()[0]/5.0
    if pressed_keys[K_LEFT]:
        rotation_direction=+1.
    if pressed_keys[K_RIGHT]:
        rotation_direction=-1.
    #鼠标左键按下的判断
    if pressed_keys[K_UP]or pressed_mouse[0]:
        movement_direction=+1.
    #鼠标右键按下的判断
    if pressed_keys[K_DOWN]or pressed_mouse[2]:
        movement_direction=-1.
    screen.blit(background, (0,0))
    rotated_sprite=pygame.transform.rotate(sprite, sprite_rotation)
    w, h=rotated_sprite.get_size()
    sprite_draw_pos=Vector2(sprite_pos.x-w/2, sprite_pos.y-h/2)
    #显示飞机位置
    text_surface=font.render(u"飞行位置:" + str(sprite_draw_pos.x)+ "," + str(sprite_
draw_pos.y),True, (0,125,255))
    screen.blit(text_surface, (0, 10))
    screen.blit(rotated_sprite, sprite_draw_pos.getpos())
```

```
time_passed=clock.tick()
time_passed_seconds=time_passed/1000.0
plane_rotation+=rotation_direction*plane_rotation_speed*time_passed_seconds
heading_x=sin(plane_rotation*pi/180.)
heading_y=cos(plane_rotation*pi/180.)
heading=Vector2(heading_x, heading_y)
heading*=movement_direction
plane_pos+=heading*plane_speed*time_passed_seconds
pygame.display.update( )
```

程序运行结果: 如图 13-6 和图 13-7 所示。

图 13-6　和顺古镇上空的遥控飞机 1

图 13-7　和顺古镇上空的遥控飞机 2

　　【例 13-4】 以远古地球动物躲避流星的故事为题材,设计一个游戏。

游戏背景和设计:

　　关于远古地球大型动物的灭绝,有许多理论,其中一种理论认为是流星撞击地球所致。本例题以此为背景设计一个游戏。

（1）设计一个窗口模拟远古地球的场景，加上适当的颜色或背景图片。

（2）让流星图片随机地从天而降，动物可在地面左右移动来躲避。若流星砸中地面的动物则退回前一关，然后重新开始游戏，若在第 1 关则不退回。

（3）若动物躲过一定数量的流星则进入下一关，流星下降的速度将加快。

（4）游戏的图片、第 1 关流星的下降速度、进入下一关的速度增量、每一关的流星数量等都可通过 config.py 文件设置。

程序：

该程序有 3 个文件，config.py 文件用于保存游戏的配置信息；objects.py 文件用于定义游戏中的对象；Exp13_4.py 是游戏的主文件，体现了游戏的运行逻辑。

```python
#config.py
#coding=utf-8
'''配置文件。如果游戏太快，请修改速度变量'''
#可改变以下设置，以便在游戏中使用其他图像
dinosaur_image='003.gif'
star_image='j.gif'
splash_image='j.gif'
background_image='t2.jpg'
#设置第1关之后的陨石图片
li=['a.gif','b.gif','c.gif','d.gif','e.gif','f.gif','g.gif','h.gif','i.gif','j.gif','k
.gif','l.gif']
#可改变以下设置以影响一般的外观
screen_size=800,600
background_color=255,255,255
margin=30
full_screen=0
font_size=48
#以下会影响游戏的表现行为
drop_speed=2
dinosaur_speed=10
speed_increase=1
stars_per_level=10
dinosaur_pad_top=40
dinosaur_pad_side=20


#objects.py
#Game 对象
import pygame, config
from random import randrange
'''这个模块包括游戏对象、陨石与远古生物'''
class SquishSprite(pygame.sprite.Sprite):
    '''Squish 中所有子图形的泛型父类'''
    def __init__(self,image_filename): #image_filename 是传入的文件名
        pygame.sprite.Sprite.__init__(self)
        #生成对象之前如果已经生成了窗口，则.convert()可用，否则不可用
        #print image_filename
        self.image=pygame.image.load(image_filename).convert()
        self.rect=self.image.get_rect()

class Star(SquishSprite):
    def __init__(self,speed,image_filename):
```

```
        #print 'image_filename=',image_filename
        SquishSprite.__init__(self,image_filename)
        self.speed=speed

    def reset(self):
        #将陨石移动到屏幕顶端的随机位置
        x=randrange(self.rect[0],self.rect[1])
        self.rect.midbottom=x,2*self.rect[1]

class Dinosaur(SquishSprite):
    def __init__(self,image_filename):
        SquishSprite.__init__(self,image_filename)
        self.pad_top=config.dinosaur_pad_top
        self.pad_side=config.dinosaur_pad_side

    def touches(self,other):
        #确定远古生物是否触碰到了另外的子图形
        bounds=self.rect.inflate(-self.pad_side,-self.pad_top)
        #移动边界将它们放置到生物底部
        bounds.bottom=self.rect.bottom
        return bounds.colliderect(other.rect)
```

#Exp13_4.py
```
#coding=utf-8
import pygame
import pygame._view
import random
from pygame.locals import *
import objects,config
def show_text(surface_handle, pos, text, color, font_bold = False, font_size = 13,
font_italic = False):
    '''Function:文字处理函数
        Input: surface_handle: surface 句柄
                pos: 文字显示位置
                color:文字颜色
                font_bold:是否加粗
                font_size:字体大小
                font_italic:是否斜体
    '''
    #获取系统字体 stsong(宋体)，并设置文字大小
    cur_font=pygame.font.SysFont('stsong' , font_size)
    #设置是否加粗属性
    cur_font.set_bold(font_bold)
    #设置是否斜体属性
    cur_font.set_italic(font_italic)
    #设置文字内容
    text_fmt=cur_font.render(text, 1, color)
    #绘制文字
    surface_handle.blit(text_fmt, pos)

#主程序
if __name__=="__main__":
```

```
pygame.init()  #初始化所有的 pygame 模块
background=pygame.image.load(config.background_image)
star=pygame.image.load(config.star_image)
dinosaur=pygame.image.load(config.dinosaur_image)
dinosaur_rect=dinosaur.get_rect()

background_w=int(background.get_width())
background_h=int(background.get_height())
star_w=int(star.get_width())
star_h=int(star.get_height())
dinosaur_w=int(dinosaur.get_width())
dinosaur_h=int(dinosaur.get_height())
flag=0  #默认窗口
if config.full_screen:
    flag=FULLSCREEN #全屏模式
#载入启动画面。按图片的宽、高创建一个窗口
start_imgae=pygame.image.load('d2.jpg')
start_imgae_w=int(start_imgae.get_width())
start_imgae_h=int(start_imgae.get_height())
start_size=( background_w, background_h)
start_screen=pygame.display.set_mode(start_size,flag,32)
pygame.display.set_caption('远古动物躲避陨石')
start_screen.blit(start_imgae, (0, 0))  #绘制窗口
'''生成陨石、动物'''
speed=1
MStar=objects.Star(speed,config.star_image)
MDinosaur=objects.Dinosaur(config.dinosaur_image)
pygame.mouse.set_visible(False)
flag=0
dinosaur_left=background_w/2
dinosaur_top=background_h-dinosaur_h
MDinosaur.rect.left=background_w/2
MDinosaur.rect.top=background_h-dinosaur_h
star_top=-star_h
MStar.rect.top=-star_h
star_num=0
level=1
star_x=random.randrange(0,background_w)
MStar.rect.left=random.randrange(0,background_w)
start=False
title_info = u"游戏载入完成，请单击鼠标进入游戏！"
show_text(start_screen, (50, 400), title_info, (200, 0, 10), True, 30)
pygame.display.flip()#更新窗体
n=0    #用来标识背景是否载入
#主循环
while True:
    #检测事件
    for event in pygame.event.get():
        if event.type == QUIT:
            #接收到关闭窗口事件后退出程序
            pygame.quit()
            flag=-1
```

```
                    break
            if event.type==KEYDOWN and event.key==K_ESCAPE:
                    #用户按 Esc 键后退出程序
                    pygame.quit()
                    flag=-1
                    break
        if flag==-1:
            break
    #获取键盘的按键情况
    pressed_keys=pygame.key.get_pressed()
    #获取鼠标的按键情况
    pressed_mouse=pygame.mouse.get_pressed()
    #用 start 控制游戏的启动、停止
    if start:
            #让陨石垂直向下移动
            #star_top+=config.drop_speed*config.speed_increase*level
            MStar.rect.top+=config.drop_speed*config.speed_increase*level*3
            ''' 如果陨石移动出屏幕底部，则从顶部重新移动。落下的流陨石加 1，将陨石移动到屏幕顶端
的随机位置。'''

            if MStar.rect.top>background_h:
                MStar.rect.top=-2*star_h #star_top=-2*star_h
                star_num+=1
                MStar.rect.left=random.randrange(0,background_w)
                #star_x=random.randrange(0,background_w)
    #载入背景
    if n==0:
        screen_size=( background_w, background_h)
        screen=pygame.display.set_mode(screen_size,flag,32)
        n=n+1
    #把背景画上去
    screen.blit(background, (0,0))
    #显示关数、陨石数
    title_info=u"关数：(%d)" % (level)
    show_text(screen, (background_w/2, 20), title_info, (255, 0, 0), True, 20)
    title_info=u"陨石数：(%d)" % (star_num)
    show_text(screen, (background_w/2, 60), title_info, (0, 255, 0), True, 20)
    #把陨石画上去
    screen.blit(MStar.image, MStar.rect)#(star_x,star_top))
    #把动物画上去
    screen.blit(MDinosaur.image, MDinosaur.rect) #(dinosaur_left,dinosaur_top))
    #根据鼠标的位置计算出动物的水平位置
    MDinosaur.rect.left=pygame.mouse.get_pos()[0]-MDinosaur.rect.width
    #dinosaur_left=pygame.mouse.get_pos()[0]-dinosaur_w
    #控制动物，不让其离开窗口
    if MDinosaur.rect.left<0:#dinosaur_left<0:
        MDinosaur.rect.left=0
        ''' 若本关内落下的陨石数达到设置值，则进入下一关，落下的陨石数清零，
            为下一关的计数做准备。
            进入下一关，游戏暂停。'''
```

```
    if star_num>=config.stars_per_level:
        level+=1
        star_num=0
        start=False
        title_info=u"恭喜! 顺利通关! 请单击鼠标进入下一关! "
        show_text(screen, (100, 200), title_info, (200, 0, 0), True, 20)
        if 4<level<=7:
            title_info = u"干得漂亮! 继续努力! "
            show_text(screen, (100, 300), title_info, (254, 245, 63), True, 50)
        elif 7<level<10:
            title_info = u"您是种子级选手! "
            show_text(screen, (100, 300), title_info, (253, 40, 17), True, 70)
        elif level>=10:
            title_info = u"您是天才级选手! "
            show_text(screen, (100, 300), title_info, (156, 156, 10), True, 70)
        MStar.image=pygame.image.load(config.li[level%13]) #(image_filename)
'''若动物碰撞陨石，则回到第1关，游戏暂停。'''
    if MDinosaur.touches(MStar):
        MStar.rect.top=-2*star_h
        level=1
        MStar.image=pygame.image.load('j.gif')
        start=False
        star_num=0
        title_info = u"很抱歉，没能通关，请单击鼠标回到第一关! "
        show_text(screen, (100, 200), title_info, (255, 255, 200), True, 20)

else:
    #在游戏暂停时，按鼠标左键或键盘空格键则启动游戏
    if pressed_keys[K_SPACE]or pressed_mouse[0]:
        start=True
#更新屏幕，上面所画的内容才看得见
pygame.display.update()
```

图 13-8　游戏启动界面

图 13-9　远古动物躲避陨石的游戏运行界面

游戏说明：

（1）流星从顶部降落，开始的水平位置是随机的；

（2）动物只能在底部的水平线上移动；

（3）当躲避开的流星数达到 config.py 文件中设置的 num_per_level 值时，进入下一关。

本章所用背景图片来源说明：

（1）图 13-2 和图 13-4 的背景图来自 www.nasa.org

（2）图 13-6 和图 13-7 的背景图来自 www.ynheshun.com

（3）图 13-5 的背景图来自 http://travel.i8i8i8.com/contents/2108/25881.html；图 13-8 的背景图来自 http://tupian.baike.com/a2_60_57_20300001190759130188570637170_jpg.html；图 13-9 的背景图来自 http://image.baidu.com/。

本章小结

本章介绍了用 Pygame 软件包开发游戏的基础知识和基本方法。

1. Pygame 游戏开发软件包有多个模块，使用时需要初始化。

2. 图 13-3 体现了 Pygame 开发游戏的主要流程。

3. 建立游戏窗口的常用的处理代码为：

screen = pygame.display.set_mode((width, height), 0, 32)

4. 把图像画到屏幕上的常用代码为：

```
screen.blit(iamge, (x, y))
```

5. 鼠标和键盘按键处理的常用代码为：

```
pressed_mouse=pygame.mouse.get_pressed( )      #获得鼠标的按键情况
if  pressed_mouse[0]:                          #鼠标左键按下的处理
     movement_direction=+1.
pressed_keys=pygame.key.get_pressed()          #获得键盘的按键情况
if  pressed_keys[K_LEFT]:                       #左方向键按下的处理
rotation_direction=+1
```

习　　题

1. 完成【问题】，更换为你喜欢的图片。

2. 完成【例 13-1】，更换为你喜欢的图片和音乐。

3. 实现游戏，让一个物体在窗口中自由移动，遇到边界则反弹，如图 13-10 所示。

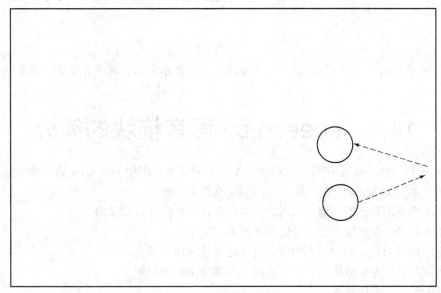

图 13-10　运动物体遇到边界反弹

4. 把【例 13-3】改造成一个新的游戏。

玩法 1-过系统的关：

过关原则：由程序生成一条路线，让玩家操控飞机沿路线飞，程序根据飞机的飞行路线与原路线的贴近度进行评分。分数达到一定值可过关。进入下一关，程序生成一条复杂度更高的路线……

玩法 2-过自己的关：

玩家先操控飞机飞一条路，保存下来。让另一玩家再飞这条路，达到一定分数算过关。再飞一条更复杂的路……

程序要能判断每条路的难度，只允许下一关的难度更高。

需要研究的问题：

（1）如何计算得分；

（2）如何计算一条路的难度。

5. 以自己家乡的风景或事物为背景，设计一个小游戏。

6. 别去想任何已有的游戏，构思一个新的游戏。

第14章
语音识别软件开发

本章介绍 Python 中语音模块 speech 的运用，重点介绍文本合成语音模块、语音转换为文本模块的运用。

14.1　speech.py 语音模块的简介

speech.py 是一个 Python 模块，提供了一个简洁的界面，利用 Windows 的语音识别技术可以实现语音到文本和文本到语音的功能，主要能实现以下功能。

（1）文本合成语音，如将键盘输入的文本信息以语音信号方式输出。

（2）语音识别，如将输入的语音信号识别为文本信息。

（3）特定词的识别，如对输入的语音信号进行特定词的捕捉。

（4）特定听者特定词的识别，如对不同人不同特定词的识别。

speech 语音模块常用函数如下。

（1）speech.say(phrase)：将文本信息 phrase 转换为语音信息播放。

（2）speech.input(prompt=None, phraselist=None)：打印出 prompt 提示信息，函数返回所听到的在指定的 phraselist 中的内容。它将语音信息转换为文本信息。当 phraselist 不设定时，就是将所听到的全部转换为文本信息。

（3）speech.listenfor(phraselist, callback)：将指定的语音信息转换为文本信息。当听到任何字符串在给定的短语列表 phraselist，启动一个独立的线程 callback。

（4）speech.listenforanything(callback)：听到任何信息就启动一个独立的线程 callback。

（5）speech.listener.islistening()：指定特定听者处于监听状态。

（6）speech.listener.stoplistening()：指定特定听者处于关闭状态。

（7）speech.islistening()：开启所有听者。

（8）speech.stoplistening()：关闭所有听者。

14.2　语音识别开发环境的建立

1. 语音识别开发环境

在操作系统 Windows XP、Vista 或 Win7 中，语音识别开发环境建立的步骤如下：

（1）python 环境：python2.4 或 python2.5；

（2）语音识别工具：Microsoft Speech SDK 5.1；

（3）python 的语音识别模块：speech。

2.　相关软件下载地址

（1）Microsoft Speech SDK 5.1: http://download.cnet.com/Speech-Software-Development-Kit-5-1/3000-2206_4-10727667.html；

（2）speech 模块下载 http://pypi.python.org/pypi/speech/

（3）python 2.4 或 2.5 http://www.python.org/download/

（4）pywin32 http://sourceforge.net/projects/pywin32/或 http://sourceforge.net/projects/pywin32/files /pywin32/ Build216/

3.　安装步骤

（1）安装 python2.4 或 python2.5，如已安装则跳过此步

（2）安装 Microsoft Speech SDK 5.1

（3）安装 pywin32

（4）把 speech.py 复制到 Python 的安装目录中，如 c:\python27，或与读者的程序处于同一目录中。

通过以上步骤就可以在 Python 中调用 speech.py 的模块了。要建立良好的语音识别开发环境还需要进行语音识别的相关配置。

14.3　语音识别的配置

微软的语音识别工具 Microsoft Speech SDK 可对英语和汉语进行识别与合成，现以 windows 7 操作系统为例说明其相关配置。

1.　控制面板→语音识别

语音识别与合成的相关设置在控制面板中的"语音识别"中进行设置，选择"高级语音选项"，如图 14-1 所示。

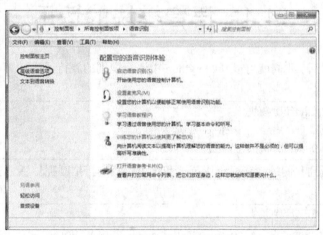

图 14-1　语音识别设置框图

2.　语音识别与语音合成设置

在"高级语音选项"中有两个选项卡，一个是"语音识别"；另一个是"文本到语音转换"。首先，选中第一个选项卡"语音识别"进行设置。在"语言"选项中，若只要求对语音中的英语内容进行识别，则就选择"Microsoft Speech Recognizer 8.0 for Windows(English)"；若要求对汉语

和英语都能同时识别，则需选择"Microsoft Speech Recognizer 8.0 for Windows（简体中文）"，如图 14-2 所示。接下来，选中第二个选项卡，如图 14-3 所示，在语音选择中，选择一个汉语的合成如"Microsoft Lili –Chinese(China)"，这样可实现中汉和英文的语音转换，"Lili"是一个女性的名字，合成的语音就为女声，如果想设置为男生的声音，则可选择像"Mike"男性的名字就可以。

完成了以上的配置后，我们就可以在 python 下进行语音识别与合成的开发了。

图 14-2　语音识别选项卡设置

图 14-3　语音合成选项卡设置

14.4　语音模块的运用

当完成上述设置后，我们就可以开始 python 中语音识别的旅行了。我们可以先在 python shell 中体验一下：

```
import speech  #加载语音识别模块
speech.say("welcome to the speech python world")
speech.say("欢迎来到python语音世界")
```

此时我们可以听到我们的计算机正用英语和汉语给我们打招呼呢！感觉有点兴奋？让我们也和计算机说两句吧！

```
import speech  #加载语音识别模块
your_answer=speech.input("welcome to the speech python world")
speech.say(your_anwer)
print (your_answer)
我们听到："welcome to the speech python world"
我们对计算机说："I'm glad to be here"
我们听到："I'm glad to be here"
屏幕显示："I'm glad to be here"
```

这样的体验真不错!想更进一步了解、学习它的运用？那就让我们立即出发开始我们的 python 语音之旅吧。

【例 14-1】编写语音合成程序,将键盘输入的文本信息变为语音信号输出。当文本信息为"stop now please"时,程序结束。

分析: 首先加载语音模块 speech；程序核心部分是一个循环结构体,在循环结构体中首先将键盘输入的内容通过调用 speech.say()函数来实现文本到语音的合成输出,然后判断键盘输入的内容是否为结束标志词"stop now please",若是结束标志词就结束程序,如图 14-4 所示。

框图:

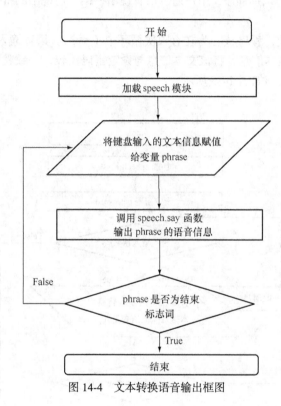

图 14-4　文本转换语音输出框图

程序:

```
##Exp14_1.py
import speech
print("type:stop now please to exit")
while True:
    phrase = raw_input("Please input your text:")
    speech.say(phrase)
    print("you typed: %s" %phrase)
    if phrase.lower()=="stop now please":
        break
```

程序运行结果:

```
type: stop now please to exit
Please input your text: this is a test
```
语音播放:"this is a test"
```
you typed: this is a test
Please input your text: succeed!
```
语音播放:"succeed"

```
you typed: succeed!
Please input your text: stop now please
```
语音播放："stop now please"
```
you typed: stop now please
```

说明　　　斜体部分为语音输出部分，本例题通过调用 speech.say()函数实现了将文本信息转换为语音信息。

【例 14-2】 编写语音识别程序，用户通过语音说出密码，当说出的密码与设定密码一致时就开启，机会有 3 次。

分析：首先加载语音模块，程序核心为在有限次循环中（<=3），语音输入通过调用 speech.input 函数将语音信息转换为文本信息，将该文本信息与设定密码比较，一致就开启。不一致继续要求说密码，并提示剩余次数，如图 14-5 所示。

框图：

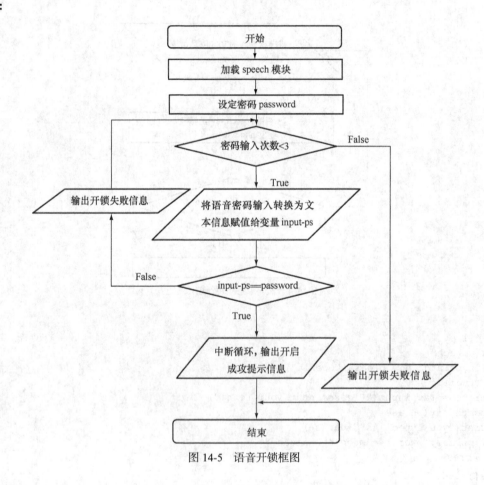

图 14-5　语音开锁框图

程序：
```
#Exp14_2.py
import speech
i=0
password=["snow white", "rain"]
while i<3:
    input_ps = speech.input("Say the password Please.")
```

```
if input_ps.lower() in password:
    speech.say("Welcome")
    print("Succeed!")
    break
else:
    time=2-i
    print("You have %d chance"%time)
i=i+1
```

程序运行结果:

Say the password Please:

用户说出密码

You have 2 chance

Say the password Please:

用户说出密码

语音播放: Welcome

Succeed

【例 14-3】 编写语音识别程序,根据程序给出提示信息,用户通过 mic 向计算机进行语音信号输入,语音指令有 4 个: age、name、major、stop。当说指令 "age" 时,用户语音赋值年龄并以文本形式输出信息,说 "name" 时语音赋值姓名并以文本的形式输出信息,说 "major" 时语音赋值所学专业并以文本的形式输出信息,说 "stop" 时程序结束。

分析: 程序首先加载 speech 模块,程序核心部分结构为循环结构,其内部为分支结构,共分为 age、name、major 和 stop 4 个分支。语音输入调用 speech.input()函数来实现语音到文本的转换,语音输出调用 speech.say()函数,如图 14-6 所示。

框图:

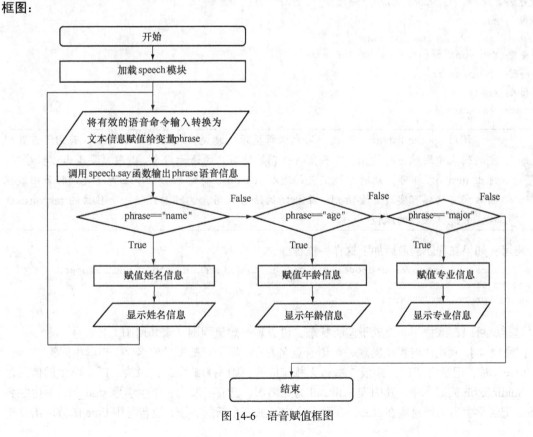

图 14-6 语音赋值框图

程序：

```
#Exp14_3.py
import speech
def response(phrase, listener):    #定义一个response线程，完成赋值
    print("You want to set the value of %s" %phrase)
    speech.say("You want to set the value of %s" % phrase)
    if phrase.lower()=="age":
        age=speech.input("the age is : ")
        print("age is %s" %age)
    elif phrase.lower()=="name":
        name=speech.input("the name is: ")
        print("name is %s" %name)
    elif phrase.lower()="subject":
        subject=speech.input("the subject is : ")
        print("age is %s" %age)
    else:
        speech.stoplistening()
print(" Please say your name,age,subject or turn off to exit")
speech.say("Please say your name,age,subject or turn off to exit")
listener=speech.listenfor(
    ["age", "name", "subject", "stop"],
    response)
#只要听到列表中的词汇就可以启动一个独立的response线程，并完成相应的赋值。
```

程序运行结果：

```
Please say your name,age,subject or turn off to exit
```
语音播放: Please say your name,age,subject or turn off to exit
语音输入: name
```
You want set the valume of name
```
语音播放: You want set the valume of name
语音播放: the name is
语音输入: Frank
```
The name is Frank
```

　　调用 speech.listenfor 函数，用户根据提示信息说出相应的语音词汇，若词汇在其规定的列表中则赋值并输出，若不在则一直等待用户的语音指令。当用户要退出该程序时，说出 turn off 即可，此时系统定义的进程 response 将结束。程序在听特定词时采用线程的方式，这样可实现只要听到一个指定的语音词语，就可以开始一个独立的 response 进程，并进行数据的赋值。

　　思考： 如果在程序的最后加上这样一段程序

```
# This can happen over and over as long as the listener hasn't been stopped.
import time
while speech.islistening():
    time.sleep(1)
```

　　这样就可以让该程序一直处于监听状态。可以想一想流程图又该如何画。

　　【例 14-4】 利用语音模块实现一个语音点名程序，即语音播报学生名字。当学生回答 "yes" 或 "here" 时，记录为 "T"；播报 3 次若无相应应答，则视为缺席，记录为 "F"。学生的信息存放在 studInfo.db 数据库中，其中表 RollCall 为点名表，已有字段为：学生学号 stud_id、学生姓名 name。记录学生出勤信息应在 RollCall 数据表中添加一个新的字段，段名可用 time 函数取出日期

与星期的字符串，如图 14-7 所示。

框图：

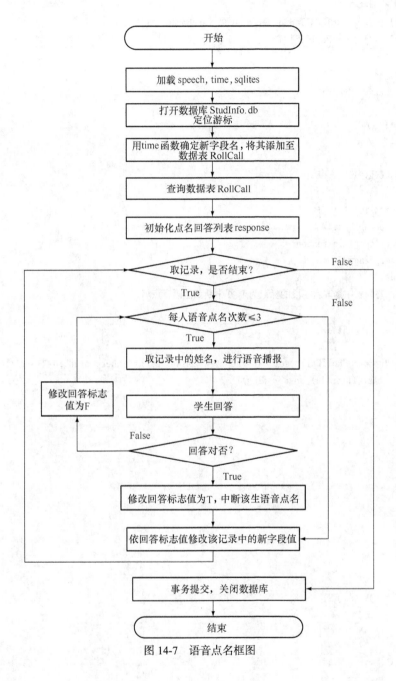

图 14-7　语音点名框图

程序：

```
#Exp14_4.py
import sqlite3
import speech
import time
conn=sqlite3.connect("D:/StudInfo.db")
cur=conn.cursor()
#用日期和星期构成新字段名
```

```
newkey=time.strftime("%A%d",time.localtime(time.time()))
#在 RollCall 表中添加该新字段
cur.execute("alter table RollCall add "+newkey+" varchar(6) NULL")
cur.execute("select * from RollCall")
li=cur.fetchall()
#初始化回答列表
response=["ye","here","yes"]
for line in li:
    print(line[1])
    answer="NULL"
    i=1
#每人语音点名在 3 次以内
    while i<=3:
        speech.say(line[1])
        answer=speech.input()
        if answer.lower()in response:
            answer_flag="T"
            break
#学生回答，则在回答列表中修改新字段的标记为 T,并中断该生语音点名
        else:
            answer_flag="T"
        i+=1
    cur.execute("update  RollCall  set "+newkey+"="+answer_flag+" where stud_id="+str(line[0])+ " ")
    print("%s:%s"%(str(line[1]),answer_flag)))


conn.commit()
conn.close()
```

程序运行结果：

```
Jane
```
语音点名：Jane
语音输入：Ye
```
Jane:T
Rose
```
语音点名：Rose
无语音输入
语音点名：Rose
无语音输入
语音点名：Rose
无语音输入
```
Rose:F
Jim
```
语音点名：Jim
语音输入：ok
语音点名：Jim
语音输入：here
```
Jim:T
```

　　思考： Jim 在回答 ok 时为什么仍然进行语音点名？

为了验证语音点名是否正确，此处修改了数据库，用第 12 章的例 12-3 进行输出数据显示，其结果为：

20121151001	Jane	T
20121151002	Rose	F
20121151003	Jim	T

数据库结果正确。

本章小结

本章主要探讨了 python 中的语音模块 speech 的运用，它的运用实现了人机的语音交流。主要讲解的语音功能模块如下。

1. 文本合成语音：speech.say()。
2. 语音识别，speech.input()注意有参和无参时的运用。
3. 特定词的识别，speech.input()和 speech.listenfor()。

习　　题

1. 编写一个程序，在问题列表中列出 10 个问题，用语音方式进行提问，将语音回答的信息保存在一个回答列表中。

2. 编写一个程序，设定 3 个人姓名为 Frank、Anna 和 Lily，程序询问用户姓名后，根据用户姓名，查询一个记事列表信息，语音提醒用户需做事项。

第15章

屏幕广播程序开发

将本章主要介绍屏幕广播程序的设计和开发。创建一个可以在计算机机房供教学使用的屏幕广播系统，本系统分为教师端和学生端。教师端负责屏幕数据的抓取，然后利用组播技术将图像发送到学生计算机；学生端利用 socket 接收组播数据并进行图像显示。

15.1 屏幕广播程序原理

在计算机教学中有时需要给学生演示操作的过程，就需要有一个软件能够将教师操作的界面发送给学生观看。这类软件在 Windows 中非常多，但是在 linux 中能够运行的却很少。借助 Python 强大的图像处理功能和网络功能，可以很容易地开发一个满足教学使用的屏幕广播软件。为了使用图像处理功能，需要安装图像处理工具 PIL（Python Imgae Library），该工具可从 www.Pythonware.com/products/pil/下载。在 ubuntu 系统中需要安装 python-wxtools、python-version 和 python-imaging。

屏幕广播系统分为教师端和学生端。教师端的主要工作是图像的采集和发送，学生端的主要工作是数据的接收和图像的显示。工作流程如图 15-1 所示。

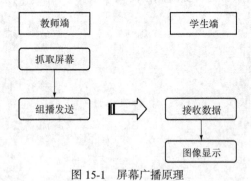

图 15-1　屏幕广播原理

系统运行时的一些重要参数都通过 myconf.py 进行管理，其内容如下。

```python
#!/usr/bin/env python
# -*- coding: utf-8-*-
# myconf.py
import ConfigParser
def getconf():
    ret=[ ]
    config = ConfigParser.SafeConfigParser()
    config.read("conf.cfg")
    ret.append(config.get("linux", "multicastIP"))
```

```
        ret.append(config.get("linux", "port"))
        ret.append(config.get("linux", "ttl"))
        return ret
```

配置文件主要是配置组播地址和端口号，配置文件采用 Python 的标准配置格式，使用 ConfigParser 模块可以很容易地读取和修改内容。关于配置文件的格式说明可以参阅 ConfigParser 的说明文档。

```
#conf.cfg
 [linux]
multicastIP=224.0.0.1
port=9999
ttl=2
```

15.2　教 师 端

教师端程序的主要功能是抓取和发送屏幕数据。一幅分辨率为 1280 × 800 的 32 位真彩色屏幕图像，其位图的数据量为 1024×800×32，约 3M，大大地超过了 socket 发送缓冲区的限制。因此在发送时需要将数据进行切分和压缩。

本程序的图像采集方法是先将图像按行分割成若干个小的图像，再对小图像进行压缩，将数据量缩小到发送缓冲区的限制范围之内。函数 getImgPix()用来获取指定区域的图像数据。

```
#!/user/bin/env python
# -*- coding: utf-8-*-
# wxsrc.py
import wx,signal,sys
import zlib
import socket,time
import Image
import struct,hashlib
import myconf,string


global sock
global send_flag
global MCAST_GRP, MCAST_PORT


"""getImgPix( )负责抓取屏幕指定区域的图像数据，src_x, src_y 分别是矩形区域左上角的坐标，w,h 表示矩形
区域的宽和高。"""
def getImgPix(src_x,src_y,w,h):
    #wx.App()  # Need to create an App instance before doing anything
    screen=wx.ScreenDC()
    size=screen.GetSize()
    bmp=wx.EmptyBitmap(w,h,24)
    mem = wx.MemoryDC(bmp)
    mem.Blit(0, 0,w,h, screen, src_x,src_y)
    data=buffer(bytearray(w*h*3))
    bmp.CopyToBuffer(data)
    # 使用 zlib 对接收到的数据进行压缩
    rt=zlib.compress(data, zlib.Z_BEST_COMPRESSION)
    return rt
```

由于整张屏幕图像的数据量较大，超出了 socket 发送缓冲区的大小，因此需要先对屏幕数据进行分割，然后再发送。分割时按照指定的高度 heitht_step=20 对屏幕图像进行切片，每次对外发

送一个图像的分片，每一个图像分片中都包含该图像分片在屏幕中的位置信息。学生端在接收到数据后，从 socket 数据包中解析出图片数据和位置信息，并将图片按照指定的位置信息显示在客户机上，即可完成屏幕的传输过程。

函数 ScreenImgSend 负责抓取屏幕数据并发送数据，先将这个屏幕进行循环的分割，然后使用组播地址进行发送，这样整个组播网中的其他计算机都将能接收到图像数据。

```python
def ScreenImgSend( ):
    global sock
    global send_flag
    global MCAST_GRP, MCAST_PORT
    cfg=myconf.getconf( )
    MCAST_GRP=cfg[0]
    MCAST_PORT=string.atoi(cfg[1])
    #创建组播 socket
    sock = socket.socket(socket.AF_INET, socket.SOCK_DGRAM, socket.IPPROTO_UDP)
    sock.setsockopt(socket.IPPROTO_IP, socket.IP_MULTICAST_TTL, string.atoi(cfg[2]))
    screen = wx.ScreenDC()
    size = screen.GetSize()
    y_axis=0
    height_step=20
    cursorIndex=0
    while send_flag:
        try:
                # 组播数据如果发送太快, 对方来不及接收和处理, 数据将会被直接丢弃。
                # 这样不仅没有提高传输的效率, 反而造成网络带宽的极大浪费, 因此这里需要
                # 暂停 0.02s。
                time.sleep(0.02)
                imgBuff=getImgPix(0, y_axis,size[0], height_step)
                curp = wx.GetMousePosition( )
                pos="%04d%04d%04d%04d%04d%04d" %(0,y_axis,size[0],height_step,curp[0],curp[1])
                m=sock.sendto('img:%s:%s'%(pos,imgBuff), (MCAST_GRP, MCAST_PORT))
                y_axis+=height_step
                if y_axis==size[1]:
                    y_axis=0
                elif y_axis+height_step > size[1]:
                    y_axis=size[1]-height_step
        except Exception,e:
                print e
```

本程序服务端使用 Ctrl+C 组合键结束操作。为系统地创建一个时间监听函数，当收到组合键后系统向学生端发送结束屏幕广播命令。由于组播是建立在 UDP 协议之上的一个协议，是不可靠协议，本系统使用重复发送的方式来确保客户端能正确接收到命令。

```python
def sigint_handler(signum,frame):
    # 当用户按下 Ctrl+C 按键后, 向学生端发送 close 命令。
    global sock
    global send_flag
    global MCAST_GRP, MCAST_PORT
    send_flag=False
    print "\nstop to send screen"
    for t in range(1,10):
        #send close signal to client
        m=sock.sendto('ctl:close', (MCAST_GRP, MCAST_PORT))
        time.sleep(0.03)
```

```
        sys.exit()

if __name__ == '__main__':
        global send_flag
        send_flag=True
        app=wx.App()
        #为程序注册一个事件监听器。signal.SIGINT 用来监听 Ctrl+C 事件。
        signal.signal(signal.SIGINT,sigint_handler)
        print "Ctrl-C to terminate"
        ScreenImgSend()
        app.MainLoop()
```

15.3　学　生　端

学生端主要包含 3 个程序文件:myProcess.py，multiRecv.py 和 showDesk.py。myProcess.py 和 multiRecv.py 主要负责接收网络数据，showDesk.py 主要负责图像的显示。myProcess.py 中有 2 个进程，一个进程专门负责接收网络数据，接收到数据通过队列传递给显示进程。另一个进程专门负责对图像数据进行解压和分析，并在合适的位置进行显示。

```
#!/usr/bin/env python
# -*- coding: utf-8-*-
# myProcess.py

import multiRecv
import multiprocessing,signal,threading
import wx
import time
import zlib,string

myLock=multiprocessing.Lock()
def getRemoteImg(_Queue):

        #signal.signal(signal.SIGTERM, self.handler);
        flag=True
        try:
            while flag:
                multiRecv.Recv(_Queue)
        except Exception,e:
            print e

class showRemoteImg(threading.Thread):

    def __init__(self,obj,_queue):
        self.g=obj
        self.g.flag=True
        self.queue=_queue
        threading.Thread.__init__(self)
        self.lock = threading.Condition()
        self.dc=None
        self.frame=obj
```

```
            self.org_data=''

        def run(self):
            try:
                    while self.g.flag:
                        time.sleep(0.01)
                self.org_data=self.queue.get()
                wx.CallAfter(self.g.handleData,self.org_data)

            except Exception,e:
                    print e
```

函数 Recv 负责在指定的端口接收数据。接收到数据后将它 put 到队列中供另外一个进程使用，本程序在调试时所使用的机器分别率为 1280×800，为了程序简单此文件使用了固定值，读者可以根据自己机器的分辨率进行调整。

```
#!/usr/bin/env python
# -*- coding:utf-8 -*-
# multiRecv.py
import socket
import string
import zlib,binascii
import struct
import wx,myconf

def Recv(_queue):
    cfg=myconf.getconf()
    MCAST_GRP = cfg[0]
    MCAST_PORT = string.atoi(cfg[1])

    sock = socket.socket(socket.AF_INET, socket.SOCK_DGRAM, socket.IPPROTO_UDP)
    try:
        sock.setsockopt(socket.SOL_SOCKET,socket.SO_REUSEADDR,1)
        sock.setsockopt(socket.SOL_SOCKET, socket.SO_REUSEPORT, 1)
    except Exception,e:
        print "error:",e
        pass


    sock.setsockopt(socket.IPPROTO_IP, socket.IP_MULTICAST_TTL, 32)
    sock.setsockopt(socket.IPPROTO_IP, socket.IP_MULTICAST_LOOP, 1)
    host=socket.gethostbyname(socket.gethostname())
    sock.setsockopt(socket.SOL_IP,socket.IP_MULTICAST_IF,socket.inet_aton(host))

sock.setsockopt(socket.SOL_IP,socket.IP_ADD_MEMBERSHIP,socket.inet_aton(MCAST_GRP)+socket.
inet_aton(host))

    while 1:
        try:
            data, addr = sock.recvfrom(1280*3*20*2+64)
            _queue.put(data)
        except socket.error, e:
            print 'Expection:',e
            print "---------------"
    return 1280,800
```

```
if __name__ == '__main__':
    s=bytearray(1280*800*3)
    imgBuffer=buffer(s)
    imgList=[]
    Recv(imgList)
```

学生端的主程序主要负责多进程的启动和控制命令的解析。显示图像的功能也在 showDesk.py
中实现，drawImgOnframe()函数负责图像的显示和鼠标的绘制，该函数在 myProcess.py 中通过
wx.CallAfter 来调用。显示鼠标图像时，学生端需要一张背景透明的鼠标图像，该图像大小为 32×32
像素，文件名为 cursor.png，鼠标图像文件和 showDesk.py 文件存放在相同的路径中。

```python
#!/usr/bin/env python
# -*- coding: utf-8-*-
# showDesk.py

import wx
import Image,zlib,base64,string
import multiRecv
import threading,myProcess
import multiprocessing
from multiprocessing import Process, freeze_support


class Frame(wx.Frame):
    """Frame class that displays an image."""

    def __init__(self, parent=None, id=-1,
                      pos=wx.DefaultPosition, title='Hello, wxPython!'):
        wx.Frame.__init__(self, parent, id, title,size=wx.DisplaySize())
        self.flag=True
        self.overlay = wx.Overlay()
        wximage= wx.Image("cursor.png",wx.BITMAP_TYPE_PNG) #定义一个图标
        self.curImg=wx.BitmapFromImage(wximage)
        self.curImg.SetMask(wx.Mask(self.curImg,wx.WHITE))
        self.curSize=[self.curImg.GetWidth(),self.curImg.GetHeight()]

        self.myQueue=multiprocessing.Queue(5)
        self.readProc = ultiprocessing.Process(target=myProcess.getRemoteImg,args=(self.myQueue,))
        self.readProc.start()
        self.showImgThread=myProcess.showRemoteImg(self,self.myQueue)
        self.showImgThread.setDaemon(True)
        self.showImgThread.start()

    def handleData(self,data):
        type=data[0:4]
        if type=='img:':#show image on frame
            self.drawImgOnframe(data)
        elif type=='ctl:':
            cmd_str=data[4:]
            self.myCommand(cmd_str)

    def myCommand(self,cmd_str):
```

```
            try:
                if cmd_str=='close':
                    self.ShowFullScreen(False)
                    self.Show(False)
            except Exception,e:
                print "close frame failure"


    def drawImgOnframe(self, org_data):
        try:
        #print "show img"
            position=org_data[4:28]
            imgData=zlib.decompress(org_data[29:])
            x=string.atoi(position[:4])
            y=string.atoi(position[4:8])
            w=string.atoi(position[8:12])
            h=string.atoi(position[12:16])
            cur_x=string.atoi(position[16:20])
            cur_y=string.atoi(position[20:24])
            bmp=wx.BitmapFromBuffer(w,h,imgData)
            if not self.IsShown():
                self.ShowFullScreen(True)
            dc = wx.ClientDC(self)
            self.curImg.SetMask(wx.Mask(self.curImg,wx.BLACK))
            dc.DrawBitmap(bmp, x,y, True)
            dc.DrawBitmap(self.curImg, cur_x-14,cur_y-7, True)


        except Exception,e:
            print "show img error"
            print e

class App(wx.App):
    """Application class."""
    def OnInit(self):
        self.flag=True
        self.frame = Frame()
        return True
def main():
    app = App(redirect=True)
    app.MainLoop()
if __name__ == '__main__':
    freeze_support()
    main()
```

15.4　程序运行

屏幕广播程序首先在学生端运行 showDesk.py 文件启动学生端程序，然后在教师端运行程序 wxsrc.py，教师端启动后就会向学生端广播教师的屏幕图像。教师端使用 Ctrl+C 组合键可以结束教师端程序，同时停止给学生端广播数据。

学生端程序运行后会自动进入到数据接收状态，等待教师端的数据。如果教师端程序结束，学生端将关闭图像显示界面，程序转入后台运行，等待教师端的下一次屏幕广播。

本章小结

本章介绍了屏幕广播程序的设计和开发。创建一个可以在计算机机房供教学使用的屏幕广播系统，并将系统分为教师端和学生端，教师端负责抓取图像、发送图像，学生端负责接收图像并显示。

习　　题

1. 改写接收端程序，让它能够满足不同的分辨率。
2. 请为教师端设计一个能够在任务栏显示的菜单，通过点击菜单能够实现发送、停止和退出功能。
3. 实现教师查看学生端屏幕功能。
4. 实现在教师端发送命令启动学生端的制定应用程序。
5. 优化老师端发送屏幕的速度，可从下述三方面考虑：
（1）只发送鼠标所在的小区域；
（2）只发送光标所在的小区域；
（3）每隔一周期（n 次发送之后）就整屏发送一次。

第 16 章
web2py 编程

大家每天上网都接触到不同的网站，这些网站有的可以看视频，有的可以写日志……功能非常丰富。那么这些网站是用什么开发的呢？开发网站的编程语言很多，如大名鼎鼎的 PHP，还有微软的 ASP.Net，甚至 C 语言也可以用来开发网站。

python 也可以开发网站，而且有很多的框架（framework）来帮助你开发网站，如 Django 和 web2py。本章将为大家展示如何用 web2py 开发一个简单的网站。

16.1　网页与 HTML

16.1.1　HTML 语言简介

大家浏览各种各样的网站，会发现有的很漂亮，有的却不那么漂亮。那么漂亮的网站是不是用了厉害的技术完成的呢？其实无论是漂亮的网站还是不漂亮的网站，都是用 HTML 语言编写的。是的！HTML 也是一种编程语言，全称是"超文本标记语言"，英文是"Hyper Text Markup Language"。从这个名称就可以看出：首先 HTML 是一种标记语言，也就是说它只能标记某段内容是什么，不能像 C 语言一样做判断循环；其次，HTML 就是一个文本，只是比文本厉害一点，所以叫做"超文本"。下面这个简单的例子就说明了这两点。

```
<html>
    <head>
        <title>我的主页</title>
    </head>
<body>
        <h1>欢迎来到我的主页</h1>
        <p>这是我的第一条日志</p>
    </body>
</html>
```

在 Windows 的记事本里敲入上面的代码，保存后再将文件后缀名改为".html"。用浏览器打开，就可以看到如图 16-1 所示的效果了。

从上面的例子可以看到写网页的工具可以是简单的记事本，但是展示的效果却不是简单的文本文件，所以 HTML 叫做"超文本"。

仔细看前面的例子，会发现<head>，<body>这些

图 16-1　简单 HTML 网页的演示

东西浏览器没有显示出来，只显示了"欢迎来到我的主页"和"这是我的第一条日志"。所以<head>，<body>这些东西叫做 HTML 的标签或者元素。

标签是成对出现的，如显示"欢迎来到我的主页"这几个字是使用"<h1></h1>"包裹起来的，"<h1>"叫做开始标签，而加上斜线的"</h1>"叫做结束标签。

HTML 标签是不会被浏览器显示出来的，浏览器只会根据标签的不同，将标签里的内容以不同方式显示出来。图 16-1 中"欢迎来到我的主页"的字体要比"这是我的第一条日志"的字体大，因为它们是用不同标签标记的：<h1>叫做一级标题，而<p>是段落标记，自然一级标题的字体要比段落的字体大了。

16.1.2　HTML 标签简介

<html>标签是最外层的标签，表示<html> 与 </html> 之间的文本是整个网页。<body> 与 </body> 之间的文本是可见的页面内容，也就是只有这部分内容才会被浏览器显示出来。<head>标签里面用于定义 HTML 文件的各种属性和信息，包括文档的标题。而这部分信息通常是不会显示出来的，只有表示文档的标题的<title>标签里面的内容会被显示到浏览器的标题栏上。

HTML 的标签种类非常的多，想学习网页制作的读者可以查看相关书籍或者从 w3school 的网站上学习，本书不做过多的讲解。

16.2　web2py 与 MVC

web2py 是一个开发 Web 应用的框架（framework）。所谓的框架就是它里面集成了很多功能组件，能够完成开发中的一些常用功能。开发者可以像搭积木一样，组合不同的模块，加上一些自己的开发，就能形成新的 Web 应用。如 web2py 中就包括了用户认证、数据库操作、模板系统、Form 表单等各种功能组件。

使用 web2py 开发，必须要了解 MVC 模式。MVC 是 Model-View-Controller 的缩写。M 表示模型，通常指所要存储处理的数据，而这些数据通常存储在数据库中。V 表示视图，决定了数据是如何显示的，也就是用浏览器看到的页面。而 C 代表控制，当用户单击了页面上的某个按钮，就需要控制部分来完成相应的操作。一般来说，控制部分会存储、修改或删除数据，再将新的页面展示给用户。

在下面的章节中，读者可以清晰地看到在 web2py 开发中，需要先定义模型，再写控制逻辑，最后编写视图部分的代码，将数据展示给用户。

16.2.1　安装 web2py

读者可以从 web2py 的主页（http://web2py.com/）里找到 web2py 的下载链接，如图 16-2 所示。

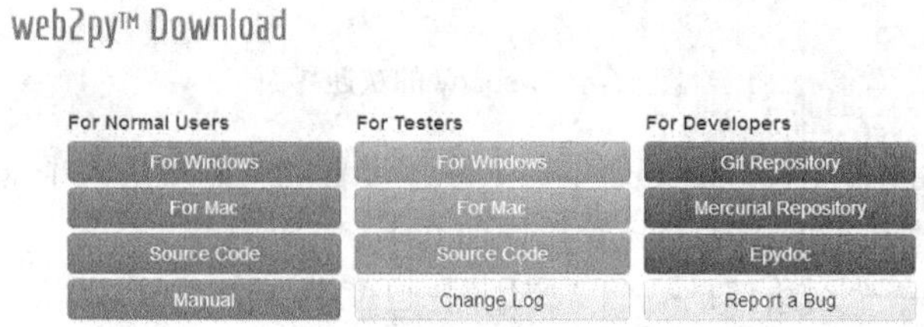

图 16-2　web2py 的下载

在图 16-2 中，可以看到有很多下载选项，对于普通开发者来说，从 "For Normal User" 部分下载就可以了。在 Windows 下开发就下载 "For Windows" 版本，在 Linux 下开发就下载 "Source Code" 版本。本书以 Windows 下开发为主，所以下载 "For Windows" 的版本。Linux 下安装配置比较复杂，读者可以查阅相关资料完成安装。

下载完成后将得到一个 web2py_win.zip 的压缩包，解压到某个目录，比如 D 盘的根目录。在解压目录中，可以找到一个 web2py.exe 的可执行文件，双击打开该文件，就可以看到如图 16-3 所示的两个窗口。在前面的窗口中填入密码，单击 "start server" 即可。

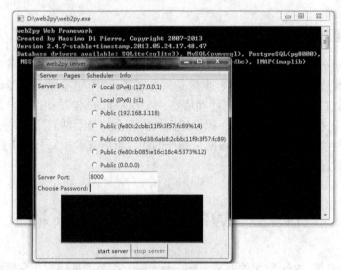

图 16-3　web2py 起始运行界面

在浏览器中输入 http://127.0.0.1:8000，就可以看到如图 16-4 所示的 web2py 的欢迎界面。可以看到 web2py 支持多种语言，欢迎界面中就有大家所熟悉的中文。

图 16-4　web2py 的欢迎界面

单击右边的 "Administrative Interface"，输入刚才设置的密码就进入了 web2py 的管理员界面，如图 16-5 所示。在管理员界面中可以开发和管理 web2Py 应用。

在 web2py 中，每一个网站都是一个 "应用"，也就是一个 app。默认的应用有 3 个，分别是 admin、example 和 welcome。

图 16-5　web2py 管理员界面

16.2.2　web2py 的应用

【例 16-1】 在网页上展示一个输入框，在输入框中输入你的名字，如 "Bob"。单击提交按钮后，跳转到另一个页面，该页面显示 "Hello Bob"

框图：

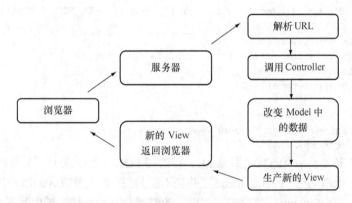

从上面的框图可以看出，网站开发与普通的 Python 程序设计有很大的不同，它涉及浏览器与服务器的交互。在这个图中也体现了 MVC 模式的整个流程，Controller 负责处理用户的请求，根据业务逻辑来，改变 Model 中的数据，再将新的 View 发送返回给浏览器。

开发过程：

1. 创建应用

首先在 web2py 的管理员界面的右侧创建一个应用，起名为 myapp。如图 16-6 所示。

图 16-6　创建新的应用

创建成功后，web2py 会跳转到 myapp 的开发界面，如图 16-7 所示。从图中可以清晰地看到，要做 web2py 的开发，需要编写 3 部分的代码：模型、控制器和视图。这个例子非常简单，所以模型部分不需要任何代码，重点在如何开发控制器和视图的代码。

图 16-7 新应用的开发界面

2. 创建控制器

单击"Create"按钮，输入"sayhello"，web2py 就自动创建了一个"sayhello.py"的文件，而且会跳转到文件的编辑界面。在编辑界面中输入以下代码：

```
# sayhello.py
def first():
    form = FORM(INPUT(_name='visitor_name', requires=IS_NOT_EMPTY()),
                INPUT(_type='submit'))
    if form.process().accepted:
        session.visitor_name = form.vars.visitor_name
        redirect(URL('second'))
    return dict(form=form)

def second():
    name = session.visitor_name or redirect(URL('first'))
    return dict(name=name)
```

这段代码中先定义了一个函数叫做 first()，接着用 FORM 类生成了一个变量 form，它包含两个 INPUT 类：第 1 个取名为"visitor_name"，并且不能为空（通过参数 requires=IS_NOT_EMPTY() 限制）；第 2 个是一个"submit"型的按钮，单击的时候会将用户输入的内容提交给后台处理。

在 if 判断中，如果 form 填写的内容是正确的，就从 form.vars.visitor_name 里面读取用户输入的内容，存储到 session.visitor_name 变量中。session 叫做会话，每当用户使用 Web 应用时，用户的一些信息就会存储在 session 中，比如你的昵称等信息。最后用 redirect(URL('second'))跳转到"second"这个页面中去。整个函数最后返回了一个字典，字典里面就只有 form 一个变量，主要用于视图的显示。

第 2 个重要的函数就是 second()函数了，当 first()的 form 填写的内容正确时，会跳转到"second"页面。这个页面需要将用户输入的东西显示出来。所以在这个函数中，name 记录了用户输入的名字，而这个名字首先从 session.visitor_name 里面读取。如果读取不到，就跳转回"first"页面。读取成功后就，就将 name 存入字典中，用于显示。

3. 创建视图

视图代码的编写和控制器编写的方式一样，需要单击"Create"按钮，创建相应的文件。因为涉及两个页面，所以创建"sayhello/first.html"和"sayhello/second.html"两个文件，前者用于显示输入框，后者用于显示"Hello Bob"信息。

```
#first.html
{{extend 'layout.html'}}
<h1>请输入您的名字</h1>
```

```
{{=form}}
#second.html
{{extend 'layout.html'}}
<h1>Hello {{=session.visitor_name or "anonymous"}}</h1>
```

两个页面的代码如上所示。需要注意的是：视图中的代码是由 HTML 和 python 混合写成的，"{{}}" 中表示 python 的代码，其他部分是 HTML 的代码。

在 first.html 和 second.html 中，第 1 行都继承了 layout.html 这个页面，它规定了页面显示的样子。layout.html 是 web2py 自带的页面样式，如果你不喜欢，也可以修改成自己喜欢的样式。

first.html 的第 3 行将控制器中 first()函数返回的字典显示出来，second.html 的第 2 行首先做了一个判断：如果 session.visitor_name 存在，则显示 session.visitor_name 变量的值，否则显示 "anonymous"。

程序运行结果：

在浏览器中输入 http://127.0.0.1:8000/myapp/sayhello/first，可以看到如图 16-8 所示的运行效果。

图 16-8　Myapp 运行效果图

【例 16-2】 开发一个名为 "Imgblog" 的图片博客，管理员从后台上传图片，用户可以在网页上对图片做出评论。

开发过程：

1. 创建应用

仿照例 16-1，创建一个名为 Imgblog 的应用。

2. 创建模型

通常来说，模型就是指程序要处理的数据。有时候数据会非常的多，为了很好地组织这些数据，就会用到数据库了。在数据库中，数据存储在一张张的表中，每张表有很多列（或者叫字段）来存储相应的信息。

在 web2py 开发中，开发者只需要将数据库的表定义好，web2py 会自动为你完成表的创建、数据的查询、删除等各种数据库操作。从这也可以看出 web2py 是一个框架，它包括了数据库常见的操作。

web2py 的数据库表的定义可以通过修改 model 下的 db.py 文件完成。打开 db.py，会发现系统事先生成了很多代码，系统生成的代码保留下来，在文件最后加入以下内容，即可完成数据库表的定义。

```
#db.py
db.define_table('image',
    Field('title', unique=True),
    Field(' image_file', 'upload'),
    format = '%(title)s')
```

```
db.define_table('post',
    Field('image_id', 'reference image'),
    Field('author'),
    Field('email'),
    Field('body', 'text'))

db.image.title.requires = IS_NOT_IN_DB(db, db.image.title)
db.post.image_id.requires = IS_IN_DB(db, db.image.id, '%(title)s')
db.post.author.requires = IS_NOT_EMPTY()
db.post.email.requires = IS_EMAIL()
db.post.body.requires = IS_NOT_EMPTY()

db.post.image_id.writable = db.post.image_id.readable = False
```

在上面的代码中通过 db.define_table('image', ...)和 db.define_table('post', ...)定义了两个表，名称分别是 image 和 post。image 表定义了 title 和 image_file 两个字段：title 字段用于存储图片的名称，而且通过 unique=True 这个参数要求图片名称不能重复；image_file 字段存储了图片的路径信息，这是通过第 2 个参数 upload 限制的。

post 表用于存储对图片的评论信息，这些评论信息包括评论者（author 字段）、评论者的邮箱（email 字段）和评论内容（body 字段）。post 表中还有一个非常重要的字段 image_id，表示这条评论是和哪张图片关联的，所以这个字段出现了第 2 个参数 reference image。

数据库表中的字段能不能是任何数值呢？通常来说是不行的，要加上一些限制条件。这些限制条件叫做约束，规定了哪些值可以存储。比如在 post 表中要求 author 字段和 body 字段不能为空，所以定了 db.post.author.requires = IS_NOT_EMPTY()这样的约束条件；而 email 字段必须是一个合法的邮箱格式，所以也定义了 db.post.email.requires = IS_EMAIL()这个约束：每一条评论必须和一个图片关联，这是由约束 db.post.image_id.requires = IS_IN_DB(db, db.image.id, '%(title)s')来完成的，表示 image_id 的值必须在 image 表中存在。有了这些约束，就能保证存储的信息不会混乱。

web2py 是一个很强大的框架，它自带了数据库管理的工具。在浏览器中输入 http://127.0.0.1:8000/ ImgBlog/appadmin/index,就可以看到 web2py 的数据库管理界面了，如图 16-9 所示。

图 16-9　web2py 的数据库管理界面

图 16-9 中展示了 Imgblog 这个应用中所有的数据库表,auth_user 和 auth_group 这些表是系统生成的表,用于用户登录,这部分功能暂时用不到。在最后可以看到刚才定义的 image 和 post 表，

单击旁边的"新记录"按钮就可添加数据了。

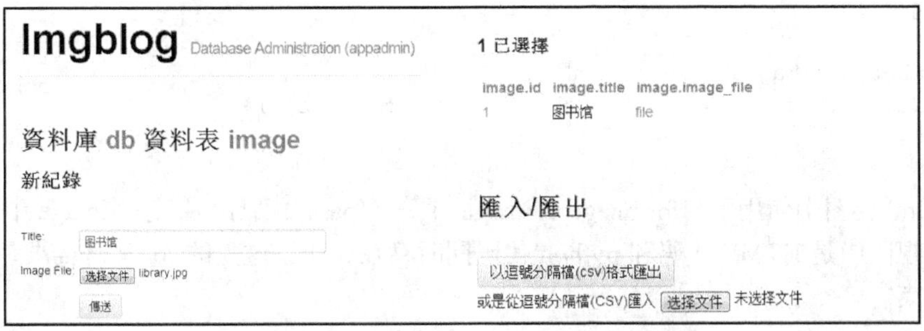

图 16-10　向 image 表中添加一条新记录

在图 16-10 中，上传了一张图片，取名为"图书馆"。单击图片左侧中的 image，就可以看到数据已经添加成功了。

3. 创建控制器

控制器主要通过 img.py 这个文件完成，主要用于实现图片的展示和提交评论两个功能。

```
#img.py
def index():
    images = db().select(db.image.ALL, orderby=db.image.title)
    return dict(images=images)


def show():
    image=db.image(request.args(0,cast=int)) or redirect(URL('index'))
    db.post.image_id.default = image.id
    form=SQLFORM(db.post)
    if form.process().accepted:
    response.flash='your comment is posted'
    comments=db(db.post.image_id==image.id).select()
    return dict(image=image, comments=comments, form=form)
```

控制器中的 index() 函数将存储的图片信息读取出来。db().select() 用来执行数据库的查询，第 1 个参数 db.image.ALL 表示查询 image 表中的所有内容。第 2 个参数 orderby=db.image.title 相当于 SQL 语句的 orderby 语句，它使得查询出来的数据按照图片的名字排序。

show() 函数的功能稍微复杂一些。首先用 request.args(0,cast=int) 取出 URL 请求中的图片 id 值，并转换为 int 行。接着用 db.image() 函数在 image 表中查找相应的图片，如果找到了，就存在变量 image 中，否则就跳转到 index 页面。

```
comments=db(db.post.image_id==image.id).select()
```

这条用于查询该张图的相关评论信息。使用了 db.post.image_id==image.id 这个参数，表示在 post 表中取出的记录的 id 是和图片的 id 相等的。

```
db.post.image_id.default = image.id
form=SQLFORM(db.post)
```

这两条语句表示将 post 表处理成一个 form 表单，用户填入合法的内容后，就会自动存储到数据库中，生成一条新的记录。而第 1 条语句将新的评论和图片用 id 值关联了起来，表示这个评论是针对这个特定图片的。

4. 创建视图

视图涉及两个页面"img/index.html"和"img/show.html"。

```
#img/index.html
{{extend 'layout.html'}}
<h1>Image list:</h1>
<ul>
{{for image in images:}}
{{=LI(A(image.title, _href=URL("show", args=image.id)))}}
{{pass}}
</ul>
```

index.html 视图中使用了{{for image in images:}}…{{pass}}循环，将变量 image 中的图片依次输出。由于视图中是 HTML 代码和 python 代码同时存在，所以这里的 for 循环需要用{{pass}}来表示循环结束。

```
{{=LI(A(image.title, _href=URL("show", args=image.id)))}}
```

这条语句调用了 LI()和 A()两个函数，将输出转换为 HTML 的<li>和<a>标签。调用 A()时，参数 image.title 将显示图片的名称，_href 将会将把它链接到 show 页面，同时给这个页面传递图片的 id 值参数。

```
#img/show.html
{{extend 'layout.html'}}
<h1>Image: {{=image.title}}</h1>
<div>
    <img width="200px" src="{{=URL('download', args=image.image_file)}}" />
</div>
{{if len(comments):}}
  <h3>评论</h3><br /><p>
  {{for post in comments:}}
   <p>{{=post.author}} 说：<i>{{=post.body}}</i></p>
  {{pass}}
{{else:}}
  <h3>目前还没有评论</h3>
{{pass}}
<h3>提交新的评论</h3>
{{=form}}
```

show.html 这个视图的功能比较复杂，主要分成 3 部分：显示图片信息、显示别人对该图片的评论信息和提交评论。

```
<h1>Image: {{=image.title}}</h1>
<div>
    <img width="200px" src="{{=URL('download', args=image.file)}}" />
</div>
```

在上面的代码中，将图片的标题用<h1>标签标记，内容是{{=image.title}}。通过给<img>标签的 src 属性传递图片的地址，<img>标签就可以将图片显示出来了。

为了将图片的相关评论展示出来，使用了下面的代码。首先使用 if 判断变量 comments 的长度：如果为零，表示没有任何评论，则显示"目前还没有评论"；否则用{{for post in comments:}}…{{pass}}循环将评论一条一条地显示出来。

```
{{if len(comments):}}
  <h3>评论</h3><br /><p>
  {{for post in comments:}}
   <p>{{=post.author}} 说：<i>{{=post.body}}</i></p>
  {{pass}}
{{else:}}
  <h3>目前还没有评论</h3>
```

```
{{pass}}
```
在 show.html 视图的最后使用{{=form}}将提交评论的功能显示出来。

程序运行结果：

图 16-11　Imgblog 运行效果

本章小结

web2py 应用开发通常要编写 3 个部分的代码：模型部分、控制部分和视图部分。模型部分主要定义了数据在数据库中如何存储；控制部分用于处理数据，如向数据库中增加一条新的记录；视图部分用来将数据展示给用户。

本书该章节的内容涉及面比较广泛，包括了 HTML、数据库、Web 开发等内容。这部分内容主要起抛砖引玉的作用，深入的知识可以通过相关课程和书籍学习。

习　　题

1．在 Imgblog 应用中增加以下功能：评论表存储该条评论发布的时间，视图中也显示评论发布的时间，精确到分钟。

2．仿照 Imgblog 应用，编写一个博客应用，要求有：博主可以撰写自己的博客文章，系统为文章自动加上撰写时间。访客可以对博文进行评论，博主针对每条评论可以作出相应的回应。

3．将第 12 章中的通讯录管理程序使用 web2py 改造成网页版的。

一些重要的内建函数

函　　数	描　　述
abs(number)	返回一个数的绝对值
apply(function[, args[, kwds]])	调用给定的函数。function 是函数名，args 必须是序列，kwds 必须是字典，其键指定了关键参数
all(sequence)	如果所有 sequence 的元素均为真则返回 True，否则返回 False
any(sequence)	如果有任一 sequence 的元素为真则返回 True，否则返回 False
bool(object)	返回 True 或 False，取决于 object 的布尔值
callable(object)	检查对象是否可调用
chr(number)	返回 ASCII 码为给定数字的字符（见第 1 章）
cmp(x , y)	比较 x 和 y。如果 x<y，则返回负数；如果 x>y 则返回正数；如果 x==y，则返回 0
complex(real[, imag])	返回一个复数，实部不可省略，省略虚部则虚部为 0
delattr(object，name)	从给定的对象中删除给定的属性
dict([mapping-or-sequence])	通过关键参数或（键，值）对组成的序列构造字典。如：dict(a=2,b=3) dict([('a ', 2), ('b '), 3)])
dir([object])	返回指定对象的方法名和属性名构成的列表；当参数为空时返回当前名称空间中的对象列表
divmod(a, b)	返回商和余数构成的元组，等价于(a//b， a%b)
enumerate(sequence , start=0)	对 sequence 中的所有项进行迭代
eval(string[, dict1[, dict2]])	对包含表达式的字符串进行计算，可通过字典参数 dict1 或 dict2 指定表达式中变量的值；当后两个参数都不出现时，表达式中可以含有当前作用域和全局作用域中的变量（见第 1 章）
execfile(file[, globals[, locals]])	执行一个 Python 文件，第 1 个参数是文件名，后两个参数如果提供必须是字典（见第 1 章）
file(filename[, mode[, bufsize]])	创建给定文件名的文件，可选择使用给定的模式和缓冲区大小
filter(function, sequence)	通过函数的真假过滤序列中的元素，返回过滤后的子序列
float(object)	将字符串或者数值转换为 float 类型
frozenset([sequence])	创建一个不可变集合，元素一经创建，不可增加、删除和修改
getattr(object, name[,default])	返回给定对象中所指定属性名的值，属性名必须是串

函　　数	描　　述
globals()	返回表示当前作用域的字典
hasattr(object, name)	检查给定的对象是否有指定的属性名，属性名必须是串
help([object])	调用内建的帮助系统，或者显示指定对象的帮助信息
hex(number)	将数字转换为十六进制表示的字符串
id(object)	返回给定对象的唯一 ID
input([prompt])	接受键盘输入，返回输入对象（见第 1 章）
int(object[, d])	返回数字 x 的整数部分，或把 d 进制的字符串 x 转换为十进制并返回，默认 d 则表示十进制串（见第 1 章）
isinstance(object, classinfo)	检查给定对象 object 是否是给定的 classinfo 值的实例，classinfo 可以是类对象、类型对象和类型对象的元组
issubclass(class1, class2)	检查 class1 是否是 class2 的子类（每个子类都是自身的子类）
iter(object[, sentinel])	返回一个迭代器对象，可以是用于迭代序列的 object_iter( ) 迭代器（如果 object 支持_getitem_方法的话），或者提供一个 sentinel，迭代器会在每次迭代中调用 object，直到返回 sentinel
len(object)	返回给定对象的长度（元素的个数）（见第 2 章）
list([sequence])	返回一个列表，可指定序列 sequence 从而返回由序列构成的列表
locals()	返回表示当前局部作用域的字典
long(object[, radix])	将字符串（可选择使用给定的基数 radix）或者数字转换为长整型
map(function, sequence,. . .)	创建由给定函数 function 应用到所提供的列表 sequence 每个项目时返回的值组成的列表
max(object1[, object2,. . .])	如果 object1 是非空序列，那么就返回最大元素，否则返回所提供的参数（object1、object2. . .）的最大值（见第 2 章）
min(object1[, object2,. . .])	如果 object1 是非空序列，那么就返回最小元素，否则返回所提供的参数（object1、object2. . .）的最小值（见第 2 章）
object()	返回所有新式类的基类 Object 的实例
oct(number)	将整型数转换为八进制表示的字符串（见第 1 章）
open(filename[,mode[,bufsize]])	file 的别名（在打开文件时候使用 open 而不是 file）（见第 7 章）
ord(char)	返回给定单字符（长度为 1 的字符串或者 Unicode 字符串）的 ASCII 值（见第 1 章）
pow(x, y[, z])	返回 x 的 y 次方,可选择模除 z
property([fget[, fset[, del[, doc]]]])	通过一组访问器创建属性
range ([start,] stop[, step])	使用给定的起始值（包括起始值，默认为 0）和结束值（不包括）以及步长（默认值1）返回数值范围（以列表形式）（见第 1 章）
raw_input([prompt])	将用户输入的数据作为字符串返回（见第 1 章）
reduce(function, sequence[, initializer])	对 sequence 的序列连续地使用 function 函数进行运算，返回最后的运算结果，如果存在初始值 initializer，则 initializer 放到序列的最前面。例如求最大值，reduce(lambda x, y: x if x > y else y, [1, 0, −1, 3, 2], −5)

函 数	描 述
reload(module)	重载入一个已经载入的模块并且将其值返回
repr(object)	返回表示对象的字符串，一般作为 eval 的参数使用
reversed(sequence)	返回序列的反向迭代器
round (float[, n])	将给定的浮点数四舍五入，小数点后保留 n 位（默认为 0）
set([sequence])	返回从 sequence（如果给出）生成的元素的集合（见第 1 章）
setattr(object, name, value)	设定对象的指定属性的值为给定值
sorted(sequence[, mp[,key[, everse]]])	从 sequence 的项目中返回一个新的排序后的列表，可选的参数和列表方法 sort 中的参数相同（见第 2 章）
str(object)	返回表示给定对象 object 的格式化好的字符串
sum(seq[, start])	把 start 添加到序列 seq，然后返回序列的和（见第 2 章）
super(type[, obj/type])	返回给定类型（可选为实例化的）的超类（见第 8 章）
tuple([sequence])	构造一个元组，可传入序列
type(object)	返回给定对象的类型
type(name, bases, dict)	使用给定的名称、基类和作用域返回一个新的类型对象
unichr(number)	chr 的 Unicode 版本
unicode(object[, encoding[, errors]])	返回给定对象的 Unicode 编码版本，可以给定编码方式和处理错误的模式（strict、replace 或者 ignore，其中 strict 为默认模式），如 S=unicode('中国', 'GBK')
vars( )	返回表示局部作用域的字典
xrange([[start,]stop[, step])	类似于 range，range 返回一个 list 对象，而 xrange 返回一个 xrange object，所以 range 是一次运算得到所有的元素，然后迭代，自然内存占用会大许多。而 xrange 是每次迭代才返回本次的计算结果
zip(sequencel, ...)	返回元组的列表，每个元组包括一个给定序列中的项。返回的列表的长度和所提供的序列的最短长度相同

附录 B
列表方法

函　数	描　　述
alist.append(obj)	在未尾加元素
alist.count(obj)	统计元素 obj 出现的次数（见第 2 章）
alist.extend(sequence)	用 sequence 中的元素来扩展列表 alist
alist.index(obj)	返回 alist[i]==obj 中最小的 i（如果 i 不存在会引起 valueEerror 异常）（见第 2 章）
alist.insert(index,obj)	在设置 index 之前插入元素
alist.pop([index])	删除并且返回给定索引的项（默认为-1）（见第 2 章）
alist.remove(obj)	删除指定元素（见第 2 章）
alist.reverse()	原地反转 alist 的项
alist.sort([cmp][,key][,reverse])	对 alist 中的项进行原地排序。可以提供比较函数 cmp, 创建用于排序的键的 key 函数和 reverse 标志（布尔值）

函　数	描　　述
aDic.clear()	删除 aDic 所有的元素
aDic.copy()	返回 aDic 的副本
aDic.fromkeys(seq[,val])	返回从 seq 中获得的键和被设置(val 的默认值 None)的字典。可以直接在字典类型 dict 上作为类方法调用
aDic.get(key[,default])	如果 aDic[key]存在，那么将其返回，否则返回给定的默认值(默认为 None)
aDic.has_key(key)	检查 aDic 是否有给定键 key
aDic.items()	返回表示 aDic 项的（键，值）对列表
aDic.iteritems()	从 aDic.item 返回的相同的（键，值）对中返回一个可迭代的对象
aDic.iterkeys()	从 aDic 的键中返回一个可迭代对象
aDic.itervalues()	从 aDic 的值中返回一个可迭代对象
aDic.keys()	返回 aDic 键的列表
aDic.pop(key[,d])	删除并且返回给定键 key 或给定的默认值 d 的值（见第 2 章）
aDic.popitem()	从 aDic 中删除任意一项，并将其作为（键，值）对返回
aDic.setdefalult(key[,default])	如果 aDic[key]存在并将其返回，否则返回给定的默认值（默认值为 None）并将 aDic[key]的值绑定给该默认值
aDic.update(other)	将 other 中的每一项都加入 aDic 中（可能会重写已存在项）
aDic.values()	返回 aDic 中值的列表（可能包括相同的）

附录 D
字符串对象的方法

函 数	描 述
S.capitalize( )	返回首字母大写的字符串 S 的副本
S.center(with[, fillchar])	返回一个长度为 max(len(S), with)且其中 S 的副本居中的字符串,两侧使用 fillchar（默认为空字符）填充
S.count(sub[, start[, end]])	计算子字符串 sub 的出现次数,可定义搜索的范围为 S[start:end]
S.decode(encoding)	根据字符串的原编码 encoding 把字符串解码成 unicode 串（见第 7 章）
S.encond(encoding)	把 unicode 串按指定编码 encoding 变为新字符串（见第 7 章）
S.endswith(suffix[, start[, end]])	检查 S 是否以 suffix 结尾,可定义搜索的范围为 S[start:end]
S.expandtabs[tabsize]	返回字符串的副本,其中 tab 字符会使用空格进行扩展,可选择使用给定的 tabsize（默认为 8）
S.find(sub[, start[, end]])	返回子字符串 sub 的第一个索引,如果不存在这样的索引则返回-1,可定义搜索的范围为 S[start:end]（见第 5 章）
S.index (sub[, start[, end]])	返回子字符串 sub 的第一个索引,或者在找不到索引的时候引发 valueError 异常,可定义搜索的范围为 S[start:end]
S.isalnum( )	检查字符串是否仅由字母和数字字符组成
S.isalpha( )	检查字符串是否仅由字母组成
S.isdigit( )	检查字符串是否仅由数字字符组成
S.islower( )	检查字符串中是否不含大写字母
S.isspace( )	检查字符串是否全由空格组成
S.istitle( )	检查字符中由非英文字符分开的每个英文单词其首字符是否都是大写的
S.isupper( )	检查字符串中是否不含小写字母
S.join(sequence)	用 S 连接序列 sequence 的所有元素并返回。序列 sequence 的元素必须全是字符串（见第 5 章）
S.ljust(width[, fillchar])	返回一个长度为 max(len(S),width)且其中 S 的副本左对齐的字符串,右侧使用 fillchar(默认为空字符)填充
S.lower( )	返回一个字符串的副本,其中大写字母都变成了小写字母（见第 5 章）
S.lstrip([chars])	返回一个字符串的副本,其中所有的 chars（默认为空白字符,如空格,tab 和换行符）都被从字符串左端删除

续表

函　数	描　述
S.partition(sep)	在字符串中搜索 sep，把字符串分为 3 部分，返回一个 3 元的 tuple，第 1 个为分隔符左边的子串，第 2 个为分隔符本身，第 3 个为分隔符右边的子串。第 2 个部分说明，如果找不到指定的分隔符，则返回仍然是一个 3 元的 tuple。第 1 个为整个字符串，第 2 和第 3 个为空串
S.replace(old, new[, max])	返回字符串的副本，其中 old 的匹配项都被替换为 new，可选择最多替换 max 个（见第 5 章）
S.rfind(sub[,start[,end]])	返回子字符串 sub 被找到的位置的最后一个索引，若该索引不存在则返回-1。可定义搜索范围为 S[start:end]
S.rfindex(sub[, start[, end]])	返回子字符串 sub 被找到的位置的最后一个索引，若该索引不存在则引发一个 ValueError 异常。可定义搜索范围为 S[start:end]
S.rjust(width[, fillchar])	返回一个长度为 max(len(S),width)且其中 S 的副本右对齐的字符串，左侧使用 fillchar（默认为空字符）填充
S.rpartition(sep)	同 partition，但从右侧开始查找
S.rstrip([char])	返回一个字符串副本，其中所有的 chars（默认为空白字符，如空格，tab 和换行符）都被从字符串右端删除
S.split([sep[, maxsplit]])	返回字符串中所有单词的列表，使用 sep 作为分隔符（默认值是空字符），可以使用 maxsplit 指定最大切分数（见第 5 章）
S.startswith(prefix[, start[, end]])	检查 S 是否以 prefix 开始，可定义搜索范围为 S[start:end]
S.strip([chars])	返回字符串的副本，其中所有的 chars（默认为空格）都被从字符串的开头和结尾删除（默认为所有的空白字符，如空格、tab 和换行符）
S.swapcase( )	返回字符串的副本，其中大小写进行了互变
S.title( )	返回字符串的副本，其中单词都以大写字母开头
S.translate(table[, deletechars])	返回字符串的副本，其中字符串 S 删除 deletechars 包含的字符，保留下来的字符按照 table 里面的字符映射关系进行转换。table 是由 string 模块中的 maketrans 函数构造的（见第 5 章）
S.upper( )	返回字符串的副本，其中所有小写字母都转换为大写字母
S.zfill(width)	返回字符串的副本，其长度为 max(len(S), width)，左侧以 0 填充

附录 E
在线资源

中文

1. 简明 Python 教程 http://woodpecker.org.cn/abyteofpython_cn/chinese/288
2. Python 开发者门户 http://www.pythontab.com/288
3. Python 中文社区 http://python.cn
4. 啄木鸟 Python 社区 289 http://wiki.woodpecker.org.cn/moin/289
5. Python 爱好者 http://www.pythonfan.org/289
6. 深入 Python: Dive Into Python 中文版 http://woodpecker.org.cn/diveintopython/289
7. 深入 Python 3 http://woodpecker.org.cn/diveintopython3/289
8. Python Gossip http://openhome.cc/Gossip/Python/289
9. Pygame 教程 http://simple-is-better.com/news/361

英文

1. The Python Tutorial   http://docs.python.org/3/tutorial/289
2. Python official website   http://www.python.org/
3. Python documentation   http://docs.python.org289
4. Learning to Program   http://www.freenetpages.co.uk/hp/alan.gauld/289
5. Style Guide for Python Code289   http://www.python.org/dev/peps/pep-0008/289
6. Python examples   http://www.pythonexamples.org/289

py2exe 可用来创建 Windows 程序(.exe 文件),可在 http://www.py2exe.ogr 网站中下载 py2exe。程序员用 Python 开发完成软件之后,要交给用户使用,一般用户的机器上并没有安装 Python 及相关软件包,这个时候就需要用 py2exe 把软件编译成能在用户机器上运行的可执行文件,像用户机器上的其他 Windows 软件一样,双击就能运行。下面说明用 py2exe 创建 Windows 程序的步骤。

1. 建立 mySetup.py 文件

mySetup.py 文件的常用内容如下。

```
#mySetup.py
#coding=UTF-8
from distutils.core import setup
import py2exe
includes=["encodings", "encodings.*"]
options = {
    "py2exe":
    {
    "compressed": 1,
    "optimize": 2,
    "includes": includes,
    "bundle_files": 1 }
    }
setup( version=版本字符串 ,
    description=软件描述,
    name=软件名,
    options=options,
    zipfile=None,
    windows/console=[{"script":程序文件名, "icon_resources": [(1,图标文件名)] }])
```

2. 在命令行中执行

```
python mySetup.py py2exe
```

执行该命令后就生成 Windows 的可执行文件(.exe)。

3. 为生成的 Windows 程序添加附加文件

Windows 的可执行文件(.exe)生成后,还不能正确执行,还需要添加附加文件。

(1)建立一个配置文件,文件名为:Microsoft.VC90.CRT.manifest,该文件可用记事本建立,内容如下。

```
<?xml version="1.0" encoding="UTF-8" standalone="yes"?>
<assembly xmlns="urn:schemas-microsoft-com:asm.v1" manifestVersion="1.0">
<noInheritable></noInheritable>
<assemblyIdentity   type="win32"   name="Microsoft.VC90.CRT"   version="9.0.21022.8"
```

```
processorArchitecture="x86" publicKeyToken="1fc8b3b9a1e18e3b"></assemblyIdentity>
    <file name="msvcr90.dll" />
    </assembly>
```

（2）添加微软的运行库文件 msvcr90.dll，版本是 9.0.21022.8，大小是 640 KB（655,872 字节），可在系统文件夹中找到。

（3）添加应用程序运行时需要的图像文件、数据文件等。

【例 F-1】　建立 Exp1_1.py 的 Windows 程序。

（1）mySetup.py 文件内容如下。

```
#mySetup.py
#coding=UTF-8
from distutils.core import setup
import py2exe
includes = ["encodings", "encodings.*"]
options = {
    "py2exe":
        {
        "compressed": 1,
        "optimize":2,
        "includes": includes,
        "bundle_files":1
        }
    }
setup(version ='0.0.1',
    description ='Hello World',
    name ='HelloWorld',
    options = options,
    zipfile=None,
    console=[{"script":'Exp1_1.py', "icon_resources":[(1,'Book.ico')] }])
```

　　　　由于 Exp1_1.py 是控制台应用程序，因而上一行应选择 console 而不是 windows。

（2）在命令行中执行如下命令。

```
python mySetup.py py2exe
```

执行后将生成一个控制台应用程序 HelloWorld.exe。

（3）添加 Microsoft.VC90.CRT.manifest 文件和 msvcr90.dll 文件。

发布给用户的文件清单如下。

```
HelloWorld.exe
Microsoft.VC90.CRT.manifest
msvcr90.dll
```

用户就能在没有安装 Python 的机器上运行该程序了。

【例 F-2】　建立 Exp13_2.py 的 Windows 程序。

（1）mySetup.py 文件内容如下。

开始部分的内容不变，setup 部分修改如下。

```
setup(version='0.0.1',
description='Fishing game',
name ='Fishing',
options = options,
zipfile=None,
windows =[{"script":'Exp13_2.py', "icon_resources":[(1,'Fish.ico')] }])
```

说明   由于 Exp13_2.py 是窗口应用程序，因而上一行选择 windows 而不是 console。

（2）在命令行中执行如下命令。

```
python mySetup.py py2exe
```

执行后将生成一个窗体应用程序。

（3）添加 Microsoft.VC90.CRT.manifest、msvcr90.dll、海底 8.jpg 和鱼 3.gif 文件。发布给用户的文件清单如下。

```
Fishing.exe
Microsoft.VC90.CRT.manifest
msvcr90.dll
海底 8.jpg
鱼 3.gif
```

用户就能在没有安装 Python 和 Pygeme 的机器上运行该程序。

附录 G
使用 WinRAR 处理发布的文件清单

把附录 F 中得到的文件清单发布发给户，运行时没有任何问题，但发布多个文件还是有点不便。为此，可以用 WinRAR 软件把文件清单压缩成一个自解压的可执行文件，以便发布后用户双击该文件就能运行所发布的软件。下面以例 F-2 发布给用户的文件清单为例进行说明：

（1）选择文件清单中的所有文件，单击鼠标右键选择"添加到压缩文件"，如图 G-1 所示。

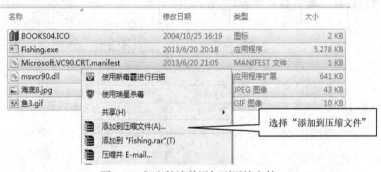

图 G-1　把文件清单添加到压缩文件

第一个文件是新增的图标文件。

（2）修改压缩文件名，这里把压缩文件名修改为 myFishing.exe，并确保选中"创建自解压格式压缩文件(X)"，如图 G-2 所示。

图 G-2　修改压缩文件名

（3）设置解压后运行的文件

设置分为三步，如图 G-3 所示。

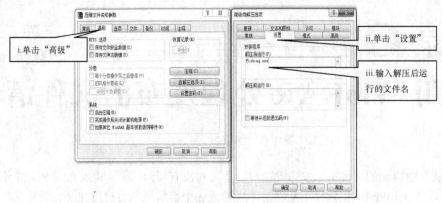

图 G-3　设置解压后运行的文件

（4）设置解压模式

根据需要进行设置，如图 G-4 所示。

图 G-4　设置解压模式

（5）设置自解压文件的图标

需要浏览图标文件，操作如图 G-5 所示。

图 G-5　浏览图标

上述步骤完成后就产生一个自解压的可执行文件 myFishing.exe，把该文件发布给用户，用户就能方便地运行。

参考文献

［1］[挪] Magnus Lie Hetland. Python 基础教程. 第 2 版. 人民邮电出版社，2010

［2］周伟，宗杰. Python 开发技术详解. 机械工业出版社，2009

［3］Noel Rappin / Robin Dunn. Wxpython in Action. Manning Publications，2006

［4］Swaroop C.H 著，沈洁元译. 简明 Python 教程

［5］Wesley J.Chun 著，宋吉广译. Python 核心编程，人民邮电出版社